21 世纪高等院校规划教材

单片机原理及应用教程（C 语言版）

主　编　周国运

副主编　鲁庆宾　赵天翔　李云强　仝选悦

中国水利水电出版社
www.waterpub.com.cn

内 容 提 要

本书以应用最广泛的 MCS-51 增强型单片机为对象，系统地讲解了单片机原理、编程方法、接口技术及应用。内容包括：MCS-51 单片机结构原理，指令系统，单片机 C 语言及编程，中断、定时器、串行口，系统扩展接口、系统设备接口，以及单片机各个部分的应用，并且介绍了单片机的软硬件开发工具 Keil C 和 Proteus。

本书从教学和初学的角度讲解单片机的基本内容和应用，概念清晰准确；以 C 为主要编程语言，讲解、举例编程均用 C 语言，并且有汇编语言对照；以程序开发软件 Keil C、电路设计模拟运行调试软件 Proteus 为教学、学习和训练工具，理论与实践紧密结合。

本书适用于具有 C 语言基础的计算机、电子、通信、自动化、电气、测控技术与仪器等专业的本、专科学生作为教材，也可以作为各种培训机构和自学教材，以及工程技术人员的参考书。

图书在版编目（CIP）数据

单片机原理及应用教程：C语言版 / 周国运主编
. -- 北京：中国水利水电出版社，2014.1（2019.1 重印）
21世纪高等院校规划教材
ISBN 978-7-5170-1490-4

Ⅰ．①单… Ⅱ．①周… Ⅲ．①单片微型计算机－C语言－程序设计－高等学校－教材 Ⅳ．①TP368.1②TP312

中国版本图书馆CIP数据核字(2013)第288271号

策划编辑：杨庆川　　责任编辑：李 炎　　封面设计：李 佳

书　　名	21世纪高等院校规划教材 单片机原理及应用教程（C语言版）
作　　者	主　编　周国运 副主编　鲁庆宾　赵天翔　李云强　仝选悦
出版发行	中国水利水电出版社 （北京市海淀区玉渊潭南路 1 号 D 座　100038） 网址：www.waterpub.com.cn E-mail：mchannel@263.net（万水） 　　　　　sales@waterpub.com.cn 电话：（010）68367658（发行部）、82562819（万水）
经　　售	北京科水图书销售中心（零售） 电话：（010）88383994、63202643、68545874 全国各地新华书店和相关出版物销售网点
排　　版	北京万水电子信息有限公司
印　　刷	三河市鑫金马印装有限公司
规　　格	184mm×260mm　16 开本　16 印张　402 千字
版　　次	2014 年 1 月第 1 版　2019 年 1 月第 3 次印刷
印　　数	8001—9000 册
定　　价	29.00 元

凡购买我社图书，如有缺页、倒页、脱页的，本社发行部负责调换

序

随着计算机科学与技术的飞速发展,计算机的应用已经渗透到国民经济与人们生活的各个角落,正在日益改变着传统的人类工作方式和生活方式。在我国高等教育逐步实现大众化后,越来越多的高等院校会面向国民经济发展的第一线,为行业、企业培养各级各类高级应用型专门人才。为了大力推广计算机应用技术,更好地适应当前我国高等教育的跨越式发展,满足我国高等院校从精英教育向大众化教育的转变,符合社会对高等院校应用型人才培养的各类要求,我们成立了"21世纪高等院校规划教材编委会",在明确了高等院校应用型人才培养模式、培养目标、教学内容和课程体系的框架下,组织编写了本套"21世纪高等院校规划教材"。

众所周知,教材建设作为保证和提高教学质量的重要支柱及基础,作为体现教学内容和教学方法的知识载体,在当前培养应用型人才中的作用是显而易见的。探索和建设适应新世纪我国高等院校应用型人才培养体系需要的配套教材已经成为当前我国高等院校教学改革和教材建设工作面临的紧迫任务。因此,编委会经过大量的前期调研和策划,在广泛了解各高等院校的教学现状、市场需求,探讨课程设置、研究课程体系的基础上,组织一批具备较高的学术水平、丰富的教学经验、较强的工程实践能力的学术带头人、科研人员和主要从事该课程教学的骨干教师编写出一批有特色、适用性强的计算机类公共基础课、技术基础课、专业及应用技术课的教材以及相应的教学辅导书,以满足目前高等院校应用型人才培养的需要。本套教材消化和吸收了多年来已有的应用型人才培养的探索与实践成果,紧密结合经济全球化时代高等院校应用型人才培养工作的实际需要,努力实践,大胆创新。教材编写采用整体规划、分步实施、滚动立项的方式,分期分批地启动编写计划,编写大纲的确定以及教材风格的定位均经过编委会多次认真讨论,以确保该套教材的高质量和实用性。

教材编委会分析研究了应用型人才与研究型人才在培养目标、课程体系和内容编排上的区别,分别提出了3个层面上的要求:在专业基础类课程层面上,既要保持学科体系的完整性,使学生打下较为扎实的专业基础,为后续课程的学习做好铺垫,更要突出应用特色,理论联系实际,并与工程实践相结合,适当压缩过多过深的公式推导与原理性分析,兼顾考研学生的需要,以原理和公式结论的应用为突破口,注重它们的应用环境和方法;在程序设计类课程层面上,把握程序设计方法和思路,注重程序设计实践训练,引入典型的程序设计案例,将程序设计类课程的学习融入案例的研究和解决过程中,以学生实际编程解决问题的能力为突破口,注重程序设计算法的实现;在专业技术应用层面上,积极引入工程案例,以培养学生解决工程实际问题的能力为突破口,加大实践教学内容的比重,增加新技术、新知识、新工艺的内容。

本套规划教材的编写原则是:

在编写中重视基础,循序渐进,内容精炼,重点突出,融入学科方法论内容和科学理念,反映计算机技术发展要求,倡导理论联系实际和科学的思想方法,体现一级学科知识组织的层次结构。主要表现在:以计算机学科的科学体系为依托,明确目标定位,分类组织实施,兼容互补;理论与实践并重,强调理论与实践相结合,突出学科发展特点,体现学科发展的内在规律;教材内容循序渐进,保证学术深度,减少知识重复,前后相互呼应,内容编排合理,整体结构完整；采取自顶向下设计方法，内涵发展优先，突出学科方法论，强调知识体系可扩展的原则。

本套规划教材的主要特点是：

（1）面向应用型高等院校，在保证学科体系完整的基础上不过度强调理论的深度和难度，注重应用型人才的专业技能和工程实用技术的培养。在课程体系方面打破传统的研究型人才培养体系，根据社会经济发展对行业、企业的工程技术需要，建立新的课程体系，并在教材中反映出来。

（2）教材的理论知识包括了高等院校学生必须具备的科学、工程、技术等方面的要求，知识点不要求大而全，但一定要讲透，使学生真正掌握。同时注重理论知识与实践相结合，使学生通过实践深化对理论的理解，学会并掌握理论方法的实际运用。

（3）在教材中加大能力训练部分的比重，使学生比较熟练地应用计算机知识和技术解决实际问题，既注重培养学生分析问题的能力，也注重培养学生思考问题、解决问题的能力。

（4）教材采用"任务驱动"的编写方式，以实际问题引出相关原理和概念，在讲述实例的过程中将本章的知识点融入，通过分析归纳，介绍解决工程实际问题的思想和方法，然后进行概括总结，使教材内容层次清晰，脉络分明，可读性、可操作性强。同时，引入案例教学和启发式教学方法，便于激发学习兴趣。

（5）教材在内容排上，力求由浅入深，循序渐进，举一反三，突出重点，通俗易懂。采用模块化结构，兼顾不同层次的需求，在具体授课时可根据各校的教学计划在内容上适当加以取舍。此外还注重了配套教材的编写，如课程学习辅导、实验指导、综合实训、课程设计指导等，注重多媒体的教学方式以及配套课件的制作。

（6）大部分教材配有电子教案，以使教材向多元化、多媒体化发展，满足广大教师进行多媒体教学的需要。电子教案用 PowerPoint 制作，教师可根据授课情况任意修改。相关教案的具体情况请到中国水利水电出版社网站 www.waterpub.com.cn 下载。此外还提供相关教材中所有程序的源代码，方便教师直接切换到系统环境中教学，提高教学效果。

总之，本套规划教材凝聚了众多长期在教学、科研一线工作的教师及科研人员的教学科研经验和智慧，内容新颖，结构完整，概念清晰，深入浅出，通俗易懂，可读性、可操作性和实用性强。本套规划教材适用于应用型高等院校各专业，也可作为本科院校举办的应用技术专业的课程教材，此外还可作为职业技术学院和民办高校、成人教育的教材以及从事工程应用的技术人员的自学参考资料。

我们感谢该套规划教材的各位作者为教材的出版所做出的贡献，也感谢中国水利水电出版社为选题、立项、编审所做出的努力。我们相信，随着我国高等教育的不断发展和高校教学改革的不断深入，具有示范性并适应应用型人才培养的精品课程教材必将进一步促进我国高等院校教学质量的提高。

我们期待广大读者对本套规划教材提出宝贵意见，以便进一步修订，使该套规划教材不断完善。

21 世纪高等院校规划教材编委会

2004 年 8 月

前　言

　　MCS-51 单片机虽然走过了 30 多年的历史，但以其独特的系统结构、不断增加的片内设备，以及强大的指令系统，不仅没有被淘汰，而且依然是单片机中的主流。随着技术的发展和应用的需求，MCS-51 单片机片内设备越来越丰富，应用也越来越多。所以 MCS-51 单片机仍然是单片机教学的主要对象。

　　本书在内容组织和讲解上以初学者为对象，结合作者多年来讲授单片机、微机原理与接口技术和 C 语言等课程的教学体会，以及从事单片机、计算机应用项目开发的经验，在《单片机原理及应用（C 语言版）》教材的基础上，经过修改编写而成（本书从内容上可看作《单片机原理及应用（C 语言版）》的第二版）。本书主要有以下特点：

　　（1）以增强型单片机 89C52 为对象讲解。当今在实际中使用的单片机多数是增强型，而现在又多用 C 语言编程，程序的长度很容易超过 4KB，另外增强型单片机的价格比 89C51 多出得很少，并且有更多的片内设备。书中讲解了增强型片内高 128 字节的存储器，定时器/计数器 2 的多种用途，片内的 A/D 转换器等。

　　（2）以 C 语言作为主要编程语言，注重编程能力的培养，用一章内容讲解了单片机的 C 语言。在实际应用中，程序设计多以 C 语言为主、汇编语言为辅，为了适应实际工作的需要，必须要掌握 C 语言编程。本书在第 2 章讲解单片机结构原理时，就把 C51 的概念引入了进来，强调存储区域概念；在第 4 章"单片机 C 语言及程序设计"之后，内容讲解、编程举例、程序设计，都采用 C 语言；在第 5、6、7 章这些讲解单片机基本内容的章节，为了便于学习汇编语言，也列出了汇编语言程序。

　　（3）C 语言一章更具特色，不仅精选了内容，而且结合单片机的实际讲解 C 语言。一是只讲了与单片机结构密切相关的、与普通 C 语言不同的内容：变量的定义、特殊功能寄存器的定义、位变量的定义、指针的定义、C51 的输入/输出、C51 函数的定义、汇编语言与 C 语言混合编程等，没有涉及 C 语言的基础内容，因为现在理工科都开设有 C 语言课程。二是内容讲解透彻，定义格式明确、属性阐述准确，并且在每一种定义中都写有"使用说明"或"注意"，这些都是作者的应用经验总结。三是书中设置的例子、思考题与习题（30 个）都是结合对内容的理解和实际应用编写的，学完该章内容后，应该对 C 语言在单片机中的应用没有任何障碍。

　　（4）注重开发工具应用、实践能力培养。一是在第 1 章就专门介绍了程序开发软件 Keil C 和单片机电路设计、系统模拟运行软件 Proteus 的使用方法，教师稍加引导学生就可以完成一些简单的 I/O 口实验。二是书中的例题尽可能地使用 Proteus 绘制单片机应用电路，其程序在电路中模拟运行。三是书中的部分习题要求用 Keil C 编程，用 Proteus 绘制电路并模拟运行程序。

　　（5）注意接口能力的培养。一是接口概念明确，使读者真正理解接口含义，8255A 是典型的接口芯片，通过该芯片的介绍，能够使读者较全面地理解接口的相关概念和接口的相关功能（从简单和实用的角度考虑，只讲了 8255A 的工作方式 0）。二是重视接口时序的分析和应用，几乎在每个接口中都有体现，使读者能够正确使用各种接口芯片。

（6）提出了多个新概念，以方便讲解和理解相关内容。在第 4 章提出了"变量存储区（域）"和"设备变量"的概念。"变量存储区（域）"的概念在《单片机原理及应用（C 语言版）》中首次提出，该概念符合单片机变量保存位置区域的特征，并且与 ANSI C 变量属性（存储类型）不冲突。"设备变量"的概念为本书首次提出，虽然该概念不是必需的，但"设备变量"本身访问过程的复杂性和它的特指性，对于初学者理解、掌握这类访问过程复杂的变量会有帮助，对于教师则方便讲解。第 5 章提出了"中断通道"的概念，该概念符合串行口、定时器 T2 中断结构的特征，使中断结构的相关概念更清晰，更容易理解中断系统结构，方便教师讲解（见表 5-1）。

本书由周国运任主编，组织内容及统稿，并且编写了第 4 章、与仝选悦共同编写了第 2 章、详细指导了第 5、6 章，李云强编写了第 1 章和附录，仝选悦还编写了第 3 章，赵天翔编写了第 5、6、8 章，鲁庆宾编写了第 7、9 章。

由于编者水平有限，书中难免存在错误和不妥之处，敬请同行和读者批评指正。作者邮箱：zhouguoyun@sina.com。

编　者

2013 年 10 月

目　　录

第1章　单片机及其开发工具

本章包括单片机概述和单片机开发工具两部分内容。概述介绍了单片机的概念、发展概况、应用及特点，以及一些常用的单片机；开发工具介绍了程序开发软件 Keil C、电路设计和软硬件模拟运行调试软件 Proteus。通过本章的学习，可以对单片机有一个基本的认识；基本掌握 Keil C 和 Proteus 的使用方法，为学好单片机打下基础。

1.1　单片机的基本概念

大家都知道计算机由控制器、运算器、存储器和输入/输出设备五大部分组成。那么，什么是单片机呢？简单来说，单片机就是把计算机除了输入/输出设备以外的其他组成部分集成在一块集成电路芯片上构成的。单片机具有计算机的基本功能，因此叫做单片微型计算机（Single Chip Micro-computer，SCM），简称为单片微机、单片机。

单片机内部集成有微处理器、程序存储器、数据存储器、中断系统、定时器/计数器以及 I/O 接口电路等，相当于微型计算机的主机部分部件，如图 1-1 虚线框内所示。

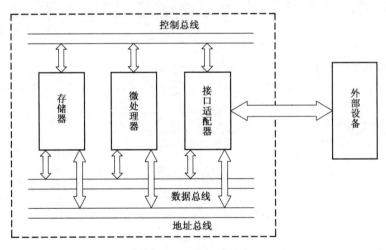

图 1-1　单片机的组成

1.2　单片机的发展概况

1.2.1　单片机的发展历史

1．4 位单片机阶段

1975 年美国德克萨斯仪器公司（TI）首次推出 4 位单片机 TMS-1000，而后各个计算机生产公司也都竞相推出 4 位单片机。例如美国国家半导体公司（National Semiconductor）的 COP402 系列，日本电气公司（NEC）的 μPD75XX 系列，美国洛克威尔公司（Rockwell）的 PPS/1 系列，日本松下公司的 MN1400 系列，富士通公司的 MB88 系列等。

4 位单片机主要应用于家用电器、电子玩具等领域。

2．8 位单片机阶段

1976 年 9 月美国 Intel 公司率先推出了 MCS-48 系列 8 位单片机，此后单片机发展进入了一个新的阶段，8 位单片机纷纷应运而生。例如，莫斯特克（Mostek）和仙童（Fairchild）公司共同合作生产的 3870（F8）系列，摩托罗拉（Motorola）公司的 6801 系列等。

1978 年以前各厂家生产的 8 位单片机，由于受集成度（几千只晶体管/片）的限制，一般没有串行接口，并且寻址空间的范围小（小于 8 KB），从性能上看属于低档 8 位单片机。

随着集成电路工艺水平的提高，在 1978 年到 1983 年间集成度提高到几万只晶体管/片，因而一些高性能的 8 位单片机相继问世。例如，1978 年摩托罗拉公司的 MC6801 系列，齐洛格（Zilog）公司的 Z8 系列，1979 年 NEC 公司的 μPD78XX 系列，1980 年 Intel 公司的 MCS-51 系列。这类单片机的寻址能力达 64 KB，片内 ROM 容量达 4～8 KB，片内除带有并行 I/O 口外，还有串行 I/O 口，甚至有些还有 A/D 转换器功能。因此，把这类单片机称为高档 8 位单片机。

在高档 8 位单片机的基础上，单片机功能进一步得到提高，后来还推出了超 8 位单片机。如 Intel 公司的 8X252、UPI-45283C152，齐洛格公司的 Super8，摩托罗拉公司的 MC68HC 等，它们不但进一步扩大了片内 ROM 和 RAM 的容量，而且增加了通信功能、DMA 传输功能以及高速 I/O 功能等。自 1985 年以来，各种高性能、大存储容量、多功能的超 8 位单片机不断涌现，它们代表了单片机的发展方向，在单片机应用领域发挥着越来越大的作用。

8 位单片机由于功能强，被广泛用于工业控制、智能接口、仪器仪表等各个领域。

3．16 位单片机阶段

1983 年以后，集成电路的集成度达到十几万只晶体管/片，16 位单片机逐渐问世。这一阶段的代表产品有 1983 年 Intel 公司推出的 MCS-96 系列，1987 年 Intel 公司推出的 80C96，美国国家半导体公司推出的 HPC16040 和 NEC 公司推出的 783XX 系列等。

16 位单片机把单片机的功能又推向了一个新的阶段。如 MCS-96 系列的集成度为 12 万只晶体管/片，片内含 16 位 CPU、8KB ROM、232 字节 RAM、5 个 8 位并行 I/O 口、4 个全双工串行口、4 个 16 位定时器/计数器、8 级中断处理系统。MCS-96 系列还具有多种 I/O 功能，如高速输入/输出（HSIO）、脉冲宽度调制（PWM）输出、特殊用途的监视定时器（Watchdog）等。

16 位单片机可用于高速复杂的控制系统。

4．32 位单片机

近年来，各计算机生产厂家已进入更高性能的 32 位单片机研制、生产阶段。由于控制领域对 32 位单片机需求并不十分迫切，所以 32 位单片机的应用并不是很多。

需要提及的是，单片机的发展虽然按先后顺序经历了 4 位、8 位、16 位和 32 位等阶段，但从实际使用情况看，并没有出现推陈出新、以新代旧的局面。4 位、8 位、16 位单片机仍各有应用领域，如 4 位单片机在一些简单家用电器、高档玩具中仍有应用，8 位单片机在中、小规模应用场合仍占主流地位，16 位、32 位单片机在比较复杂的控制系统中才有应用。

1.2.2　单片机技术的发展

1.　片内程序存储器的发展

程序存储器（ROM）用于存放程序和表格等固定数据，掉电数据不丢失，每种单片机在其内部都会有 0～64K 容量不等的 ROM。如果单片机片内 ROM 空间不够，可以在单片机外部扩展 ROM，但建议尽量避免外扩 ROM。51 系列单片机有 1000 多种型号，一定可以找到内部 ROM 容量符合要求的单片机。

程序存储器的发展历程：由掩膜 ROM（只读的），发展到可编程 ROM（PROM，写入内容后不能修改），到 EPROM（电信号编程，紫外线擦除），再到 E^2PROM（电信号编程，电信号擦除），最后是大行其道的 Flash ROM（电擦除，速度快，成本低）。

目前市面上单片机的 ROM 主要有 Flash Memory 和 OTP（One Time Programmable，一次性可编程）两种，PROM、EPROM 等形式的单片机已经很少见了。就开发而言 Flash Memory 的单片机更加合适，如宏晶公司的 STC89CXX 单片机和 ATMEL 公司的 AT89CXX 单片机等。

2.　看门狗定时器（WDT）

单片机在运行时由于干扰等原因，可能会出现程序运行混乱。这时为了尽快将程序纳入正途，常常用软件或硬件的方法发现混乱并纠正。看门狗电路就是用于在 CPU 处于软件混乱时使系统恢复正常工作的一种方法。现在不少的单片机都集成有硬件的看门狗电路。

WDT 由看门狗计数器和看门狗控制寄存器（WDT_CONTR）组成。WDT 默认设置为无效，若启动 WDT，需要对看门狗控制寄存器进行写操作，以设置时钟分频值、计数器清 0、启动看门狗等控制字，使 WDT 启动工作。在时钟分频后脉冲信号的作用下，每一个脉冲看门狗计数器加 1，当计数溢出后，看门狗使 CPU 复位，单片机从头开始运行，使跑飞的或死循环的单片机恢复正常工作；如果在计数溢出之前又把控制字重新写入了控制寄存器，则计数器从 0 开始计数，不影响程序的正常运行。在设置看门狗控制寄存器时，看门狗的定时时间应该大于程序运行的最长时间，通过调整时钟分频值设置（如 STC89 系列单片机），写看门狗控制寄存器应放在主程序的循环体中。

3.　节电模式

节电模式分为空闲方式和掉电方式。

在空闲方式下，CPU 自身进入睡眠状态，但片上其他外围部件处于激活状态。这种方式由软件设置。在空闲方式期间，片内 RAM 和所有特殊功能寄存器的内容保持不变。空闲方式可被任何允许的中断或硬件复位来终止。当空闲方式由硬件复位终止时，通常系统在空闲处恢复程序的执行。

在掉电方式下，片内振荡器停止工作。调用掉电指令是执行的最后一条指令。片内 RAM 和特殊功能寄存器的值保持不变，直到掉电方式终止。退出掉电方式可以通过硬件复位或一个允许的外部中断。复位后将重新定义所有专用寄存器，但不改变 RAM 的内容。

4.　加强输入输出功能

有些单片机具备大功率的输入/输出接口，可直接驱动 VFD（荧光显示管）、LCD（液晶显示器）和 LED（数码显示管）。有些增加了 P4 口，增加了定时器/计数器的数量。还有一些单片机，片内集成了 A/D、D/A 转换器，或者 SPI 接口，可编程计数器阵列 PCA，CRT 控制器，LCD、LED 驱动器，正弦波发生器，声音发生器，字符发生器，脉宽调制 PWM，频率合成器等。

5. 单片机制造工艺提高

半导体制作工艺的提高，使单片机的体积可以做得更小，时钟频率更高，也可以集成更多的存储器和部件，降低产品的价格。

6. 在线编程和调试技术

SST 公司推出的 SST89C54 和 SST89C58 芯片分别有 20KB 和 30KB 的 Super Flash 存储器，利用这种存储器可以进行高速读写的特点，能够实现在系统编程（ISP）和在应用编程（IAP）功能。首先在 PC 机上完成应用程序的编辑、汇编（或编译）、模拟运行，然后实现目标程序的串行下载。现在的单片机，基本上都采用了 Flash 存储器和在线编程技术。

Microchip 公司推出的 RISC 结构单片机 PIC16F87X 中内置有在线调试器 ICD（In-Circuit Debugger）功能；该公司还配置了具有 ICSP（In-Circuit Serial Programming）功能的简单仿真器和烧写器。通过 PC 机串行电缆就可以完成对目标系统的仿真调试。

1.3　单片机的特点及应用

1.3.1　单片机的特点

1）单片机的存储器 ROM 和 RAM 是严格区分的。ROM 称为程序存储器，只存放程序、固定常数及数据表格。RAM 则为数据存储器，用作工作区及存放用户数据。采用这样的结构主要是考虑到单片机用于控制系统中，有较大的程序存储器空间，把开发成功的程序固化在 ROM 中，而把少量的随机数据存放在 RAM 中。这样，小容量的数据存储器能以高速 RAM 形式集成在单片机内，以加速单片机的执行速度。但单片机内的 RAM 是作为数据存储器用，而不是当作高速缓冲存储器（Cache）使用。

2）采用面向控制的指令系统。为满足控制的需要，单片机有更强的逻辑控制能力，特别是具有很强的位处理能力。

3）单片机的 I/O 引脚通常是多功能的。由于单片机芯片上引脚数目有限，为了解决实际引脚数和需要的信号线的矛盾，采用了引脚功能复用的方法。引脚处于何种功能，可由指令来设置或由机器状态来区分。

4）单片机的外部扩展能力强。在内部的各种功能部分不能满足应用需求时，均可在外部进行扩展（如扩展 ROM、RAM、I/O 接口、定时器/计数器、中断系统等），与许多通用的微机接口芯片兼容，给应用系统设计带来极大的方便和灵活性。

5）单片机体积小，成本低，运用灵活，易于产品化，它能方便地组成各种智能化的控制设备和仪器，做到机电一体化。

6）面向控制，能有针对性地解决从简单到复杂的各类控制任务，因而能获得最佳的性能价格比。

7）抗干扰能力强，适用温度范围宽，在各种恶劣的环境下都能可靠地工作，这是其他类型计算机无法比拟的。

8）可以方便地实现多机和分布式控制，使整个控制系统的效率和可靠性大为提高。

1.3.2　单片机的应用

单片机的应用范围十分广泛，主要的应用领域有：

1）工业控制。单片机可以构成各种工业控制系统、数据采集系统等。如数控机床、自动生产线控制、电机控制、测控系统等。

2）仪器仪表。如智能仪表、医疗器械、数字示波器等。

3）计算机外部设备与智能接口。如图形终端机、传真机、复印机、打印机、绘图仪、磁盘/磁带机、智能终端机等。

4）商用产品。如自动售货机、电子收款机、电子秤等。

5）家用电器。如微波炉、电视机、空调、洗衣机、录像机、音响设备等。

6）消费类电子产品。

7）通讯设备和网络设备。

8）儿童智能玩具。

9）汽车、建筑机械、飞机等大型机械设备。

10）智能楼宇设备。

11）交通控制设备。

1.4　常用单片机简介

1.4.1　MCS-51 系列单片机

Intel 在 1980 年到 1982 年间陆续推出和 8051 指令系统完全相同，内部结构基本相同的 8031、8051 和 8751 等型号单片机，初步形成 MCS-51 系列，被奉为"工业控制单片机标准"。MCS-51 系列单片机是目前在国内使用最广泛的单片机系列之一，因此，本书就以 MCS-51 系列单片机为例，来介绍一下单片机的原理和应用。

1984 年 Intel 出售了 8051 的核心技术给多家公司，发展至今形成了一个拥有近千种型号的庞大的 51 单片机家族。

这些 51 家族的单片机从形态到功能可能差别很大，但是它们的指令是完全一致的。在 51 系列单片机之间进行移植的时候，只要注意两者之间资源上的差别，代码基本上不用修改。

MCS-51 系列单片机除了 89C51 之外，主要包括 89C52、89C54、89C58、89C516 等型号，它们的区别主要是三个方面：一是片内 RAM 由 128B 增加到 256B；二是多一个定时器/计数器；三是片内 Flash ROM 由 4KB 分别增加到了 8KB、16KB、32KB 和 64KB。不同厂家的产品可能还增加有其他外设或功能，但引脚和指令都是完全兼容的。为了讨论方便起见，我们将 89C51（包括 8031、8051 等）称为基本型，其他的型号称为增强型。

下面我们来介绍一些国内市场上比较常见的 MCS-51 系列单片机。

1.4.2　ATMEL89 系列单片机

ATMEL 公司生产的 89 系列单片机是市场上比较常见，也比较具有代表性的 MCS-51 单片机。

1. ATMEL89 系列单片机型号说明

AT89 系列单片机型号由三个部分组成，分别是前缀、型号和后缀，其格式如下：

AT89C（LV、S）XXXX-XXXX

1）前缀。前缀由字母"AT"组成，它表示该器件是 ATMEL 公司的产品。

2）型号。型号由"89CXXXX"或"89LVXXXX"或"89SXXXX"等表示。"9"表示芯片内部含 Flash 存储器；"C"表示是 CMOS 产品；"LV"表示是低电压产品；"S"表示含可下载的 Flash 存储器。"XXXX"为表示型号的数字，如：51、52、2051、8252 等。

3）后缀。后缀由"XXXX"四个参数组成，与产品型号间用"-"号隔开。

后缀中的第一个参数"X"表示速度，其意义如下：

X=12，表示速度为 12MHz；

X=16，表示速度为 16MHz；

X=20，表示速度为 20MHz；

X=24，表示速度为 24MHz。

后缀中的第二个参数"X"表示封装，其意义如下：

X=D，表示陶瓷封装；

X=J，表示 PLCC 封装；

X=P，表示塑料双列直插 DIP 封装；

X=S，表示 SOIC 封装；

X=Q，表示 PQFP 封装；

X=A，表示 TQFP 封装；

X=W，表示裸芯片。

后缀中的第三个参数"X"表示温度范围，其意义如下：

X=C，表示商业用产品，温度范围为 0℃～+70℃；

X=I，表示工业用产品，温度范围为-40℃～+85℃；

X=A，表示汽车用产品，温度范围为-40℃～+125℃；

X=M，表示军用产品，温度范围为-55℃～+150℃。

后缀中的第四个参数"X"用于说明产品的处理情况，其意义如下：

X 为空，表示为标准处理工艺；

X=/883，表示处理工艺采用 MIL-STD-883 标准。

例如：单片机型号为"AT89C51-12PI"，则表示该单片机是 ATMEL 公司的 Flash 单片机，采用 CMOS 结构，速度为 12 MHz，封装为塑封 DIP（双列直插），是工业用产品，按标准处理工艺生产。

2. AT89S52 单片机

AT89S52 单片机特点：

1）与 MCS-51 产品兼容。

2）具有 8KB 可在系统编程的 Flash 内部程序存储器，可擦/写 1000 次。

3）4.0～5.5V 的工作电压范围。

4）全静态操作：0Hz～24MHz。

5）三级程序存储器加密。

6）256 字节内部 RAM。

7）32 根可编程 I/O 线。

8）3 个 16 位定时器/计数器。

9）8 个中断源。

10）全双工异步串行通信设备。

11）低功耗空闲模式和掉电模式。

12）通过中断中止掉电方式。

13）看门狗定时器。

14）两个数据指针。

3．AT89C2051 单片机

AT89C2051 单片机是 20 引脚单片机，如图 1-2
所示，其特点如下：

1）与 MCS-51 产品指令兼容。

2）具有 2KB 可在系统编程的 Flash 内部程序存
储器，可擦/写 1000 次。

3）2.7～6V 的工作电压范围。

4）全静态操作：0Hz～24MHz。

5）两级程序存储器加密。

6）128 字节内部 RAM。

7）15 根可编程 I/O 线。

8）2 个 16 位定时器/计数器。

9）6 个中断源。

10）可编程串行 UART 通道。

11）可直接驱动 LED 的输出端口。

12）内置模拟比较器。

13）低功耗空闲模式和掉电模式。

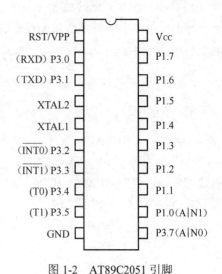

图 1-2　AT89C2051 引脚

1.4.3　STC 系列单片机

宏晶科技是国内一家 8051 单片机设计公司。其设计的 STC 系列的单片机在国内的 51 单
片机市场上占有较大份额。其最新产品是 STC15L2K60S2 系列。

STC15L2K60S2 系列单片机特点如下：

1）1 个时钟/机器周期，增强型 8051 内核，速度比传统 8051 快 7～12 倍。

2）工作电压 3.8～5.5V（5V 单片机）/2.4～3.6V（3V 单片机）。

3）内部高精度 R/C 时钟，内部时钟从 5～35MHz 可选。

4）8～61K 字节片内 Flash 程序存储器，擦写次数 10 万次以上。

5）大容量 2048 字节片内 RAM 数据存储器。

6）通用 I/O 口（42/38/30/26 个）。

7）SPI 高速同步串行通信接口。

8）ISP/IAP（在系统可编程/在应用可编程），无需编程器/仿真器。

9）硬件看门狗。

10）先进的指令集结构，兼容普通 8051 指令集，有硬件乘法/除法指令。

11）6 个定时器，2 个 16 位可重装载定时器 T0 和 T1，能兼容普通 8051 的定时器，新增
了 1 个 16 位的定时器 T2，并可实现时钟输出，3 路 CCP/PCA 可再实现 3 个定时器。

12）高速 ADC，8 通道 10 位，速度可达 30 万次/秒。3 路 PWM 还可当 3 路 D/A 使用。

13）双串口/UART，两个完全独立的高速异步串行通信端口，分时切换可当 5 组串口使用。

14）3 通道捕获/比较单元（CCP/PCA/PWM）。

15）可彻底省掉外部昂贵复位电路，内部集成高可靠复位电路、ISP 编程时 8 级复位门槛电压可选。

1.4.4 常见的其他系列单片机介绍

1．AVR 单片机

ATMEL 公司的 AVR 单片机，是增强型 RISC 内载 Flash 的单片机。芯片上的 Flash 存储器附在用户的产品中，可随时编程，再编程，使用户的产品设计容易，更新换代方便。AVR 单片机采用增强的 RISC 结构，使其具有高速处理能力，在一个时钟周期内可执行复杂的指令，每 MHz 可实现 1MIPS 的处理能力。AVR 单片机工作电压为 2.7～6.0V，可以实现耗电最优化。AVR 的单片机广泛应用于计算机外部设备、工业实时控制、仪器仪表、通讯设备、家用电器、宇航设备等各个领域。

2．Motorola 单片机

Motorola 公司从 M6800 开始进入市场，开发了广泛的品种，4 位、8 位、16 位、32 位的单片机都能生产。其中典型的代表有：8 位机 M6805、M68HC05 系列，8 位增强型 M68HC11、M68HC12，16 位机 M68HC16，32 位机 M683XX。Motorola 单片机的特点是在同样的速度下所用的时钟频率较 Intel 类单片机低得多，因而使得高频噪声低，抗干扰能力强，更适合于工控领域及恶劣的环境。

3．MicroChip 单片机

MicroChip 单片机的主要产品是 PIC16C 系列和 PIC17C 系列 8 位单片机，CPU 采用 RISC 结构，分别仅有 33、35、58 条指令，采用 Harvard 双总线结构，运行速度快，低工作电压，低功耗，较大的输入输出直接驱动能力，价格低，一次性编程，小体积。适用于用量大、档次低、价格敏感的产品。在办公自动化设备、消费电子产品、电讯通信、智能仪器仪表、汽车电子、金融电子、工业控制等领域都有广泛的应用。PIC 系列单片机在世界单片机市场份额排名中逐年提高，发展非常迅速。

4．Scenix 单片机

Scenix 公司推出的 8 位 RISC 结构 SX 系列单片机与 Intel 的 Pentium II 等一起被评为 1998 年世界十大处理器。在技术上有其独到之处：SX 系列双时钟设置，指令运行速度可达 50、75、100MIPS（每秒执行百万条指令）。具有虚拟外设功能，柔性化 I/O 端口，所有的 I/O 端口都可单独编程设定，公司提供各种 I/O 的库函数，用于实现各种 I/O 模块的功能，如多路 UART，多路 A/D、PWM、SPI、DTMF、FS、LCD 驱动等。采用 E^2PROM/Flash 程序存储器，可以实现在线系统编程。通过计算机 RS-232C 接口，采用专用串行电缆即可对目标系统进行在线实时仿真。

5．华邦单片机

华邦公司的 W77、W78 系列 8 位单片机的脚位和指令集与 8051 兼容，但每个指令周期只需要 4 个时钟周期，速度提高了三倍，工作频率最高可达 40MHz。同时增加了 WatchDog Timer，6 个外部中断源，2 个 UART，2 个 Data pointer 及 Wait state control pin。W741 系列的 4 位单片机带液晶驱动，支持在线烧录，保密性高，低工作电压（1.2～1.8V）。

1.5　单片机程序开发软件 Keil C 简介

Keil C 是德国 KEIL 公司开发的单片机 C 语言编译器，其前身是 FRANKLIN C51，现在最新的版本是 V8，功能相当强大，特别是兼容 ANSI C 后，又增加了很多与硬件密切相关的编译特性，使得开发 MCS-51 系列单片机应用程序更为方便快捷。

μVision3 是一个 for Windows 的、集成化的 C51（单片机 C 语言）编程软件，集成了文件编辑处理、项目管理、编译链接、软件模拟调试等多种功能，是强大的 C51 开发工具。在后面的讨论中，对 Keil C 和 μVision3 两个术语不做严格的区分，一般多称呼为 Keil C，包含有 μVision3 集成开发环境之意。

1.5.1　Keil C 操作简介

Keil C 启动之后，呈现出编辑状态的操作界面，如图 1-3 所示。从图中可以看出，编辑状态的操作界面主要由 5 部分组成：最上面的菜单栏、菜单栏下面的工具栏、左边的项目管理器窗口、中间的编辑窗口和下面的输出信息窗口。

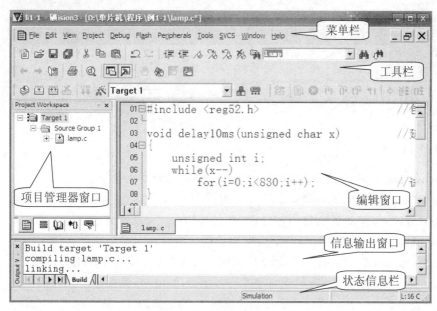

图 1-3　Keil C 在编辑状态下的操作界面

我们知道，各工具都是相应菜单项的快捷操作按钮，所以，下面只介绍各个菜单项，并指明对应的工具按钮。从图 1-3 知道，菜单项主要有：文件（File）、编辑（Edit）、查看（View）、项目（Project）、调试（Debug）、闪存（Flash）、片内外设（Peripherals）、工具（Tools）、软件版本控制系统（SVCS）、窗口（Window）、帮助（Help）。在下面的介绍中，对于常见的菜单及菜单项不再给出，对于常见的工具按钮不再解释，对于较少使用的菜单及按钮也不作解释。

1. 文件（File）菜单

文件菜单中基本上都是常见的菜单项，仅介绍以下两项。

Device Database：打开器件（单片机）库。

License Management：打开软件注册管理窗口。

2．编辑（Edit）菜单

编辑菜单中部分操作按钮如图 1-4 所示。菜单中部分命令介绍如下。

图 1-4　编辑工具按钮

Indent Select Text：将选中的内容向右缩进一个制表符位，按钮为图 1-4 中的 1。

Unindent Select Text：将选中的内容向左移动一个制表符位，按钮为图 1-4 中的 2。

Toggle Bookmark：在当前行放置书签，按钮为图 1-4 中的 3。

Goto Next Bookmark：将光标移到下一个书签，按钮为图 1-4 中的 4。

Goto Previous Bookmark：将光标移到上一个书签，按钮为图 1-4 中的 5。

Clear All Bookmark：清除当前文件中所有的书签，按钮为图 1-4 中的 6。

Configuration…：编辑器的字体、颜色等高级设置，按钮为图 1-4 中的 11。

图 1-4 中的 7、9、10 都是查找按钮；8 为查找内容输入框，输入后回车便进行查找。

3．查看（View）菜单

查看菜单中基本上都是显示/隐藏工具、按钮栏、窗口等。部分操作按钮如图 1-5 所示。菜单中部分命令介绍如下。

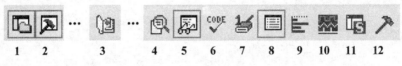

图 1-5　查看工具按钮

Project Window：显示或隐藏项目管理窗口，按钮为图 1-5 中的 1。

Output Window：显示或隐藏输出窗口，按钮为图 1-5 中的 2。

Source Browser：打开源文件浏览器窗口，按钮为图 1-5 中的 3。

Disassembly Window：显示或隐藏反汇编窗口，按钮为图 1-5 中的 4。

Watch & Call Stack Window：显示或隐藏观察和堆栈窗口，按钮为图 1-5 中的 5。

Code Coverage Window：显示或隐藏代码覆盖窗口，按钮为图 1-5 中的 6。

Serial Window #1：显示或隐藏串行口数据输入/输出窗口 1，按钮为图 1-5 中的 7。

Memory Window：显示或隐藏存储器窗口，按钮为图 1-5 中的 8。

Performance Analyzer Window：显示或隐藏性能分析窗口，按钮为图 1-5 中的 9。

Logic Analyzer Window：显示或隐藏逻辑分析窗口，按钮为图 1-5 中的 10。

Symbol Window：显示或隐藏符号变量窗口，按钮为图 1-5 中的 11。

4．项目（Project）菜单

项目菜单中部分操作按钮如图 1-6 所示。菜单中部分命令介绍如下。

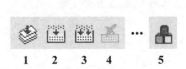

图 1-6　项目工具按钮

Import μVision1 Project…：导入 μVision 各版本项目。

Select Device for Target 'Target1'：为当前项目"Target1"选择单片机。

Remove Item：从项目中删去选中的项（组或文件）。

Translate…：编译当前文件，按钮为图 1-6 中的 1。

Build Target：编译修改过的文件并生成应用，按钮为图 1-6 中的 2。

Rebuild all target files：重新编译所有的文件并生成应用，按钮为图 1-6 中的 3。

Stop Build：停止编译，按钮为图 1-6 中的 4。

Components, Environment, Books …：设置项目组成（包含的组和文件）、开发工具和工具书的路径，按钮为图 1-6 中的 5。

5．调试（Debug）菜单

调试菜单中部分操作按钮如图 1-7 所示。调试操作命令介绍如下。

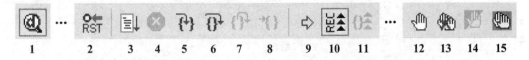

图 1-7　调试工具按钮

Start/Stop Debug session：启动或停止调试操作，按钮为图 1-7 中的 1。

Run：全速运行，按钮为图 1-7 中的 3。

Stop Running：停止运行，按钮为图 1-7 中的 4。

Step Out of current function：一步执行完当前函数并返回，按钮为图 1-7 中的 7。

Run to Cursor line：一步运行到当前光标处，按钮为图 1-7 中的 8。

Show Next Statement：显示下一条指令，按钮为图 1-7 中的 9。

Insert/Remove Breakpoint：在当前行设置/清除断点，按钮为图 1-7 中的 12。

Kill All Breakpoints：清除所有断点，按钮为图 1-7 中的 13。

图 1-7 中的 10、11 按钮为设置、查看跟踪记录，12～15 按钮为设置、取消断点。

6．闪存（Flash）菜单

其功能是对 Flash 存储器进行操作，有下载程序、擦除程序和配置 Flash 工具命令。实际应用中该菜单使用较少。

7．片内外设（Peripheral）菜单

片内外设菜单下的内容，与选用的单片机有关，不同的单片机，所列内容不同，一般只有 5 项。

Reset CPU：复位 CPU，按钮为图 1-7 中的 2。

Interrupt：设置/观察中断（触发方式、优先级、中断允许、中断标志等）。

I/O Ports：设置/观察各个并行 I/O 口（Port0、Port1、Port2、Port3）。

Serial：设置/观察串行口。

Timer：设置/观察各个定时器/计数器（Timer 0、Timer1、Timer2）。

1.5.2　Keil C 程序开发方法

本节我们以例 1-1 的流水灯程序为例，介绍使用 Keil C 的项目开发过程。

例 1-1　电路如图 1-8 所示，对 89C52 单片机编程，使 P1 口输出控制 8 个发光二极管循环点亮 2 个左移做流水灯显示。

项目开发过程主要有以下步骤：①创建项目；②创建文件；③编写程序；④编译项目。

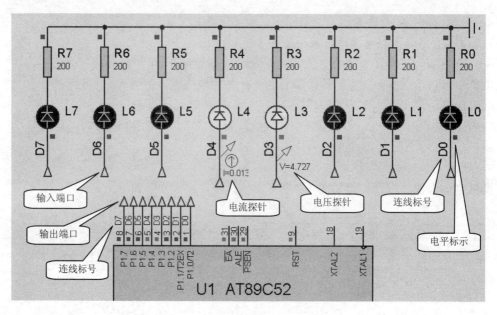

图1-8 流水灯原理图

1. 创建项目

在 Keil C 中是以项目（也叫工程）方式管理文件，而不是以前的单一文件方式。所有的 C51 源程序、汇编源程序、头文件，甚至是文档（.txt）等文件，都放在项目中统一管理，并且为了能够更清晰地显示不同的功能部分，还可以对文件进行分组，它们在项目管理器窗口的分布与 Windows 的资源管理器相似。如图 1-9 所示为一较复杂单片机系统的组、文件构成，包含有 C 语言和汇编语言文件。

创建项目主要做两个事情，一是创建项目，二是选择单片机。

（1）创建项目

选择 Project→New Project 命令，出现"创建新项目"对话框，在对话框中选择新项目的位置，并创建一个新文件夹"例 1-1"用于保存项目及其文件，打开该文件夹（双击），然后在"文件名"栏输入项目名"li1-1"，如图 1-10 所示，最后单击"保存"按钮即可。

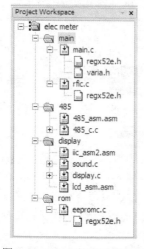

图1-9 Keil C 的项目管理器　　　　图1-10 设置项目名及保存位置对话框

（2）选择 CPU

在上面的操作中，单击"保存"按钮后，立即出现如图 1-11 所示的为新项目选择 CPU 的界面，在 Data base 栏下选择所使用的 CPU，如选择 ATMEL 公司的 AT89C52，然后单击"确定"按钮，会弹出"Copy Standard 8051 Startup Code to Project Folder and Add File to Project"信息，一般选择"否"即可。

2. 创建文件

Keil C 项目建立后，就可以给项目中加入程序文件了。加入的文件可以是 C 文件、汇编文件，也可以是文本文件等。如果是已有的文件，可以直接加入；如果是新文件，应该先创建，以.c 或.asm 格式存盘后再加入项目。

（1）创建文件

选择 File→New…命令，便打开一个程序编辑窗口，然后选择 File→Save 命令，在弹出的保存文件对话框的"文件名"栏，输入文件名"lamp.c"，单击"保存"按钮便完成文件的创建。

（2）把文件加入到项目

在项目管理器窗口中，展开"Target1"项目，可以看到"Source Group1"组，在 Source Group1 上单击鼠标右键，会弹出快捷菜单，其中有 Add Files to Group 'Source Group1'命令，如图 1-12 所示。单击执行 Add Files to Group 'Source Group1' 命令，在弹出的 Add Files to Group 'Source Group1' 对话框中选择需要加入的程序文件，单击 Add 按钮将选中的文件加入到项目中。一次可以加入多个文件，被加入的文件会出现在项目管理器中。单击对话框的 Close 按钮结束添加。

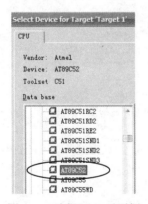

图 1-11　选择 CPU 对话框

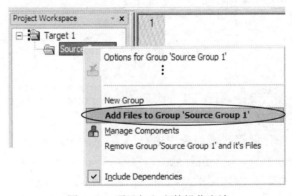

图 1-12　项目加入文件操作方法

项目中的文件也可以方便地移走，在欲移走的文件名上单击鼠标右键，执行弹出快捷菜单中的 Remove File '***'命令即可。

3. 编写程序

按照例 1-1 的电路和要求，在 lamp.c 文件中输入以下 C 语言程序。

```
#include <reg52.h>                    //包含有定义特殊功能寄存器的头文件
#include <intrins.h>                  //包含有声明循环左移、右移函数的头文件
void delay10ms(unsigned char x)       //延时 10ms 函数（设振荡频率为 12MHz）
{
    unsigned int i;
    while(x--)
        for(i=0;i<830;i++);           //试验得出需要内循环 830 次
}
```

```
void main(void)                              //主函数
{
    unsigned char i=0, lamp=0x03;            //后者从 P1 口输出则最低两位亮

    while(1)
    {   P1=lamp;                             //从 P1 口输出数据
        lamp=_crol(lamp, 1);                 //输出数据循环左移 1 位
        delay10ms(100);                      //延时 1s
    }
}
```

4. 编译项目

需要先做输出设置，主要是输出.hex 文件。在项目管理窗口的"Target1"上单击鼠标右键，在弹出的对话框中选择 Output 标签，勾选其中的 Create HEX File 复选框即可，如图 1-13 所示。

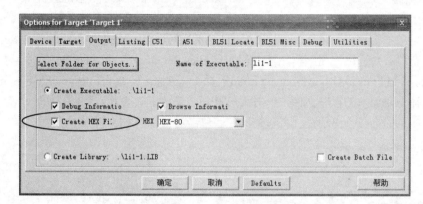

图 1-13　选择项目输出.hex 文件的操作方法

然后编译项目，其方法是：使用 Project→Build target/Rebuild all target Files 命令，或者直接单击工具栏中对应的按钮。

编译链接时，如果程序有错误，则不能通过编译链接，并且会在信息窗口给出相应的错误提示信息，便于进行修改，修改后再进行编译链接，编译链接通过后，会产生一个扩展名为 hex 的目标文件，该文件可以烧录到单片机中运行。

对于 li1-1 项目，经过编译链接后会生成"li1-1.hex"文件。

修改、排错是程序员应具有的基本技能，只有多编程、多使用 Keil C 操作，才能够逐步提高编程能力，掌握修改和排错的技能。

1.5.3　Keil C 调试运行方法

本小节介绍怎样对项目运行调试，怎样观察修改各部分的数据，怎样观察修改各片内外设的运行状态。

1. 调试运行方式

Keil C 有多种运行方式，使用方法如下。

（1）进入调试状态

单击 Debug→Start/Stop Debug Session 命令或相应的按钮，即可进入调试状态。调试状态下的操作界面如图 1-14 所示。左边中部为寄存器窗口；它的右边为程序窗口，黄色箭头（在

17 行）指示下一次要执行的指令；下部左边为调试命令输入和执行窗口；下部中间为变量窗口；下部右边为存储器窗口。

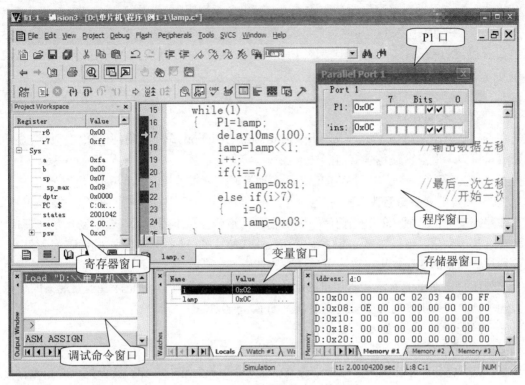

图 1-14　Keil C 在调试状态下的界面

（2）各种调试运行方式

Keil C 的调试运行方式，与其他程序语言集成开发软件一样，有全速运行、跟踪运行、单步运行、跳出函数、运行到光标处 5 种，分别对应 Debug 菜单下的 Go、Step、Step Over、Step out of current function、Run to Cursor line 命令。

2. 断点的设置与删除

断点的功能是对程序分段快速运行，以便观察运行情况，快速发现和解决问题。断点的设置很简单。

方法 1：用鼠标双击。在需要设置的行的最前面，双击鼠标左键，即可设置或清除断点。

方法 2：用命令或命令按钮。先将光标移到需要设置的行，然后单击 Debug→Insert/Remove Breakpoint 命令或工具栏中的相应按钮，即可设置或清除断点。

另外还有断点禁用和全部清除命令及按钮，也很容易使用。

3. 寄存器的观察与修改

（1）寄存器窗口

寄存器窗口、在线帮助窗口和项目管理器是同一个窗口，在项目管理器窗口下包含 3 个标签，即包含 3 个区域。在调试状态下，单击 View→Project Window 命令或对应的按钮，就会显示或隐藏项目管理器窗口，然后单击窗口下边的寄存器标签，即显示出寄存器窗口。

（2）寄存器的观察与修改

窗口中的寄存器分为 2 组：通用寄存器和系统寄存器。通用寄存器为 8 个工作寄存器 R0～

R7；系统寄存器包括寄存器 A、B、SP、PC、DPTR、PSW、states、sec。states 为运行的机器周期数，sec 为运行的时间，这两个数据在程序调试时很有用。在程序调试运行时，寄存器的值会随之变化，通过观察这些寄存器的变化，可以分析程序的运行情况。

除了 sec 和 states 之外，其他寄存器的值都可以改变。改变的方式有两种：一是用鼠标直接单击左键进行修改，二是在图 1-14 所示的调试命令窗口直接输入寄存器的值，如输入"A=0x32"，则寄存器 A 的值立即显示 0x32。

4. 变量的观察与修改

（1）显示变量窗口

在调试状态下，单击 View→Watch & Call Stack Window 命令或对应的按钮，就会显示或隐藏变量窗口。变量窗口包含有 4 个标签，即 4 个显示区，可以分别显示局部变量（Locals 标签）、指定变量（Watch #1 和 Watch #2 两个标签）及堆栈调用（Call Stack 标签）。

（2）变量的观察与修改

在局部变量区，显示的是当前函数中的变量，这些变量不用设置，会自动出现在窗口中。为了观察其他变量，可以在 Watch#1 或 Watch#2 标签按 F2 键输入变量名。在程序运行中，可以观察这些变量的变化，也可以用鼠标单击修改它们的值。

另外还有更简单的方法观察变量的值，在程序停止运行时，将光标放到要观察的变量上停大约 1 秒，就会出现对应变量的当前值，如 lamp=0x18。

5. 存储器的观察与修改

（1）显示存储器窗口

在调试状态下，单击 View→Memory Window 命令或对应的按钮，就会显示或隐藏存储器窗口。存储器窗口包含 4 个标签，即 4 个显示区，分别是 Memory#1、…、Memory#4。

（2）存储器的观察与修改。在 4 个显示区上边的"Address"栏输入不同类型的地址，可以观察不同的存储区域（在第 2 章介绍存储区的概念）的数据。

1）设置观察片内 RAM 直接寻址的 data 区，在 Address 栏输入 D:0x△△（△△为十六进制数，下同），便显示从△△地址开始的数据。高 128 字节显示的是特殊功能寄存器的内容。

2）设置观察片内 RAM 间接寻址的 idata 区，在 Address 栏输入 I:0x△△，便显示从△△地址开始的数据。高 128 字节显示的也是数据区的内容，而不是特殊功能寄存器的内容。

3）设置观察片外 RAM xdata 区，在 Address 栏输入 X:0x△△△△，便显示从△△△△地址开始的数据。

4）设置观察程序存储器 ROM code 区，在 Address 栏输入 C:0x△△△△△，便显示从△△△△地址开始的程序代码。

在显示区域中，默认的显示形式为十六进制的字节。

除了程序存储器中的数据不能修改之外，其他 3 个区域的数据均可修改。修改方法是，在欲修改的单元上单击鼠标右键，在弹出的菜单中选择 Modify Memory at 0x…命令，在弹出的文本框中输入数据，然后单击 OK 按钮即可。

6. 片内外设的观察与设置

我们知道，片内外设包含的内容与所选的单片机有关，一般单片机片内包含的外设有中断系统、各个 I/O 口、串行口、各个定时器/计数器共 4 个基本部分。单击 Peripheral 菜单，可以选择某一种或几种外设进行观察、设置。

（1）中断系统的观察与设置

在调试状态下，单击 Peripheral→Interrupt 命令，就会显示或隐藏中断系统窗口，如图 1-15 所示。

窗口列出了 89C52 单片机所有的中断源的中断向量、中断允许、中断优先级、中断请求标志状态等，窗口的下面是对选中的中断进行设置。中断将在第 5 章介绍。

（2）串行口的观察与设置

在调试状态下，单击 Peripheral→Serial 命令，就会显示或隐藏串行口状态和设置窗口，如图 1-16 所示。该窗口主要是在调试串行口时，设置串行口工作方式和观察运行状态。将在第 7 章讲串行口。

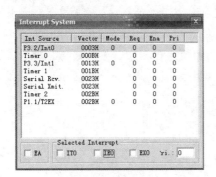

图 1-15　中断系统观察与设置窗口

图 1-16　串行口观察与设置窗口

对于串行口的数据输入/输出，可以单击 View→Serial Window #1 或 Serial Window #2，打开串行口的数据输入/输出窗口观察输出，或从键盘输入（相当于从串行口输入）。

（3）并行 I/O 口的观察与设置

在调试状态下，单击 Peripheral→I/O-Ports→Port0/Port1/Port2/Port3 命令，可以选择一个或多个 I/O 口进行观察或设置。

图 1-14 中的右上角显示的是 P1（Port 1）口的观察窗口，显示的端口值是 0x0C，是程序调试运行截取界面时 P1 口的输出值。

（4）定时器/计数器的观察与设置

在调试状态下，单击 Peripherals→Timer→Timer0 命令，便会显示出定时器/计数器 0 设置与观察窗口，如图 1-17 所示。用同样的方法可以观察、设置其他的定时器/计数器。在第 6 章讲定时器/计数器。

（5）状态的自动刷新

图 1-17　定时器/计数器 0 观察窗口

在程序运行时，各个片内外设的状态会不断地变化，为了随时观察它们的变化，可以启用 View→Periodic Window Update 命令，让 Keil C 自动周期刷新各个调试窗口。

1.6　单片机系统模拟软件 Proteus 简介

Proteus 是英国 Labcenter 公司开发的，运行于 Windows 操作系统之上的软硬件集成开发与模拟、调试运行软件。Proteus 主要由 ISIS 和 ARES 两部分组成，ISIS 的功能是原理图设计及与电路原理图的交互模拟，ARES 用于印制电路板的设计。

Proteus 的 ISIS 主要有三大功能：电子电路原理图设计与性能分析功能，单片机、ARM 程序开发功能，以及电路系统软硬件协同模拟功能。

Proteus 有丰富的元器件、信号源、虚拟仪器和虚拟终端。Proteus 器件库有数万种元器件；有正弦波等多种信号激励源；有电压电流表、示波器、逻辑分析仪等虚拟仪器，以及 UART、SPI、IIC 等微机虚拟终端和外设。能够对模拟电路、数字电路，以及单片机及其外围电路组成的系统进行交互式模拟，可以模拟 8051、68000、AVR、PIC 等多种系列的单片机，可以模拟 ARM7 微处理器；有多种系列的单片机的编译器，并且可以使用第三方的编译器。

特别是对单片机应用系统，Proteus 有强大的软硬件模拟功能。Proteus 是最受单片机系统开发人员欢迎的开发工具，也是单片机初学者学习与训练最理想、最得力的助手。

本节我们主要介绍 Proteus ISIS 7.5 的原理图设计功能和系统软硬件模拟功能。而单片机应用系统的程序设计、编辑、编译、调试工作，主要用 Keil C 完成，因为 Proteus 只能够编译汇编语言程序，而现在多用 C 语言编程。

1.6.1 Proteus ISIS 操作简介

Proteus ISIS（Intelligent Schematic Input System，智能电路输入系统）的操作界面如图 1-18 所示，主要由 7 部分组成：最上面是菜单栏，菜单栏下面是标准工具栏、绘图工具栏（也常在左侧），左边是器件旋转工具、预览窗口和对象选择窗口，中间是电路设计区，左下角是模拟运行控制按钮，下边是状态信息栏等。

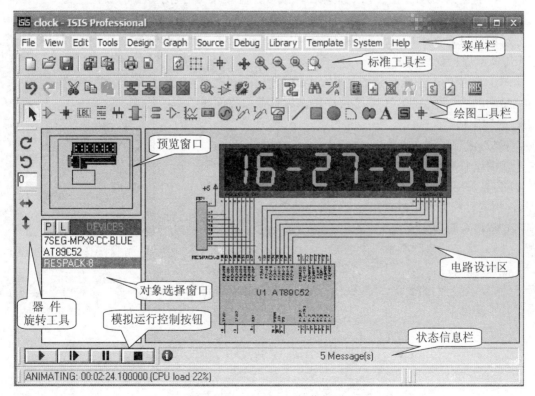

图 1-18　Proteus ISIS 操作界面

　　由于各工具都是相应菜单项的快捷操作按钮，所以，下面主要介绍各个菜单项，并指明对应的命令操作按钮。从图 1-18 知道，菜单项主要有：文件（File）、查看（View）、编辑（Edit）、工具（Tools）、设计（Design）、绘图（Graph）、源程序（Source）、调试（Debug）、器件库（Library）、模板（Template）、系统（System）、帮助（Help）。在下面的介绍中，对于常见的菜单及菜单项不再给出，对于常见的工具按钮不再解释，对于很少使用的菜单及菜单项也不作介绍。

　　1. 文件（File）菜单

　　文件菜单中部分操作按钮如图 1-19 所示。菜单中部分命令介绍如下。

　　Import Bitmap…：导入位图文件，插入到当前文件中。

　　Export Graphics：导出电路，可以多种文件格式保存。

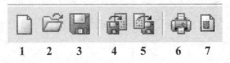

图 1-19　文件命令按钮

　　Import Section…：导入以前被导出的电路图区域文件（.SEC），按钮如图 1-18 中的 4。

　　Export Section…：导出全部电路或选中的部分电路，并以.SEC 区域文件格式保存，按钮如图 1-18 中的 5。

　　Set Area：设置输出区域，按钮如图 1-19 中的 7。

　　2. 查看（View）菜单

　　查看菜单中部分操作按钮如图 1-20 所示。菜单中各命令介绍如下。

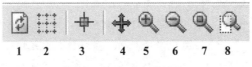

图 1-20　查看命令按钮

　　Snap 10th：选择器件放置间距为 10th。

　　Snap 0.1in：选择器件放置间距为 100th。

　　Redraw：刷新编辑界面，按钮如图 1-20 中的 1。

　　Grid：显示或隐藏栅格，按钮如图 1-20 中的 2。

　　Origin：使能/禁止人工原点设置，按钮如图 1-20 中的 3。

　　Pan：以光标为中心显示，按钮如图 1-20 中的 4。

　　Zoom In：放大显示，按钮如图 1-20 中的 5。

　　Zoom Out：缩小显示，按钮如图 1-20 中的 6。

　　Zoom All：缩放到整张图显示，按钮如图 1-20 中的 7。

　　Zoom to Area：选择满屏显示的区域，按钮如图 1-20 中的 8。

　　3. 编辑（Edit）菜单

　　编辑菜单中部分操作按钮如图 1-21 所示。菜单中部分命令介绍如下。

　　Send to back：把选中对象置于下面。

　　Bring to front：把选中对象置于上面。

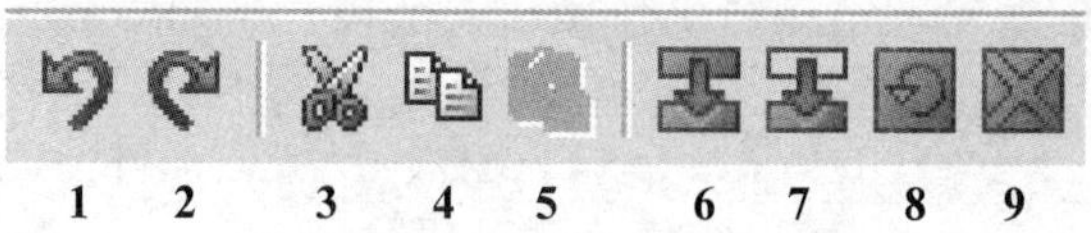

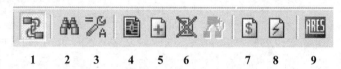

图 1-21　编辑命令按钮

Block Copy：对选中的块做复制，按钮为图 1-21 中的 6。

Block Move：对选中的块做移动，按钮为图 1-21 中的 7。

Block Rotate：对选中的块做旋转，按钮为图 1-21 中的 8。

Block Delete：对选中的块做删除，按钮为图 1-21 中的 9。

4. 工具（Tools）菜单

工具菜单中部分操作按钮如图 1-22 两端的 6 个（1、2、3、7、8、9）所示。菜单中各命令介绍如下。

图 1-22　工具和设计命令按钮

ASCII Data Import...：导入 ASCII 数据文件，并用文件中数据设置组件。

Wire Auto Route：启动或禁止自动连线，按钮如图 1-22 中的 1。

Search and Tag：查找器件并做标记，按钮如图 1-22 中的 2。

Property Assignment Tool：属性分配工具，按钮如图 1-22 中的 3。

Bill of Materials：生成不同格式的电路器件清单报告，按钮如图 1-22 中的 7。

Electrical Rule Check：电气规则检查及生成报告，按钮如图 1-22 中的 8。

Netlist to ARES：创建网络表并打开 PCB 图窗口，按钮如图 1-22 中的 9。

5. 设计（Design）菜单

设计菜单中部分操作按钮如图 1-22 中间的 3 个（4、5、6）所示。菜单中部分命令介绍如下。

Edit Design Properties...：编辑设计属性。

Edit Sheet Properties...：编辑当前页面属性。

Edit Design Notes...：显示、编辑设计说明。

Configure Power Rails...：设置电源类型、连接等。

New Sheet：新建页面（图纸），与前面的图纸同属当前设计文件，按钮如图 1-22 中的 5。

Remove Sheet：删除当前页面，按钮如图 1-22 中的 6。

6. 源程序（Source）菜单

Add/Remove Source file...：添加或移走源程序文件。

Define Code Generatation Tools...：定义代码生成工具。

Builder All：对所有源程序文件进行编译，生成 hex 可执行文件，并且自动添加到单片机中，可以直接运行程序。

7. 调试（Debug）菜单

调试菜单中部分操作按钮如图 1-23 所示，菜单中部分命令介绍如下。

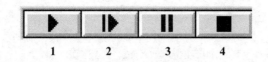

图 1-23 调试命令按钮

Start/Restart Debugging：启动/重新启动调试。

Pause Animation：暂停模拟，按钮如图 1-23 中的 3。

Stop Animation：停止模拟，按钮如图 1-23 中的 4。

8. 器件库（Library）菜单

该菜单主要是制作器件，其部分操作按钮如图 1-24 所示，分别是选取器件/符号（Pick Device/Symbol）按钮、制作器件（Make Device）按钮、封装工具（Packaging Tool）按钮、分解器件（Decompose）按钮，略去介绍。

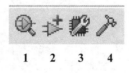

图 1-24 器件制作按钮

9. 系统（System）菜单

部分菜单命令介绍如下。

Set BOM Scripts…：设置器件清单报告。

Set Environment…：设置环境。

Set Sheet Sizes…：设置图纸尺寸。

10. 电路绘制工具

电路绘制工具共 9 个，如图 1-25 所示。按图中的次序，它们的功能分别如下。

图 1-25 绘制电路工具

① Selection Mode：选择模式按钮，具有选中部件、移动部件、按右键弹出菜单等功能。

② Components Mode：器件模式按钮，在对象窗口显示的是已经从库中选取的器件。

③ Junction dot Mode：连接点模式，给连接线放置连接点。

④ Wire label Mode：连线标号模式，放置连线标号。

⑤ Text script Mode：文字脚本编辑模式，可以编辑多行文字。

⑥ Bus Mode：总线模式，绘制总线。

⑦ Subcircuit Mode：子电路模式，绘制子电路。

⑧ Terminals Mode：终端模式，在对象窗口显示的是终端部件，有电源、地、输出、输入等部件。

⑨ Device Pin Mode：器件引脚模式，在对象窗口显示的是各种器件引脚部件，有一般引

脚、反相引脚、正反相时钟信号引脚等，用于绘制器件。

11．电路测试分析工具

图 1-26   电路测试分析工具

电路测试分析工具共6个，如图1-26所示。按图中的次序，它们的功能分别如下。

① Graph Mode：图形模式分析器，有模拟信号、数字信号、噪声、混合信号、频率、傅里叶等分析器。

② Tape recorder Mode：录音机模式。

③ Generator Mode：信号激励源模式，有直流、正弦、脉冲、指数、音频、边沿、连续方波等信号源。

④ Voltage Probe Mode：电压探针模式，探测某点电压。

⑤ Current Probe Mode：电流探针模式，探测某点电流。

⑥ Virtual Instruments Mode：虚拟仪器模式，有示波器、逻辑分析仪、计数器、虚拟串行口终端、SPI 总线调试器、IIC 总线调试器、信号发生器、交直流电压电流表等。

12．绘图工具

绘图工具共 8 个，如图 1-27 所示。各个绘图工具主要用于制作器件与一般绘图，每一种图形模式都有绘制器件、引脚、端口等功能。

图 1-27   绘图工具

图 1-27 中的 6、7、8 按钮分别是文本模式、图形符号模式、图形标记模式。

1.6.2   Proteus ISIS 原理图设计方法

对于使用 Proteus 做单片机系统模拟的初学者，并非做 PCB 电路板，电路原理图设计方法有以下 8 个步骤：

① 创建设计文件   ② 选取器件
③ 放置器件   ④ 放置终端部件
⑤ 设置器件、终端属性   ⑥ 连接器件
⑦ 放置测试分析工具   ⑧ 放置标识和说明文字

1．创建设计文件

分两种情况，启动 Proteus ISIS 时创建设计文件和创建新的设计文件。

1）启动 Proteus ISIS 时创建。当启动了 Proteus ISIS 之后，就打开了一个 A4 图纸的默认模板页面，对于一般的单片机系统电路来说，单击"保存"按钮，选择合适的位置保存即可。一般将文件保存到对应的单片机程序所在的文件夹下，或者另建文件夹并保存设计文件。

2）创建新的设计。在窗口上有电路时，单击菜单 File→New Design…项，在打开的 Create New Design 窗口中选择一个模板，然后保存即可。一般选择 DEFAULT 缺省模板。

2．选取器件

单击绘制电路工具按钮中的"器件"图标（见图 1-25 中的 2），再单击选择器件窗口中左

上角的"**P**",就会打开 Pick Devices 窗口,如图 1-28 所示,可以方便地通过输入器件名直接选取,也可以通过分类、子类查找所需要的器件。在器件列出窗口双击器件行,对应器件便进入主界面的"对象选择"窗口,可以连续选取设计需要的器件。

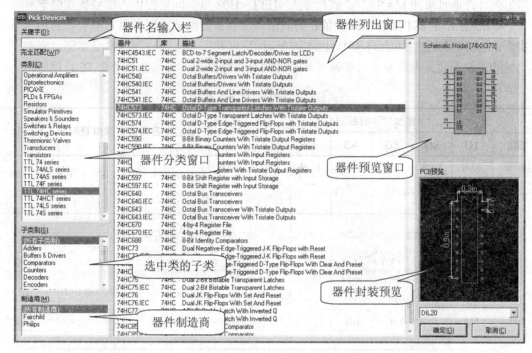

图 1-28 Proteus ISIS 器件选取窗口

3. 放置器件

单击对象选择窗口中的器件,在预览窗口就出现了该器件(见图 1-18),如果器件的方向不合适,可以使用"器件旋转按钮"调整方向,然后移动光标到电路设计窗口,光标就变成了一个小的绘图铅笔样,单击屏幕,铅笔就变成了所选中的器件,并且随鼠标移动,移到合适的地方单击鼠标,器件就被放在屏幕上。然后可以重复上述动作放置多个同一器件。

用上述方法,把需要的器件全部放到电路设计窗口。

如果器件的位置不合适,可以调整位置,其方法是:把鼠标移到器件上,鼠标就变成了旁边带有十字箭头的小手形状,单击器件使其变成浮动状态的红颜色,然后在器件上按住鼠标左键并移动鼠标,器件便随之移动,将其移到合适的位置后松开鼠标左键即可。

4. 放置终端部件

方法是单击"绘制电路工具按钮"中的"终端接口"按钮(见图 1-25 中的 8),便在"对象选择窗口"显示所有的终端部件,经常需要放置的终端部件有电源、公共地端等。

5. 设置器件、终端属性

对所有器件都需要设置参数属性,如电阻需要设置阻值、设计编号、封装等。

设置器件、终端参数的方法是,在器件上双击,便会弹出 Edit Component 窗口,然后对各项进行填写即可。

需要注意的是:①同一个设计文件中各张图纸上的设计编号不能相同;②不能够连接在一起的引脚,其上的连接标号不能相同。

6. 连接器件

具体有三种连接方法：单线直接连接、单线通过连线标号连接、总线连接。

（1）单线直接连接

无论当前光标是什么功能，只要将光标移到需要连接的器件引脚并单击鼠标左键，就画出了连线，光标移到另一引脚再单击鼠标左键就完成连接。如果在连接时不能够自动连线，则单击图1-22中的按钮1，使其处于按下状态即可。

（2）用连线标号实现连接

如果一些连接点相距较远，彼此连接起来使图面不美观或不好走线，可以使用连线标号，使看起来没有连接的连线实现实质的连接。具体方法如下：

1）在器件、终端引脚放置一段短连线。

2）在短线上放置连线标号。单击"电路绘制工具按钮"中的"连线标号"按钮（见图1-25中的4），移动光标到短线上，当光标处出现一个小叉子"×"时，单击鼠标左键会弹出 Edit Wire Label 对话框，在 String 栏输入任一标号，如"D0、D1、D2……D7"或"A0、A1、A2……A7"等，单击"确定"按钮后，便在连接点放上标号。在需要连接到一起的另一引脚短线上也用同样的方法放置上相同的标号。用该方法还可以将多个器件引脚连接在一起。

注意：需要连接在一起的引脚，其短线上放置的标号一定要相同。

3）放置 I/O 端口。为了使电路美观，往往在实现标号连接的引脚处放上 I/O 端口，以表示信号的输入与输出。I/O 端口在"电路绘制工具按钮"中的"终端模式"里。

短线、端口、标号三者的放置次序为：先放置端口，再放置端口与引脚的短连线，最后放置连线标号，如图1-8所示。

放置 I/O 端口这种方式多用于少数引脚的远距离标号互连，对于多个、连续的数据线或地址互连，总是用总线表示引脚的连接。

（3）总线连接

使用总线只是一种连接示意，不起实质连接作用，还是需要用连线标号的方法实现实质连接。总线连接方法也是需要三步，前两步同上，第三步是用绘制电路工具中的"总线模式"按钮画出总线。

7. 放置测试分析工具

1）放置信号源。根据需要，可以放置各种信号注入激励源，如直流、正弦、脉冲、指数、音频、边沿、连续方波等信号源。

2）放置测量和观察工具。根据需要，可以放置各种信号测量和观察工具，如电压探针、电流探针，信号曲线分析器，虚拟仪表等。如图1-8中放置有电压探针和电流探针。

3）放置模拟终端。如虚拟串行口终端、SPI 调试器、IIC 调试器等，如果系统有这些功能，都需要借助于模拟终端运行和调试。

8. 放置标识和说明文字

使用绘图工具中的文本脚本编辑模式按钮，可以编辑各种标识和说明文字。其方法是单击文本脚本编辑模式按钮，然后将光标移动到需要标注的地方单击鼠标左键，会弹出 Edit Script Block 对话框，在 Text 栏输入需要的文字即可。

1.6.3 Proteus ISIS 原理图设计举例

下面以流水灯电路为例，来演示 Proteus 原理图设计的过程和方法。

1. 创建设计文件

按照前面所说的创建设计文件的方法，创建名字为"li1-1.DSN"的设计，将其保存到流水灯程序所在的"例 1-1"文件夹下。

2. 选择器件

流水灯电路比较简单，只用三种器件：单片机、发光二极管和电阻，如图 1-8 所示。

单击绘制电路工具按钮中的"器件"图标，再单击选择器件窗口中左上角的"P"，在弹出的 Pick Device 窗口的 Keywords 栏，依次输入单片机名"AT89C52"、黄色发光二极管名"LED-YELLOW"、电阻名"RES"，使这三种器件选入对象选择窗口。

3. 放置器件

先单击绘制电路工具按钮中的"器件"图标，使选择的三种器件出现在对象选择窗口中，然后根据绘制电路的要求，大致规划一下各个功能部分的布局（对于较大的、复杂的电路，可以按层次电路规划，将各个功能部分绘制在不同的分图纸上），以及各个功能中器件的分布，再放置器件。

1）放置单片机。单击"对象选择窗口"中的"AT89C52"，观察"预览窗口"中器件的方向，如果方向不符合要求，可以单击"器件旋转按钮"中的某个按钮，使其旋转成符合的方向，然后移动"铅笔状"光标到合适的地方，按照前面所述的"放置器件"的方法，放置好单片机。

2）放置发光二极管。单击"对象选择窗口"中的"LED-YELLOW"，调整方向，参考图 1-28 中发光二极管的位置，连续放置 8 个发光二极管。

3）放置电阻。单击"对象选择窗口"中的"RES"，调整方向，参考图 1-8 中电阻的位置，连续放置 8 个电阻。

4. 放置终端部件

主要是放置电阻公共端的 GROUND，按照上面放置终端部件的方法放置即可。

5. 设置器件属性

对电阻和发光二极管的属性、参数设置如图 1-8 所示。对单片机，除了设置器件编号外，还可根据需要设置时钟频率、装载执行的程序（hex 文件）。

6. 连接器件

为了示范 I/O 端口和连线标号的使用方法，电路中单片机与 8 个发光二极管的连线，是通过 I/O 端口和连线标号实现的连接。如果想简单些，可以把 8 个发光二极管 L0～L7 的阳极，直接与单片机 P1 口的 P1.0～P1.7 引脚连接。

7. 放置观察仪器

为了示范测试分析仪器的使用，在电路中放置了电压探针和电流探针，用于观察运行时发光二极管的电压和电流。

8. 说明

1）在实际电路中，单片机 P1 口的输出需要加驱动，可以使用 74LS244 或 74LS245 等芯片驱动，否则发光二极管亮度非常小。

2）在 Proteus ISIS 单片机模拟电路中，可以省略以下常规电路与部件：

● 可以不要外部振荡电路

● 可以不要复位电路

● 可以不接 $\overline{\text{EA}}$ 引脚

● 可以不接电源和地

在本书后面的单片机模拟电路中，基本上都省略了这些部分。但必须清楚，实际的应用电路中这些部分都不能够省略。

1.6.4   Proteus ISIS 模拟方法

1. 单片机系统模拟方法

有两种方法可以对单片机电路进行模拟运行：一是 Proteus 与 Keil C 联合模拟，二是把程序装载到单片机中模拟运行。为了简单起见，下面仅介绍后者，其方法如下。

1）用 Keil C 编写好应用程序，并编译链接生成可执行的"hex"文件。

2）在 Proteus ISIS 下设计好电路，右击电路图中的单片机，在弹出的快捷菜单中单击 Edit Proterties，弹出 Edit Component 对话框。

3）在弹出的 Edit Component 对话框中，对 Program File 项进行设置，选择对应的应用程序的 hex 文件，然后单击 OK 按钮即可。

4）在 Proteus ISIS 主界面上单击"运行"按钮，应用程序便开始在单片机中运行，电路中的其他器件在单片机的控制下进行工作。

5）在 Proteus 下进行操作和观察，可以对电路的器件进行操作，观察电路各个部件的运行情况。

2. 单片机系统模拟举例

按照上面的方法，把 1.5.3 节中生成的"li1-1.hex"文件加载到图 1-8 的单片机中，然后单击模拟运行按钮，观察系统运行情况。应该能够看到 8 个发光二极管，从左到右循环点亮两个做流水灯显示。另外还可以看到电压、电流两个探针显示的数值，在发光二极管没有亮时其值都是 0，点亮时电压为 4.727V，电流为 0.013A（13mA）。

当启动模拟运行之后，所有器件的引脚旁边都有一个小方块，指示各个引脚的电平。方块有红、蓝、灰三种颜色，分别标示高电平、低电平、电平不确定，没有连接的输入引脚是灰色。在程序运行时，小方块的颜色会发生相应的变化，用于分析电路和程序。

思考题与习题

1. 什么是单片机？
2. 单片机内部主要集成了哪些资源？
3. 单片机发展分为哪几个阶段？有哪些新技术？
4. 单片机主要有哪些特点？
5. 新型单片机主要增加了哪些功能？
6. 单片机的应用有哪些？
7. 在 Keil C 中怎样创建项目？怎样创建文件？怎样给项目添加文件？
8. 在 Keil C 中怎样编译项目？怎样设置产生.hex 文件？
9. 在 Keil C 的调试状态下，怎样使用跟踪运行、单步运行、跳出函数运行命令？
10. 在 Keil C 的调试状态下，怎样设置和删除断点？怎样使用断点观察程序运行？
11. 在 Keil C 的调试状态下，怎样观察和修改寄存器？怎样观察程序运行的时间？
12. 在 Keil C 的调试状态下，怎样观察和修改变量？
13. 在 Keil C 的调试状态下，怎样观察和修改 data 区、idata 区、xdata 区的数据？怎样观察 code 区的数据？

14．在 Keil C 的调试状态下，怎样观察各个片内外设的运行状态？怎样修改它们的设置？

15．在 Keil C 的调试状态下，怎样观察程序段或函数的运行时间？怎样设置单片机的振荡频率？

16．在 Proteus ISIS 中怎样创建设计文件？文件保存有什么要求？

17．在 Proteus ISIS 中怎样从器件库选取需要的器件？怎样连续选取多个器件？

18．在 Proteus ISIS 中放置器件时，怎样调整器件的方向，使其符合要求？

19．在 Proteus ISIS 中怎样选取、放置需要的终端？例如电源、地、I/O 端口。

20．在 Proteus ISIS 中怎样设置器件的设计编号、参数等属性？

21．在 Proteus ISIS 中怎样给单片机加载可执行程序？怎样设置时钟频率？

22．在 Proteus ISIS 中，单击测试分析工具中的虚拟仪器模式按钮，将其包含的虚拟仪器逐个放到窗口上，然后单击模拟运行按钮，逐个认识一下它们表示的图形和虚拟仪器外观，研究一下它们的使用方法（不要考虑虚拟串口终端、SPI 总线调试器、IIC 总线调试器，它们需要编程控制）。

23．在 Proteus ISIS 中选取、放置你熟悉的器件，比如 74LS00、74LS02、74LS138 等芯片，然后单击模拟运行按钮，观察各个引脚的颜色，认识引脚的输入/输出及电平。

24．参照 1.5.3 节使用 Keil C 进行程序开发的方法，创建 xiti1-24 项目，创建 lamp.c 文件并添加到项目中，在 lamp.c 文件中编写用 P2 口控制向右循环的流水灯程序，然后编译项目，使其产生.hex 可执行文件，最后启动 debug 调试功能，单步及全速运行，观察 P2 口输出的变化情况，如果不符合向右循环显示要求，修改程序。

25．参照图 1-8，使用 Proteus ISIS 设计单片机 P2 口（P2.0～P2.7）控制流水灯显示电路，对单片机加载习题 24 中生成的"xiti1-24.hex"文件，然后启动模拟运行，观察 8 个发光二极管的显示情况，分析是否正确，不正确的话修改程序。

第 2 章 MCS-51 单片机的结构与原理

本章讨论 MCS-51 单片机的结构和工作原理,内容主要有 MCS-51 单片机结构、引脚信号、存储器配置、时钟与 CPU 时序、单片机的工作方式,以及输入/输出端口等。

本章是单片机的基本内容,为学习后面各个章节的基础。

2.1 MCS-51 单片机的内部结构及 CPU

2.1.1 MCS-51 单片机的结构及特点

MCS-51 单片机的内部功能结构如图 2-1 所示,图中是以增强型的 52 单片机的结构为对象。从图中可以看出,MCS-51 单片机在一块芯片中集成了微型计算机所具有的所有部件,从功能的角度来看,主要包括以下 9 个部分:

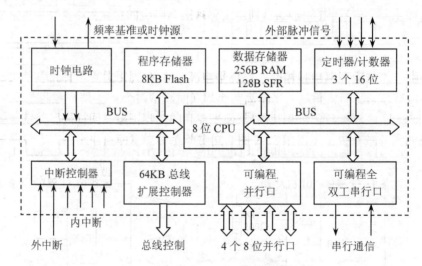

图 2-1 MCS-51 增强型(52 子系列)单片机功能结构图

1)一个 8 位的微处理器 CPU。

2)8KB 的片内程序存储器 Flash ROM(基本型为 4KB),用于烧录运行的程序、常数数据。

3)256B 的片内数据存储器 RAM(基本型为 128B),在程序运行时可以随时写入和读出数据,用于存放函数相互传递的参数、接收的外部数据、运算的中间结果、最后结果以及显示的数据等;128B 特殊功能寄存器(SFR)控制单片机各个部件的运行。

4)3 个 16 位的定时器/计数器(基本型仅有 2 个定时器),每个定时器/计数器可以设置为计数方式,用于对外部事件信号进行计数,也可以设置为定时方式,满足各种定时要求。

5)有一个管理 6 个中断(通道)(基本型为 5 个中断(通道))、2 个优先级的中断控制器。

6)4 个 8 位并行 I/O 端口,每个端口既可以用作输入,也可以用于输出。

7）一个全双工的 UART（通用异步接收发送器）串行 I/O 口，用于单片机之间的串行通信，或者单片机与 PC 机、其他设备、其他芯片之间的串行通信。

8）片内振荡电路和时钟发生器，只需外面接上一晶振或输入振荡信号，就可产生单片机运行所需要的各种时钟信号。

9）有一个可寻址 64KB 外部数据存储器、还可以寻址 64KB 外部程序存储器的三总线的控制电路。

以上各个部分通过片内总线相连，在 CPU 的控制下协调工作，实现用户程序的各种功能。

2.1.2　MCS-51 单片机的内部原理结构

MCS-51 单片机的内部原理结构如图 2-2 所示，图中是以 89C52 增强型单片机的结构为对象。与图 2-1 比较，主要的区别是画出了 CPU 的内部结构，图中的中间部分除了"定时器、串行口"方框之外都属于 CPU 部件。下面先介绍 CPU 部分，对于其他部件，将在本章和后面的章节讲解。

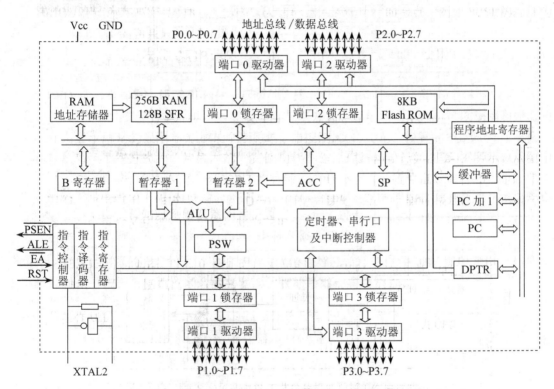

图 2-2　MCS-51 增强型单片机内部原理结构图

2.1.3　MCS-51 单片机的 CPU

MCS-51 单片机内部有一个功能强大的 8 位 CPU，它包含两个基本部分：运算器和控制器，下面分别介绍。

1. 运算器

运算器包括算术和逻辑运算部件 ALU（Arithmetic Logic Unit）、累加器 ACC、寄存器 B、暂存器 1、暂存器 2、程序状态字寄存器 PSW、布尔处理器等，如图 2-2 所示。

1）算术和逻辑运算部件 ALU。ALU 可以对 4 位（半字节），8 位（一字节）和 16 位（双字节）数据进行操作，能够做加、减、乘、除、加 1、减 1、BCD 码数的十进制调整及比较等算术运算，还能做与、或、异或、求补及循环移位等逻辑运算。

2）累加器 ACC。从图 2-2 所示 CPU 的结构上看，ACC 中的数据作为一个操作数，经暂存器 2 进入 ALU，与另一个来自暂存器 1 的数据进行运算，运算结果在大多数情况下又送回 ACC。正是因为 ACC 在 CPU 中的这种位置，使得 ACC 在指令中使用的非常多，并且既作源操作数又作目的操作数，如加、减、乘、除算术运算指令，与、或、异或、循环移位逻辑运算指令等。除此之外，ACC 也作为通用寄存器使用，并且可以按位操作，所以 ACC 是一个用处最多、最忙碌的寄存器。在指令中用助记符 A 来表示。

3）B 寄存器。在做乘、除运算时，B 寄存器用来存放一个操作数，并且用来存放运算后的部分结果。在不做乘、除运算时，B 寄存器可以作为通用寄存器使用。B 也是一个能够按位操作的寄存器。

4）程序状态字 PSW。PSW 是一个 8 位寄存器，用于设定 CPU 的一些操作和指示运行状态。PSW 相当于其他微处理器中的标志寄存器。程序状态字 PSW 的格式如图 2-3 所示。

PSW	D7	D6	D5	D4	D3	D2	D1	D0
（D0H）	CY	AC	F0	RS1	RS0	OV	F1	P

图 2-3 程序状态字 PSW 格式

各标志位含义如下：

CY（PSW.7）：进位标志。在执行加减运算指令时，如果运算结果的最高位发生了进位或借位，则 CY 由硬件自动置 1，如果运算结果的最高位未发生进位或借位，则 CY 清 0。另外在做位操作（布尔操作）时 CY 作为位累加器，在指令中用 C 表示。

AC（PSW.6）：半进位标志位，也称为辅助进位标志。在执行加减运算指令时，如果运算结果的低半字节发生了向高半字节进位或借位，则 AC 由硬件自动置 1，否则 AC 被清 0。

F0、F1（PSW.5 和 PSW.1）：用户标志位。用户可以根据需要对 F0、F1 赋予一定的含义，由用户置 1 或清 0，作为软件标志。需要说明的是 F1 在基本型单片机中未提供给用户使用。

RS1、RS0（PSW.4 和 PSW.3）：工作寄存器（R0、R1、……、R7，参见 2.3 节）组选择控制位。通过对这两位的设定，可以从 4 个工作寄存器组中选择一组作为当前工作寄存器。其组合关系如表 2-1 所示。

表 2-1 RS1、RS0 的组合关系

RS1	RS0	工作寄存器组	片内 RAM 地址
0	0	第 0 组	00H～07H
0	1	第 1 组	08H～0FH
1	0	第 2 组	10H～17H
1	1	第 3 组	18H～1FH

用户根据需要，可以利用数据传送指令对 PSW 整字节操作或者用位操作指令改变 RS1 和 RS0 的数值，来切换当前工作寄存器组。工作寄存器组的切换，为程序中保护现场提供了方便。

单片机复位后，RS1=RS0=0，CPU 自动选择第 0 组作为当前工作寄存器组。

OV（PSW.2）：溢出标志位，有两种情况影响该位。一是执行加减运算时，如果 D7 或 D6 中任一位，并且只一位发生了进位或借位，则 OV 自动置 1，否则清 0。在这种情况下，如果执行的是补码运算，当 OV 为 1 时，表明运算结果超出了补码计数范围-128～+127。二是执行乘除运算时会影响 OV，这会在第 3 章讨论。

P（PSW.0）：奇偶标志位。每条指令执行完后，该位都会指示当前累加器 A 中 1 的个数。如果 A 中有奇数个 1，则 P 自动置 1，否则 P 清 0。P 常用于串行通信中的数据校验。

5）布尔处理器。MCS-51 单片机的 CPU 中还有一个布尔处理器，它是以 PSW 中的进位标志位 CY 作为累加器，专门用于处理位操作。MCS-51 单片机有丰富的位处理指令，如置位、位清 0、位取反、判断位值（为 1 或为 0）转移，以及通过 C（指令中用 C 代替 CY）做位数据传送、位逻辑与、位逻辑或等位操作。

2. 控制器

控制器包括程序计数器 PC、指令寄存器 IR、指令译码器 ID，以及时钟控制逻辑、堆栈指针 SP、数据指针 DPTR 等。

1）程序计数器 PC。PC（Program Counter）是一个 16 位的计数器，是所执行程序的字节地址计数器，它的内容是将要执行的下一条指令的地址，具有自加 1 功能。改变 PC 的内容就可以改变程序执行的内容。

2）指令寄存器 IR 和指令译码器 ID。从 Flash ROM 中读取的指令存放在指令寄存器 IR 中，IR 将指令送给指令译码器 ID 进行译码，产生一定序列的控制信号，完成指令规定的操作。

3）堆栈指针 SP。堆栈是在 RAM 中专门开辟的一个特殊用途的存储区。堆栈是按照"先进后出"（即先进入堆栈的数据后移出堆栈）的原则存取数据。

堆栈主要用来暂时存放数据。有两种情况要使用堆栈。一是 CPU 自动使用堆栈，当调用子程序或响应中断，执行中断服务程序时，CPU 自动将返回地址存放到堆栈中；当调用子程序时，CPU 可能通过堆栈传递参数。二是程序员使用堆栈，用堆栈暂时存放数据。

堆栈一端的地址是固定的，称为栈底；另一端的地址是动态变化的，称为栈顶。堆栈有两种操作：数据进栈和数据出栈。进栈和出栈都是在栈顶进行，这就必然是按照"先进后出"或"后进先出"的原则存取数据。

堆栈指针 SP（Stack Pointer）是一个 8 位寄存器，其值为栈顶的地址，即指向栈顶，SP 为访问堆栈的间址寄存器。当数据进栈时，SP 先自动加 1，然后 CPU 将数据存入；当数据出栈时，CPU 先将数据送出，然后 SP 自动减 1。图 2-4 给出了不同操作后堆栈的变化情况。

由于进栈时 SP 的值增加，即堆栈向地址大的方向生长，并且栈顶是有效数据，因此我们说单片机的堆栈是满递增型堆栈（x86 CPU 是满递减型堆栈，另外还有空递增型和空递减型堆栈）。

4）数据指针 DPTR。DPTR 是唯一的 16 位寄存器，其高字节寄存器用 DPH 表示，低字节寄存器用 DPL 表示。DPTR 既可以作为一个 16 位寄存器使用，也可以作为两个独立的 8 位寄存器使用。DPTR 主要用于存放 16 位地址，以便对 64KB 的片外 RAM 和 64KB 的程序存储空间作间接访问。

上面介绍的 ACC、B、PSW、SP、DPL、DPH，都属于特殊功能寄存器，其他的特殊功能寄存器在 2.3 节介绍。

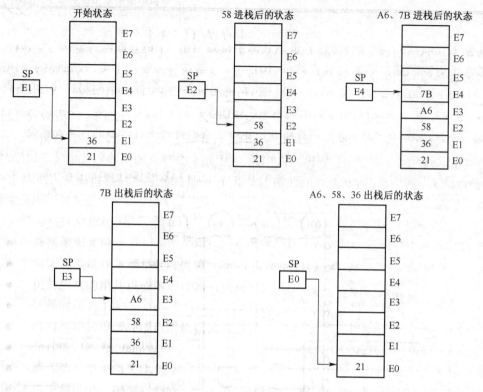

图 2-4 堆栈的进栈与出栈操作

2.2 MCS-51 单片机的引脚与总线结构

当今 MCS-51 单片机生产厂家较多，各个厂家产品有各自的特点，不仅片内设备不同，引脚也有所改变，有的甚至于有很大的改变，如国内深圳宏晶科技生产的 STC15F2K 系列单片机，引脚变化非常大。本节以经典的引脚为对象做介绍，同时介绍宏晶科技单片机的引脚差异，以帮助认识单片机引脚的变化。

2.2.1 MCS-51 单片机的引脚信号

MCS-51 单片机的封装主要有双列 40 引脚和方形 44 引脚方式，即 PDIP-40 的双列直插方式和 LQFP-44、PLCC-44、PQFP-44 方形贴片封装方式。下面以常见的 PDIP-40 封装方式为例，介绍 MCS-51 的引脚定义及其功能。图 2-5 给出了增强型单片机的引脚定义，与基本型的区别只是 1 引脚多了 T2 功能，2 引脚多了 T2EX 功能。

1. 电源引脚

1）V_{CC}（40 引脚）：5V 电源正极接入端。

2）GND（20 引脚）：5V 电源负极接入端。

2. 外接晶振引脚

1）XTAL1（External Crystal Oscillator，19 引脚）：晶振信号或外部时钟输入端。该引脚接外部晶振和微调电容的一端，与单片机片内振荡电路一起，产生由外部晶振决定的振荡频率。由于 XTAL1 接内部反向放大器的输入端，因此在使用外部时钟时，该引脚输入外部时钟脉冲。

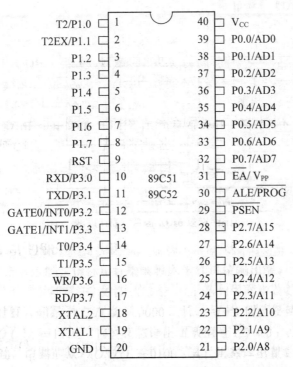

图 2-5　MCS-51 单片机引脚定义

2）XTAL2（18 引脚）：晶振信号输入端，该引脚接外部晶振和微调电容的另一端。XTAL2接内部反向放大器的输出端，因此在使用外部时钟时，该引脚接地。

若要检查单片机的振荡电路是否工作，可以使用示波器查看 XTAL2 端是否有脉冲信号输出。

3. 控制信号引脚

1）RST（Reset，9 引脚）：复位信号输入端，高电平有效。当单片机正常工作时，该引脚保持两个机器周期的高电平就会使单片机复位；在上电时，由于振荡器需要一定的起振时间，该引脚上的高电平必须保持 10ms 以上才能保证有效复位。

2）ALE/$\overline{\text{PROG}}$（Address Latch Enable/Programming，30 引脚）：地址锁存信号输出/编程脉冲输入端。

ALE 为地址锁存信号，每个机器周期输出两个正脉冲。在访问片外存储器时，下降沿用于控制外接的地址锁存器锁存从 P0 口输出的低 8 位地址。在没有接外部存储器时，可以将该引脚的输出作为时钟信号使用。若要检查单片机是否工作，可以使用示波器查看该引脚是否有脉冲信号输出。ALE 可以驱动 8 个 LS 型 TTL（低功耗甚高速 TTL）负载。

$\overline{\text{PROG}}$ 为片内程序存储器的编程脉冲输入端，低电平有效。STC 单片机无此功能，不是并口方式编程，而是通过串行口编程。

3）$\overline{\text{PSEN}}$（Program Store Enable，29 引脚）：片外程序存储器读选通信号输出端，每个机器周期输出两个负脉冲，低电平有效。在访问片外数据存储器时，该信号不出现。$\overline{\text{PSEN}}$ 可以驱动 8 个 LS 型 TTL 负载。

4）$\overline{\text{EA}}$/V_{PP}（Enable Address/Voltage Pulse of Programming，31 引脚）：程序存储器选择输入/编程电压输入端。

$\overline{\text{EA}}$ 为程序存储器选择输入端。该引脚为低电平时，使用片外程序存储器，为高电平时，使用片内程序存储器。对 STC 单片机，该引脚在片内接有上拉电阻，因此可以悬空使用片内程序存储器。

V_{PP}为片内程序存储器编程电压输入端。其电压值与片内可编程 ROM 类型有关。STC 单片机无此功能，编程时也是使用 5V 工作电源。

4. 输入/输出引脚

1）P0 口（P0.0～P0.7，39～32 引脚）：可以作总线口和一般 I/O 口使用，与操作指令有关。

作总线口使用时，为 8 位推拉式输出的 I/O 口。分时地输出低 8 位地址和输入/输出数据，能够驱动 8 个 LS 型 TTL 负载。

作一般 I/O 口使用时，为 8 位漏极开路的准双向 I/O 口。输出时需要接上拉电阻；输入时，必须先对端口各位输出 1，使各位驱动三极管截止，然后才能够输入，这就是准双向口的含义。

2）P1 口（P1.0～P1.7，1～8 引脚）：内部有上拉的 8 位准双向 I/O 口，作为一般 I/O 口使用，可以驱动 4 个 LS 型 TTL 负载。对于增强型单片机，P1.0、P1.1 还有第二功能，第二功能的信号分别为 T2 和 T2EX。

- T2（P1.0）：定时器/计数器 2 的计数脉冲输入和时钟输出端。
- T2EX（P1.1）：定时器/计数器 2 的重装、捕获和计数方向控制输入端。

3）P2 口（P2.0～P2.7，21～28 引脚）：内部有上拉的 8 位 I/O 口。作为一般 I/O 口使用时，为准双向 I/O 口，输出可以驱动 4 个 LS 型 TTL 负载。当 CPU 以总线方式访问片外存储器时，P2 口输出高 8 位地址。

4）P3 口（P3.0～P3.7，10～17 引脚）：内部有上拉的 8 位 I/O 口，每个引脚都有第二功能，有的还有第三功能。作为一般 I/O 口使用时，为准双向 I/O 口，输出可以驱动 4 个 LS 型 TTL 负载。各引脚第二、三功能如表 2-2 所示。

表 2-2　P3 口各引脚第二、三功能定义

引脚	第二、三功能
P3.0	RXD：串行口输入
P3.1	TXD：串行口输出
P3.2	$\overline{\text{INT0}}$ / GATE0：外部中断 0 请求输入/定时器/计数器 0 运行外部控制输入
P3.3	$\overline{\text{INT1}}$ / GATE1：外部中断 1 请求输入/定时器/计数器 1 运行外部控制输入
P3.4	T0：定时器/计数器 0 外部计数脉冲输入
P3.5	T1：定时器/计数器 1 外部计数脉冲输入
P3.6	$\overline{\text{WR}}$：外部数据存储器写控制信号输出
P3.7	$\overline{\text{RD}}$：外部数据存储器读控制信号输出

5）端口的总线操作

当 CPU 访问片外存储器（程序存储器或数据存储器）时，P0 口以总线方式分时地输出低 8 位地址、读入指令和输入/输出数据，P2 口提供高 8 位地址，访问片外数据存储器时 P3.7、P3.6 提供读写控制信号。总线操作时 P0 口可以驱动 8 个 LS 型 TTL 负载。

6）端口的编程操作

当对单片机进行编程操作时，从 P0 口输入烧录的数据或输出数据做校验，从 P1 口输入

低 8 位地址，从 P2 口输入高 8 位地址。对 STC 单片机不用并行口而是用串行口编程。

2.2.2　MCS-51 单片机的外部总线结构

当 MCS-51 单片机不使用外部存储器时，P0～P3 口都可以作为一般 I/O 使用。但是在实际应用中，有时需要较大的数据存储器，如 2KB、8KB 等，就需要做数据存储器扩展（现在一般不再作程序存储器扩展，当程序存储器不够用时，可以选择程序存储器容量大的单片机），使用单片机的总线。

由于 MCS-51 单片机内部具有产生总线的结构，所以很容易对外提供三总线，如图 2-6 所示。

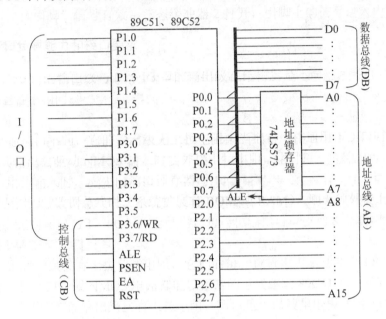

图 2-6　MCS-51 单片机外部总线结构

1.　地址总线（AB）

地址总线宽度为 16 位，寻址范围为 64KB。当 CPU 访问片外存储器时（读取指令或执行 MOVC、MOVX 指令），P0 口分时地输出低 8 位地址，经地址锁存器锁存后形成稳定的低 8 位地址 A0～A7，P2 口则提供高 8 位地址 A8～A15。

2.　数据总线（DB）

P0 口分时地直接提供数据总线 D0～D7，与读写控制信号相配合，完成数据传输。

3.　控制总线（CB）

对单片机读写操作有直接作用的控制信号主要有：ALE、$\overline{\text{PSEN}}$、$\overline{\text{WR}}$、$\overline{\text{RD}}$ 和 EA 这 5 个信号，这些信号的功能在前面已经叙述过，此处不再赘述。

2.3　MCS-51 单片机的存储器结构

MCS-51 单片机的存储器结构与一般 PC 机的存储器结构不同，分为程序存储器 ROM 和数据存储器 RAM。程序存储器固化程序、常数和数据表格。数据存储器存放程序运行中产生的各种数据、用作堆栈等。

MCS-51 单片机有 4 个存储空间，分别是片内程序存储器和数据存储器，在片外可以扩展的程序存储器和数据存储器。这 4 个存储空间可以分成三类：片内数据存储空间（256B 的 RAM 和 128B 的特殊功能寄存器）、片外数据存储空间（64KB）、片内和片外统一编址的程序存储空间（64KB）。不同的存储空间，它们有各自的寻址方式和访问指令。

4 个存储空间按照不同的寻址方式，分成 7 个存储区域。片内数据存储器包括直接访问的 data 区、间接访问的 idata 区、可按位寻址的 bdata 区，可直接寻址的特殊功能寄存器区；片外数据存储器包括按页内间接寻址的 pdata 区，间接访问的 xdata 区；片内和片外程序存储器称为 code 区。存储区分布如图 4-6 所示。

2.3.1　程序存储器结构

程序存储器用于存放（固化或称烧录）编写好的程序、常数和数据表格。单片机在运行时，CPU 使用程序计数器 PC 中的地址，从程序存储器中读取指令和数据，每读一个字节，PC 就自动加 1，这样 CPU 依次读取及执行程序存储器中的指令。MCS-51 单片机的程序存储器有 16 位地址，因此地址空间范围为 64KB。

对于基本型 89C51 单片机，片内有 4KB 的 Flash ROM，地址为 0000H～0FFFH，片外最多可以扩展到 60KB，地址为 1000H～FFFFH；增强型的 89C52 单片机片内有 8KB 的 Flash ROM，地址为 0000H～1FFFH，片外最多可以扩展到 56KB，地址为 2000H～FFFFH，片内外是统一编址的。这两种单片机的程序存储器空间配置如图 2-7 所示。

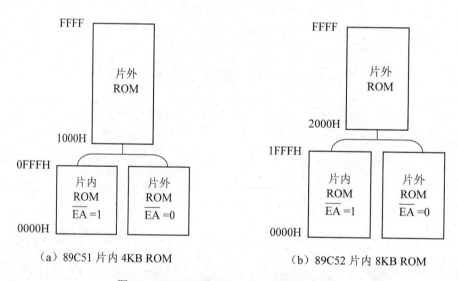

（a）89C51 片内 4KB ROM　　　　　　　（b）89C52 片内 8KB ROM

图 2-7　MCS-51 单片机程序存储器空间配置

单片机在执行指令时，对于低地址部分，究竟是从片内程序存储器取指令，还是从片外程序存储器取指令，决定于程序存储器选择引脚 $\overline{\text{EA}}$ 电平的高低，如果 $\overline{\text{EA}}$ 接低电平，则 CPU 从片外程序存储器取指令，若 $\overline{\text{EA}}$ 接高电平，则 CPU 从片内程序存储器取指令。当取指令的地址大于片内存储器的最大地址时，CPU 自动转到片外程序存储器取指令。

无论是从片内程序存储器还是从片外程序存储器读取指令，指令的执行速度是一样的。

在 MCS-51 增强型单片机的程序存储空间，低地址区域有 50 多个单元留作程序启动和中断使用，如表 2-3 所示。

表 2-3　ROM 中保留的存储单元

存储单元	应用
0000H～0002H	复位后引导程序地址
0003H～000AH	外中断 0
000BH～0012H	定时器 0 中断
0013H～001AH	外中断 1
001BH～0022H	定时器 1 中断
0023H～002AH	串行口中断
002BH～0032H	定时器 2 中断（增强型）

单片机复位后程序计数器 PC 值为 0，即 CPU 从 0000H 地址开始执行，因此在存储单元 0000H～0002H 中存放的是上电复位后的引导程序，引导程序一般是一条无条件转移指令，跳转到主程序的开始处。从 0003H 地址开始，每 8 个单元分配给一个中断使用，如果容纳不下中断服务程序，一般在这些地方放上一条无条件转移指令，跳转到存放中断服务程序的地方去执行。基本型单片机有 5 个中断（通道），增强型有 6 个中断（通道）（有的单片机有更多的中断）。中断将在第 5 章讨论。

2.3.2　片内数据存储器结构

片内数据存储器按照寻址方式，可以分为三部分：低 128 字节数据区、高 128 字节数据区和特殊功能寄存器区。这三部分存储空间结构如图 2-8 所示。

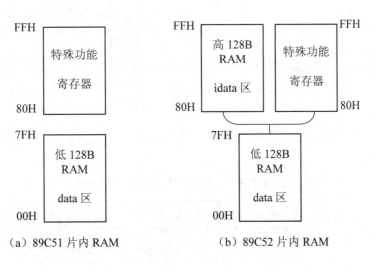

图 2-8　MCS-51 单片机片内数据存储器配置

1. 低 128 字节 RAM

低 128 字节数据区有多种用途，并且使用最频繁。这部分空间可以使用三种方式寻址：直接寻址、寄存器间接寻址、位寻址。

这部分空间分为三个区域：工作寄存器区、位寻址区和通用数据区，其中的通用数据区用于堆栈和暂存数据。低 128 字节 RAM 的配置如图 2-9 所示。

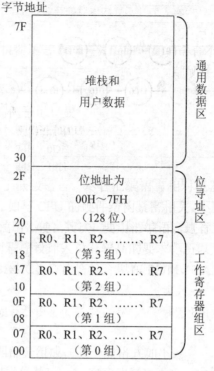

图 2-9　低 128 字节 RAM 区

（1）工作寄存器区

地址从 00H 到 1FH，共 32 字节，分为 4 个组，分别称为第 0 组、第 1 组、第 2 组和第 3 组。每组 8 个寄存器，其名字都叫做 R0、R1、R2、……、R7，但不同的组对应的 8 个寄存器的地址不同，如表 2-1 所示。在某一时刻，只能选择使用一组，究竟选择哪一组，决定于程序状态字 PSW 的 RS1 和 RS0 位，见表 2-1。

用 C 语言编程情况下，在定义函数时，通过使用关键字"using"来选择工作寄存器组（见 4.8 节）。

（2）位寻址区

地址从 20H 到 2FH，共 16 字节，128 位，位地址从 00H 到 7FH。该区域既可以按位操作，也可以按字节操作。

用 C 语言编程时，用关键字"bit"定义的位变量在该区域（见 4.5 节）。

（3）通用数据区

地址从 30H 到 7FH，共 80 字节，该区域用于堆栈、存放程序运行时的数据和中间结果。

用 C 语言编程时，使用关键字"data"或"idata"将变量定义在该区域。用关键字"bdata"将变量（字符型、整型等）定义在位寻址区域（见 4.3 节），并且定义的变量还可以按位操作。

2．高 128 字节 RAM

对于高 128 字节 RAM 区，地址从 80H 到 FFH，其用途与低 128 字节中的 30H 到 7FH 完全一样，用于堆栈、存放程序运行时的数据和中间结果。

在该区域，使用间接寻址方式访问。如果用 C 语言编程，则使用关键字"idata"定义变量。

3．特殊功能寄存器

特殊功能寄存器（Special Function Register，SFR）也称为专用寄存器，是单片机中最重

　　要的部分，用户是否能够熟练使用和充分发挥单片机的功能，主要取决于对特殊功能寄存器的理解与掌握。特殊功能寄存器的作用主要有三个方面：控制单片机各个部件的运行、反映各部件的运行状态和存放数据或地址。

　　特殊功能寄存器占用的空间也是 80H～FFH，与高 128 字节 RAM 的地址重合，为了进行区分，用直接寻址方式访问特殊功能寄存器，用间接寻址方式访问高 128 字节 RAM 区。

　　特殊功能寄存器虽然占据 128 字节的空间，但实际上对基本型单片机来说只有 21 个寄存器，增强型有 27 个寄存器。各特殊功能寄存器的符号、名字、地址、格式如表 2-4 所示。

表 2-4　特殊功能寄存器表

符号	特殊功能寄存器名	字节地址	位名称与位地址							
			D7	D6	D5	D4	D3	D2	D1	D0
P0*	P0 口	80H	P0.7 87	P0.6 86	P0.5 85	P0.4 84	P0.3 83	P0.2 82	P0.1 81	P0.0 80
SP	堆栈指针	81H								
DPL	数据指针低字节	82H								
DPH	数据指针高字节	83H								
PCON	电源控制	87H	SMOD				GF1	GF0	PD	IDL
TCON*	定时器控制	88H	TF1 8F	TR1 8E	TF0 8D	TR0 8C	IE1 8B	IT1 8A	IE0 89	IT0 88
TMOD	定时器模式	89H	GATE	C/$\overline{\text{T}}$	M1	M0	GATE	C/$\overline{\text{T}}$	M1	M0
TL0	定时器 0 低字节	8AH								
TL1	定时器 1 低字节	8BH								
TH0	定时器 0 高字节	8CH								
TH1	定时器 1 高字节	8DH								
P1*	P1 口	90H	P1.7 97	P1.6 96	P1.5 95	P1.4 94	P13 93	P1.2 92	P1.1 91	P1.0 90
SCON*	串行口控制	98H	SM0 9F	SM1 9E	SM2 9D	REN 9C	TB8 9B	RB8 9A	TI 99	RI 98
SBUF	串行口数据	99H								
P2*	P2 口	A0H	P2.7 A7	P2.6 A6	P2.5 A5	P2.4 A4	P2.3 A3	P2.2 A2	P2.1 A1	P2.0 A0
IE*	中断允许控制	A8H	EA AF		ET2+ AD	ES AC	ET1 AB	EX1 AA	ET0 A9	EX0 A8
P3*	P3 口	B0H	P3.7 B7	P3.6 B6	P3.5 B5	P3.4 B4	P3.3 B3	P3.2 B2	P3.1 B1	P3.0 B0
IP*	中断优先级控制	B8H			PT2+ BD	PS BC	PT1 BB	PX1 BA	PT0 B9	PX0 B8
T2CON*+	定时器 2 控制	C8H	TF2 CF	EXF2 CE	RCLK CD	TCLK CC	EXEN2 CB	TR2 CA	C/$\overline{\text{T2}}$ C9	CP/$\overline{\text{RL2}}$ C8
T2MOD+	定时器 2 模式	C9H							T2OE	DCEN
RCAP2L+	定时器 2 捕获低字节	CAH								
RCAP2H+	定时器 2 捕获高字节	CBH								

续表

符号	特殊功能寄存器名	字节地址	位名称与位地址							
			D7	D6	D5	D4	D3	D2	D1	D0
TL2+	定时器 2 低字节	CCH								
TH2+	定时器 2 高字节	CDH								
PSW*	程序状态字	D0H	CY D7	AC D6	F0 D5	RS1 D4	RS0 D3	OV D2	F1 D1	P D0
A*	累加器 A	E0H	ACC.7 E7	ACC.6 E6	ACC.5 E5	ACC.4 E4	ACC.3 E3	ACC.2 E2	ACC.1 E1	ACC.0 E0
B*	寄存器 B	F0H	B.7 F7	B.6 F6	B.5 F5	B.4 F4	B.3 F3	B.2 F2	B.1 F1	B.0 F0

在特殊功能寄存器中，有 11 个（基本型）或 12 个（增强型）可以按位操作，具有位名和位地址，在表 2-4 中这些寄存器的符号名后面用"*"标记，它们的地址都能够被 8 整除，并且其位地址从字节地址开始。

增强型单片机比基本型多 6 个特殊功能寄存器，为了便于识别，在表 2-4 中这些寄存器的符号名后面用"+"标记。

对于表 2-4 中的特殊功能寄存器，有的有格式，即各位有不同的意义，它们是：TCON*、TMOD、PCON、SCON*、IE*、IP*、T2CON*+、T2MOD+、PSW*，共 9 个。应用单片机，主要就是掌握这 9 个有格式的特殊功能寄存器，对基本型仅有 7 个。虽然 P0*～P3*、A*、B* 也有格式，并且可以按位操作，但它们主要是存储数据。其他的特殊功能寄存器没有格式，做整体使用。

在 2.1 节我们已经介绍了 6 个特殊功能寄存器，它们是：SP、DPL、DPH、PWS*、A*、B*。在 2.2 节介绍了 4 个端口 P0～P3，由表 2-4 可知，与 4 个端口对应的有 4 个映射寄存器 P0*～P3*，且映射寄存器与端口名相同。读寄存器便是从端口输入，向寄存器写便是从端口输出。其他的寄存器将在后面的章节介绍。

特殊功能寄存器在汇编语言中能够识别，但在 C 语言中不能识别，为了在 C 语言中使用，必须先定义，它们多数在"reg51.h"、"reg52.h"等头文件做了定义，但有一些未做定义，如 4 个并行口 P0～P3、累加器 A、寄存器 B 等的各位，在使用时需要用户定义（见 4.4 节）。

2.3.3　片外数据存储器结构

片外数据存储器的地址范围为 0000H～FFFFH，共 64KB。对于 0000H～00FFH 的低 256 字节，与片内数据存储器的地址重叠，但它们使用不同的指令，访问片内和片外存储器分别用"MOV"和"MOVX"指令。使用"MOVX"指令对片外 RAM 进行读/写操作时，会自动产生读/写控制信号"$\overline{RD}$"、"$\overline{WR}$"，作用于片外 RAM 实现读/写操作。

对于片外 RAM，不像片内 RAM，不划分区域，没有特别用途的区域。片外 RAM 做通用 RAM 使用，主要存放大量采集的或接收的数据、运算的中间数据、最后结果，以及用作堆栈等。

用 C 语言编程时，使用关键字"xdata"或"pdata"将变量、数组、结构体、堆栈等定义到片外 RAM 区（见 4.3 节）。

2.4　MCS-51 单片机的时钟及 CPU 时序

MCS-51 单片机与其他微机一样，从程序存储器中读取指令并执行各种微操作，所有操作都是按节拍有序地进行。MCS-51 单片机内有一个节拍发生器，即片内振荡器和分频器等。

2.4.1　时钟电路及时钟信号

1. 时钟电路

MCS-51 单片机内部有产生振荡信号的放大电路，可以用两种方式产生单片机需要的时钟，一种是内部方式，另一种是外部方式。

1）内部方式。所谓内部方式，就是利用单片机内部的放大电路，外接晶振等器件构成的振荡电路。

MCS-51 单片机内部有一个高增益的反相放大器，反相放大器的输入端为 XTAL1，输出端为 XTAL2，两端接晶振及两个电容，就可以构成稳定的自激振荡器。如图 2-10 所示。电容 C1 和 C2 通常取 30pF 左右，可稳定频率并对频率有微调作用。对 89C51、89C52 单片机，其振荡频率一般为 $f_{osc}=0\sim24MHz$，有的甚至更高。

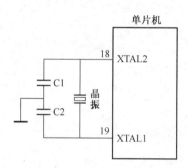

图 2-10　内部方式时钟电路

2）外部方式。外部方式就是使用外部的时钟信号，接到 XTAL1 或 XTAL2 引脚上，给单片机提供基本振荡信号。

采用外部方式时，需要区分单片机的制造工艺，不同的制造工艺，外部时钟信号有不同的接入方法。表 2-5 给出了不同制造工艺时钟信号的接入方法。

表 2-5　单片机外部时钟接入方法

芯片工艺	XTAL1	XTAL2
HMOS	接地	接时钟信号（带上拉）
CHMOS	接时钟信号（带上拉）	悬空

2. 时钟信号

由振荡电路产生的振荡信号，经过单片机内部时钟发生器后，产生出单片机工作所需要的各种时钟信号。

1）时钟信号与状态周期。时钟发生器是一个 2 分频的触发电路，它将振荡器的信号频率 f_{osc} 除以 2，向 CPU 提供两个相位不同的时钟信号 P1 和 P2，即振荡信号的 2 分频是时钟信号。

时钟信号的周期称为机器状态周期 S（STATE），是振荡周期的 2 倍。在每个时钟周期（即机器状态周期 S）的前半周期，相位 1（P1，节拍 1）信号有效，在每个时钟周期的后半周期，相位 2（P2，节拍 2）信号有效，如图 2-11 中的右边注释。

每个时钟周期（以后常称状态 S）有两个节拍（相）P1 和 P2，CPU 就以两相时钟 P1 和 P2 为基本节拍，控制单片机各个部件协调工作。

2）机器周期和指令周期。机器周期（MC）是指 CPU 访问一次存储器所需要的时间。机器周期是度量指令执行时间的单位，标记为 T_{MC}。

MCS-51 单片机的一个机器周期包含 12 个振荡周期，分为 6 个状态 S1～S6。由于每个状态又分为 P1 和 P2 两个节拍，因此，一个机器周期中的 12 个振荡周期可以表示为 S1P1、S1P2、S2P1、...、S6P1、S6P2。机器周期 T_{MC} 与振荡频率 f_{osc} 的关系为：

$$T_{MC} = 12/f_{osc}$$ （公式 2-1）

指令周期是指 CPU 执行一条指令所需要的时间，用机器周期度量。对于 MCS-51 单片机，不同的指令有不同的机器周期数，有单机器周期、双机器周期和 4 机器周期指令。4 机器周期指令只有乘、除两条指令，其余的都是单机器周期或双机器周期指令。

3）基本时序单位。综上所述，MCS-51 单片机的基本时序单位有如下 4 种。

- 振荡周期：为晶振的振荡周期，是最小的时序单位。
- 状态周期：是振荡频率 2 分频后的时钟周期。显然，一个状态周期包含 2 个振荡周期。
- 机器周期：1 个机器周期由 6 个状态周期，即 12 个振荡周期组成。
- 指令周期：是执行一条指令所需要的时间。一个指令周期由 1～4 个机器周期组成，其值由具体指令而定，见附录 B。

在实际应用中，经常用机器周期去计算一条指令或计算一段程序所执行的时间，因此需要先计算出机器周期的值。根据公式 2-1，对于 12MHz 的晶振，则每个机器周期为 1μs，若采用 6MHz、11.0592 MHz 的晶振，则机器周期分别为 2μs 和 1.085μs。

2.4.2 CPU 时序

CPU 时序即 CPU 的操作时序，CPU 操作包括取指令和执行指令两个阶段。

在 MSC-51 指令系统中，根据不同指令的繁简程度，其指令可由单字节、双字节和 3 字节组成。从机器执行指令的速度看，单字节和双字节指令都有可能是单机器周期或双机器周期，而 3 字节指令都是双机器周期的。只有乘、除指令是 4 个机器周期的。

图 2-11 列举了几种指令的操作时序。通过示波器，可以观察 XTAL2 和 ALE 引脚上的信号，分析 CPU 时序。通常，每个机器周期出现两次地址锁存信号 ALE，第一次出现在 S1P2 和 S2P1 期间，第二次出现在 S4P2 和 S5P1 期间。

单机器周期指令的执行始于 S1P2，这时操作码被锁存到指令寄存器内，若是双字节则在同一机器周期的 S4 读第 2 字节。若是单字节指令，则在 S4 仍有读操作，但被读入的字节丢弃，且程序计数器 PC 并不增加。图 2-11（a）、（b）分别给出了单字节单机器周期和双字节单机器周期指令的时序，它们都能在 S6P2 结束时完成操作。

图 2-11（c）给出了三字节双机器周期指令的时序，在两个机器周期内要进行 4 次读指令操作，因为是三字节指令，最后 1 次读指令是无效的。

图 2-11（d）给出了访问片外 RAM 指令"MOVX"的时序，它是单字节双机器周期指令，在第一个机器周期 S5 开始送出片外 RAM 地址后，进行读/写数据。读写期间在 ALE 引脚不

输出信号，所以在第二个机器周期，即外部 RAM 已被寻址和选通后，不产生取指令操作。

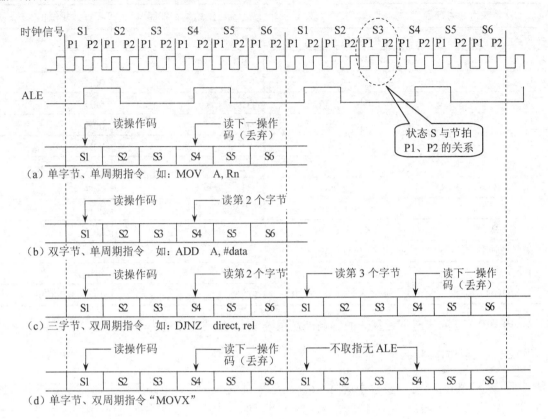

图 2-11　MCS-51 单片机的 CPU 时序

2.5　MCS-51 单片机的复位

MCS-51 单片机与其他微处理器一样，在启动工作时先要进行复位，使 CPU 及系统各部件处于确定的初始状态，并从初始状态开始运行。实现复位的方法是通过复位电路，给单片机复位引脚加复位电平。

2.5.1　复位状态

MCS-51 单片机复位期间，ALE、$\overline{\text{PSEN}}$ 输出高电平。RST 从高电平变为低电平后，程序计数器 PC 变为 0000H，使单片机从程序存储器地址 0000H 单元开始执行。复位后，单片机各特殊功能寄存器的状态如表 2-6 所示。

对于表 2-6 中复位值的"×"，表示其值不确定，实际上这些位当前都没有使用。

记住 SFR 的复位值，在程序设计中是很有帮助的。进行分类很容易记住。

- P0～P3：FFH
- SP：07H
- SBUF：不确定
- 其余：00H（"×"位均可以 0 计）

表 2-6　各特殊功能寄存器的复位值

特殊功能寄存器	复位值	特殊功能寄存器	复位值
PC	0000H	TCON	00H
ACC	00H	T2CON（增强型）	00H
B	00H	TL0	00H
PSW	00H	TH0	00H
SP	07H	TL1	00H
DPTR	0000H	TH1	00H
P0～P3	FFH	TL2（增强型）	00H
IP（基本型）	×××00000B	TH2（增强型）	00H
IP（增强型）	××000000B	RCAP2L（增强型）	00H
IE（基本型）	0××00000B	RCAP2H（增强型）	00H
IE（增强型）	0×000000B	SCON	00H
TMOD	00H	SBUF	不确定
T2MOD（增强型）	×××××00B	PCON	0×××0000B

内部 RAM 的状态不受复位的影响，在系统上电时，RAM 的内容是不确定的。

2.5.2　复位电路

MCS-51 单片机有一复位引脚 RST，高电平有效。在时钟电路工作之后，当外部电路使 RST 端出现 2 个机器周期（24 个振荡周期）以上的高电平，系统内部复位。在上电时，由于振荡器需要一定的起振时间，该引脚上的高电平必须保持 10ms 以上才能保证有效复位。

复位有两种方式：上电自动复位和手动复位，图 2-12 给出了两种方式对应的电路。

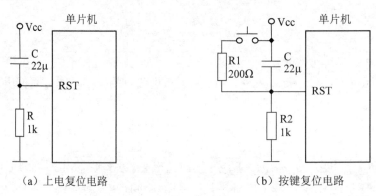

（a）上电复位电路　　　　　　（b）按键复位电路

图 2-12　复位电路

上电自动复位是在加电瞬间通过电容充电来实现的，如图 2-12（a）所示。在通电瞬间，电容 C 通过电阻 R 充电，RST 端出现高电平而实现复位。RST 引脚高电平持续的时间，取决于复位电路的时间常数 RC 之积，大约是 0.55RC 左右。

对于 CMOS 型单片机，在 RST 端内部有一个下拉电阻，故可将外部的电阻去掉，由于下拉电阻较大，因此外接电容 C 可减至 1μF。

所谓手动复位，就是使用按键，按键按下使单片机进入复位状态。图 2-12（b）所示电路具有上电自动复位和手动复位功能。显然，按键未按下时 R_1 不起任何作用，C、R_2 部分与图 2-12（a）完全一样，具有上电自动复位功能；按键按下后，R_1、R_2 组成的分压电路，可以给 RST 引脚提供高电平以实现复位。

如果 RST 引脚一直保持高电平，单片机将循环复位。

2.6　MCS-51 单片机的低功耗工作方式

单片机经常应用于野外、井下、高空、无人值守监测站等只能用电池供电的场合，对系统的低功耗运行要求很高。单片机的节电工作方式能够满足低功耗的要求。

2.6.1　低功耗工作结构及控制

MCS-51 单片机通常有两种半导体工艺，一种是 HMOS 工艺（高密度短沟道工艺），另一种是 CHMOS 工艺（互补金属氧化物的 MOS 工艺）。CHMOS 是 CMOS 和 HMOS 的结合，除保持 HMOS 高速度和高密度的特点之外，还具有 CMOS 低功耗的特点。例如 8051 的功耗为 630mW，而 80C51 的功耗只有 120mW。

现在有些新型的单片机，如 STC89C52，正常工作功耗为 4～7mA，空闲方式功耗约 2mA，掉电方式功耗小于 0.5μA。

1. 低功耗工作结构

对于 CHMOS 工艺的单片机，内部设计有节电方式运行电路，单片机可以空闲和掉电两种节电方式工作。节电工作方式由电源控制寄存器控制。

具有低功耗工作方式的单片机内部，其低功耗工作原理结构设计如图 2-13 所示。从图中可以看出，若 $\overline{\text{IDL}}$ =0，则封锁了送给 CPU 的时钟，CPU 不工作，而中断、串行口、定时器仍然正常工作，此为空闲工作方式。如果 $\overline{\text{PD}}$ =0，则使振荡器停振并且封锁振荡信号，不能产生时钟信号，整个单片机系统停止工作，此为掉电工作方式。

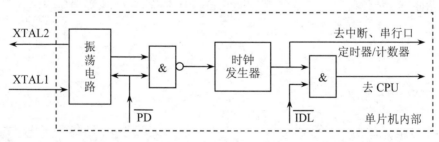

图 2-13　MCS-51 CHMOS 工艺单片机低功耗工作原理结构

2. 电源控制寄存器 PCON

电源控制寄存器 PCON 的地址为 87H，CHMOS 工艺的单片机（89C52）的 PCON 格式如图 2-14 所示，对 HMOS 工艺的单片机只有 SMOD 位。各位含义如下：

PCON （87H）	D7	D6	D5	D4	D3	D2	D1	D0
	SMOD	—	—	—	GF1	GF0	PD	IDL

图 2-14　电源控制寄存器 PCON 格式

SMOD：波特率倍频位。若此位为 1，则串行口方式 1、方式 2 和方式 3 的波特率加倍。

GF1、GF0：用户标志位，给用户使用。

PD：掉电方式控制位。此位写 1，则单片机进入掉电方式。此时系统时钟电路停止工作，致使系统所有部件停止工作，系统功耗达到最低。

IDL：空闲方式控制位。此位写 1，则单片机进入空闲方式。此时停止给 CPU 提供时钟，CPU 停止工作，而其他部件仍正常工作。如果同时向 PD 和 IDL 两位写 1，则 PD 优先，进入掉电方式。

89C52 单片机 PCON 的复位值为 0×××0000B。

2.6.2　空闲工作方式

空闲方式又叫等待方式、待机方式。

1. 进入空闲方式

当 CPU 执行完置 IDL=1 的指令后，系统就进入空闲方式，CPU 停止工作。这时，CPU 的内部状态保持不变，包括堆栈指针 SP、程序计数器 PC、程序状态字 PSW、累加器 ACC 等所有的值保持不变。ALE 和 $\overline{\text{PSEN}}$ 保持高电平。

2. 退出空闲方式

进入空闲方式之后，有两种方法可以退出。

1）响应中断后退出空闲方式。任何中断请求被响应都可以由硬件将 IDL 位清 0 而结束空闲方式。当执行完中断服务程序返回到主程序（假设）时，在主程序中要执行的第一条指令，就是原先使 IDL 置位指令后面的那条指令。PCON 中的用户标志位 GF1 和 GF0，可以用来指明中断是正常操作还是空闲方式期间发生的。在设置空闲方式时，除了使 IDL=1 外，还可先对 GF1 或 GF0 置 1。当由于中断而停止空闲方式时，在中断服务程序中检查这些标志位，以确定是否从空闲方式进入中断。

2）硬件复位退出空闲方式。由于在空闲方式下振荡器仍然工作，因此硬件复位只需要 2 个机器周期便可完成，而 RST 端的复位信号直接将 IDL 位清 0，从而退出空闲状态，CPU 则从进入空闲方式的下一条指令开始运行。

2.6.3　掉电工作方式

掉电方式又叫停机方式。

1. 进入掉电方式

当 CPU 执行完置 PD=1 的指令后，系统就进入掉电工作方式。在这种工作方式下，内部振荡器停止工作，由于没有振荡时钟，因此，所有功能部件都停止工作。但内部 RAM 区和特殊功能寄存器的值被保留，ALE 和 $\overline{\text{PSEN}}$ 都为低电平。

2. 退出掉电方式

对于一般的单片机来说，退出掉电方式的唯一方法是由硬件复位，复位后将所有特殊功能寄存器的内容初始化，但不改变片内 RAM 区的数据。

对于某些新型的单片机，如宏晶科技公司的 STC 51、52 等系列单片机，可以通过外中断退出掉电方式，其过程与空闲方式通过中断退出一样。

在掉电工作方式下，V_{CC} 可以降低到 2V，但在进入掉电方式之前，V_{CC} 不能降低。而在退出掉电方式之前，V_{CC} 必须恢复到正常的工作电压值，并且维持一段时间（约 10ms），使振荡器重新启动并稳定后方可退出掉电方式。

2.7　MCS-51 单片机的输入/输出端口

MCS-51 单片机的 4 个 8 位端口都是准双向口，每个端口的每一位都可以独立地用作输入或输出。每个端口都有一个锁存器（即端口映射寄存器 P0～P3）、一个输出驱动器和一个输入缓冲器。输出时，数据可以锁存，输入时数据可以缓冲。但这 4 个端口功能不完全相同，内部结构也有区别。

当单片机执行输出操作时，CPU 通过内部总线把数据写入锁存器。当单片机执行输入操作时分两种情况，一种是读取锁存器原来的输出值，另一种情况是打开端口的缓冲器读取引脚上的输入值，究竟是读取引脚还是读取输出锁存器，与具体指令有关，后面讨论。

如果单片机系统没有扩展片外存储器，则 4 个端口都可以作为准双向通用 I/O 口使用。在扩展有片外存储器的系统中，P2 口输出高 8 位地址，P0 口为双向总线口，分时地输出低 8 位地址、读入指令和进行数据输入/输出。

熟悉单片机的 I/O 的逻辑电路，不但有利于正确合理使用端口，而且会对设计单片机的外围电路有所启发。下面从结构最简单的 P1 口开始讲解，依次到最复杂的 P0 口。

2.7.1　P1 口

P1 口是一个准双向口，用作通用 I/O 口。从结构上相对来说 P1 口最简单，其端口某一位的电路结构如图 2-15 所示，主要由输出锁存器、场效应管（FET）T 驱动器，控制从锁存器输入的三态缓冲器 1，控制从引脚输入的三态缓冲器 2，以及 T 上拉电阻 R（实为一 FET）等部分组成。

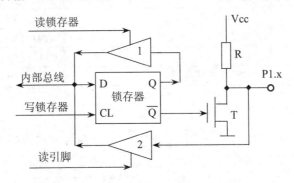

图 2-15　P1 口某一位的原理结构

P1 口的每一位都可以分别定义为输入或输出，既可以对各位进行整体操作，也可以对各位进行分别操作。

1. P1 口输出

输出 1 时，将 1 写入 P1 口某一位的锁存器，使输出驱动器的场效应管 T 截止，该位的引脚由内部上拉电阻拉成高电平，输出为 1。输出 0 时，将 0 写入锁存器，使场效应管导通，则输出引脚为低电平。由于 P1 口各位有上拉电阻，所以在输出高电平时，能向外提供拉电流负载，外部不必再接上拉电阻。

2. P1 口输入

当 P1 口的某位用作输入时，该位的锁存器必须锁存输出 1（该位先写 1），使输出场效应管 T 截止，才能够正确输入，这时从引脚输入的值决定于外部信号的高低，引脚状态经"读引脚"信号打开的三态缓冲器 2，送入内部总线。

如果输入时不向对应位先写 1，有可能前面的操作使引脚输出 0，场效应管 T 处于导通状态，引脚被箝位为 0，这样，不管外部信号为何状态，从引脚输入的永远为 0。单片机端口输入前必须先向端口输出 1 这种特性，称为准双向口。

对于单片机的 P0、P1、P2、P3 口作为通用 I/O 口使用时，都是准双向口。

P1 口用作输入时，由于片内场效应管 T 的截止电阻很大（数十 kΩ），所以不会对输入的信号产生影响。

3. P1 口作"读—修改—写"操作

关于读锁存器问题。在图 2-15 的上部有一个"读锁存器"信号，在 CPU 执行某些指令时，需要先从 P1 口读入数据，经过某些操作后，再从 P1 口输出，这样的操作称为"读—修改—写"操作。如指令"INC　P1"，其操作过程为：先把 P1 口原来的值读入（读入的是锁存器中的值，而不是引脚的值），然后加上 1，最后再把结果从 P1 口输出。表 2-7 给出了 P0～P3 口一些"读—修改—写"指令。对于单片机的 P0、P2、P3 口，都有类似的指令。

表 2-7　Px 口的"读—修改—写"指令

助记符	功能	实例
INC	增 1	INC　P0
DEC	减 1	DEC　P1
ANL	逻辑与	ANL　P2,A
ORL	逻辑或	ORL　P3,A
XRL	逻辑异或	XRL　P1,A
DJNZ	减 1，结果不为 0 转	DJNZ　P2,LABEL
XCH	数据交换	XCH　A,P1
CPL	位求反	CPL　P3.0
JBC	测试位为 1 转并清 0	JBC　P0.1,LABEL

2.7.2　P2 口

P2 口是一个双功能口，一是通用 I/O 口，二是以总线方式访问外部存储器时作为高 8 位地址口。其端口某一位的结构如图 2-16 所示，对比图 2-15 可知，与 P1 口的结构类似，驱动部分基本上与 P1 口相同，但比 P1 口多了一个多路切换开关 MUX 和反相器 3。

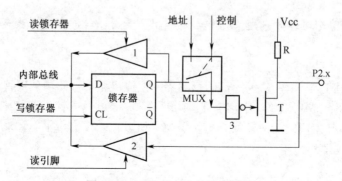

图 2-16　P2 口某一位的原理结构

1. P2 口作通用 I/O 口

当 CPU 通过 I/O 口进行读/写操作（如执行"MOV A，P2"指令、执行"MOV P2，B"指令）时，由内部硬件自动使开关 MUX 拨向下边，与锁存器的输出端 Q 接通，这时 P2 口为通用 I/O 口，与 P1 口一样。即可以随时做输出，输入时要考虑其准双向口，先输出 1。

2. P2 口输出高 8 位地址

如果系统扩展有片外数据存储器，当进行总线读/写操作（执行"MOVX"指令）时，MUX 开关在硬件控制下拨向上边，P2 口输出高 8 位地址。对于"MOVX A,@Ri"或"MOVX @Ri，A"指令也一样，P2 始终输出高 8 位地址。在执行"MOVX"指令时，P2 口不能作为一般 I/O 口使用。

如果使用外部程序存储器，CPU 从片外程序存储器每读一条指令，P2 口就输出一次高 8 位地址。由于 CPU 需要一直读取指令，P2 口始终要输出高 8 位地址，因此在这种情况下 P2 口不能够作为通用 I/O 口使用。

2.7.3　P3 口

P3 口是一个多功能口，其某一位的结构见图 2-17。与 P1 口的结构相比不难看出，P3 口与 P1 口的差别在于多了"与非门"3 和缓冲器 4。正是这两个部分，使得 P3 口除了具有 P1 口的准双向 I/O 口的功能之外，还可以使用各引脚所具有的第二功能。"与非门"3 的作用实际上是一个开关，决定是输出锁存器 Q 端数据，还是输出第二功能 W 的信号。

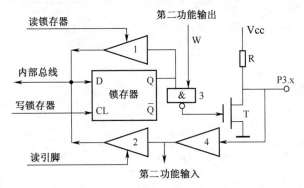

图 2-17　P3 口某一位的原理结构

1. P3 口用作通用 I/O 口

当使用 P3 口作为通用 I/O 口输出时，"与非门"3 的 W 信号自动变高，为 Q 信号输出打开"与非门"，输出信号经过 FET 从 P3 引脚输出。

当使用 P3 口作为通用 I/O 口输入时，与 P1 口一样，其准双向的特性应该先输出 1，这时"与非门"3 的 W 信号也是自动为高，从 Q 端输出的高电平信号经"与非门"输出使 FET 截止，P3 口引脚的电位取决于外部信号，这时的读引脚操作打开缓冲器 2，引脚状态经缓冲器 4（常开）、缓冲器 2 后进入内部总线。

2. P3 口用作第二功能

当使用 P3 口的第二功能时，8 个引脚有不同的意义，各个引脚的第二功能见表 2-2。

当某位作第二功能输出时，该位的锁存器输出端被内部硬件自动置 1，使与非门 3 对第二功能的输出是打开的。由表 2-2 可知，第二功能输出可以是 TXD、$\overline{WR}$ 和 $\overline{RD}$。例如，P3.7

被选择为 $\overline{RD}$ 功能时，则该位第二功能输出的 $\overline{RD}$ 信号，通过与非门 3 和 T 输出到 P3.7 引脚。

当某位作第二功能输入时，该位的锁存器输出端被内部硬件自动置 1，并且 W 在端口不作第二功能输出时保持为 1，则与非门 3 输出低，所以 FET 截止，该位引脚为高阻输入。P3 口的第二输入功能可以是 RXD、$\overline{INT0}$/GATE0、$\overline{INT1}$/GATE1、T0 和 T1，此时端口不作通用 I/O 口，因此"读引脚"信号无效，三态缓冲器 2 不导通，这样，从引脚输入的第二功能信号，经缓冲器 4 后被直接送给 CPU 做处理。

2.7.4 P0 口

图 2-18 给出了 P0 口某一位的原理结构图。与 P1 口比较，多了一路总线输出（地址/数据）、总线输出控制电路（反相器 3 和与门 4）、两路输出切换开关 MUX 及开关控制 C，并且把上拉电阻换成了场效应管 T1，以增加总线的驱动能力。

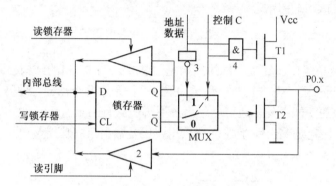

图 2-18　P0 口某一位的原理结构

当 CPU 使控制线 C=0 时，开关 MUX 拨向 $\overline{Q}$ 输出端，P0 口为通用 I/O 口；当 C=1 时，开关拨向反相器 3 的输出端，P0 口作总线使用，分时地输出地址和数据。

1. P0 口作为通用 I/O 口使用

如果单片机没有扩展程序存储器和数据存储器，CPU 通过 P0 口进行读/写操作（执行 MOV 指令）时，由硬件自动使控制线 C=0，封锁与门 4，使 T1 截止。开关 MUX 处于拨向 $\overline{Q}$ 输出端位置，把输出场效应管 T2 与锁存器的 $\overline{Q}$ 端接通。同时，因与门 4 输出为 0，输出级中的上拉场效应管 T1 处于截止状态，因此，输出级是漏极开路的开漏电路。这时，P0 口可以作通用 I/O 口使用，但应外接上拉电阻，才能输出高电平。

P0 口作为通用 I/O 时，也是准双向口，在作输入之前，必须先输出 1，使输出场效应管 T2 截止，方能正确输入。

P0 口作为通用 I/O 时，也有相应的"读—修改—写"指令，与 P1 口类似，不再赘述。

2. P0 口作为地址/数据总线使用

当单片机扩展有外部程序存储器或数据存储器，CPU 对片外存储器进行读/写（执行 MOVX 指令，或 $\overline{EA}$ =0 时执行 MOVC 指令）时，由内部硬件自动使控制线 C=1，开关 MUX 拨向反相器 3 的输出端。这时，P0 口为总线操作，分时地输出地址和传输数据，具体有两种情况。

（1）P0 口作为总线输出地址或数据

在扩展的程序存储器或数据存储器系统中，对于 P0 口分时地输出地址和输出数据，端口的操作是一样的。MUX 开关把 CPU 内部的地址或数据经反相器 3 与驱动场效应管 T2 的栅极接通，输出 1 时，T1 导通而 T2 截止，从引脚输出高电平；输出 0 时，T1 截止而 T2 导通，从引脚输出低电平。

从图 2-18 可以看出，上下两个 FET 处于反相状态，构成推拉式输出电路（T1 导通时上拉，T2 导通时下拉），大大提高了负载能力。所以只有 P0 口的输出可驱动 8 个 LS 型 TTL 负载。

（2）P0 口作为总线输入数据

P0 口作总线操作时，控制线 C=1，总是将开关 MUX 拨向反相器 3 的输出端。这时，为了能够正确读入引脚的状态，CPU 使地址/数据自动输出 1，使 T2 截止，T1 导通。在进行总线输入操作时，"读引脚"信号有效，三态缓冲器 2 打开，引脚上的信号进入内部总线。

2.7.5　端口负载能力和接口要求

综上所述，P0 口的输出级与 P1～P3 口的输出级在结构上是不同的，因此，它们的负载能力和接口要求也各不相同。

1. P0 口

P0 口与其他端口不同，它的输出级无上拉电阻。当把它用作通用 I/O 口时，输出级是开漏电路，故用其输出去驱动 NMOS 输入时要外接上拉电阻，这时每一位输出可以驱动 4 个 LS 型 TTL 负载。用作输入时，应先向端口锁存器写 1。

把 P0 口用作地址/数据总线时（系统扩展有 ROM 或 RAM），则无须外接上拉电阻。作总线输入时，不必先向端口写 1。P0 口作总线时，每一位输出可以驱动 8 个 LS 型 TTL 负载。

2. P1～P3 口

P1～P3 口的输出级接有上拉负载电阻，它们的每一位输出可驱动 4 个 LS 型 TTL 负载。作为输入口时，任何 TTL 或 NMOS 电路都能以正常的方式驱动 89C51 系列单片机（CHMOS）的 P1～P3 口。由于它们的输出级接有上拉电阻，所以也可以被集电极开路（OC 门）或漏极开路所驱动，而无须外接上拉电阻。

对于 89C51 系列单片机（CHMOS），端口只能提供几毫安的输出电流，故当作输出口去驱动一个普通晶体管的基极（或 TTL 电路输入端）时，应在端口与基极之间串联一个电阻，以限制高电平时输出的电流。

P0～P3 口作为通用 I/O 口时，都是准双向口，作输入时，必须先向对应端口写 1。

思考题与习题

1. MCS-51 单片机内部包含哪些主要逻辑功能部件？
2. MCS-51 单片机的 $\overline{EA}$ 引脚有何功能？信号为何种电平？
3. MCS-51 单片机的 ALE 引脚有何功能？信号波形是什么样的？
4. MCS-51 单片机的存储器分为哪几个存储空间？分为哪几种类型？分为哪几个存储区？
5. 简述 MCS-51 单片机片内 RAM 的空间分配。内部 RAM 低 128 字节分为哪几个主要部分？各部分主要功能是什么？
6. 简述 MCS-51 单片机布尔处理器存储空间分配，片内 RAM 包含哪些可以位寻址的单元。位地址 7DH 与字节地址 7DH 如何区别？位地址 7DH 具体在片内 RAM 中的什么位置？

7．MCS-51 单片机的程序状态寄存器 PSW 的作用是什么？常用标志有哪些位？作用是什么？

8．MCS-51 单片机复位后，CPU 使用哪组工作寄存器？它们的地址是什么？用户如何改变当前工作寄存器组？

9．什么叫堆栈？堆栈指针 SP 的作用是什么？

10．PC 与 DPTR 各有哪些特点？有何异同？

11．测试哪个引脚，可以快捷地判断单片机是否正在工作？

12．读端口锁存器和"读引脚"有何不同？各使用哪些指令？

13．MCS-51 单片机的 P0～P3 口结构有何不同？用作通用 I/O 口输入数据时应注意什么？

14．P0 口用作通用 I/O 口输出数据时应注意什么？

15．什么是振荡周期？什么是时钟周期？什么是机器周期？什么是指令周期？时钟周期、机器周期与振荡周期之间有什么关系？

16．MCS-51 单片机常用的复位电路有哪些？复位后机器的初始状态如何？

17．MCS-51 单片机有几种低功耗工作方式？如何实现，又如何退出？

18．参照图 1-8，使用 Proteus 画电路，用单片机的 P0 口控制 8 个 LED，在 Keil C 下创建项目 xiti2-18，对 1.5.3 节中的程序做修改，使点亮 2 个 LED 循环右移显示，对程序编译链接产生执行文件"xiti2-18.hex"，装载单片机，模拟运行并观察，如果不显示，分析原因并做修改，使其正确显示。

第3章 MCS-51 指令系统及汇编程序设计

本章讨论 MCS-51 单片机的指令系统及汇编语言程序设计。内容主要有寻址方式、分类指令、伪指令和汇编语言程序设计基础。

通过学习指令系统和汇编语言，能够更深刻理解计算机的工作原理。本章是单片机程序设计的基础，虽然现在多以 C 语言编程为主，但对某些要求较高的部分，还是需要用汇编语言来写；另外在使用 Keil C 调试、分析程序时，经常需要阅读反汇编窗口程序。

3.1 汇编语言概述

3.1.1 指令和机器语言

指令是计算机中 CPU 根据人的意图来执行某种操作的命令。一台计算机所能执行的全部指令的集合，称为这个 CPU 的指令系统。指令系统的强弱，决定了计算机智能的高低。MCS-51 单片机指令系统功能很强，有乘、除法指令、丰富的条件跳转指令、位操作指令等，并且使用方便、灵活。

要使计算机按照人们的要求完成一项工作，就必须让 CPU 按顺序执行预设的操作，即逐条执行人们编写的指令。这种按照人们要求所编排的指令操作的序列，称为程序。编写程序的过程叫程序设计。

程序设计语言就是编写程序的一整套规则和方法，是实现人机交换信息的基本工具，分为机器语言、汇编语言和高级语言。本章主要介绍汇编语言。

机器语言用二进制编码表示每条指令，是计算机能够直接识别和执行的语言。用机器语言编写的程序，称为机器语言程序或机器码程序。因为机器只能够识别和执行这种机器码程序，所有语言程序最终都需要翻译成机器码程序，所以机器码程序又称为目标程序。

MCS-51 单片机是 8 位机，其机器语言以 8 位二进制码为单位（字节），有单字节、双字节和 3 字节指令。

例如，要做"13+25"的加法，在 MCS-51 单片机中机器码程序为：

```
01110100    00001101      （把 13 放到累加器 A 中）
00100100    00011001      （A 加 25，结果仍放回 A 中）
```

为了便于书写和记忆，可采用十六进制表示指令码。上面这两条指令可写为：

```
74H   0DH
24H   19H
```

显然，用机器语言编写程序不易理解、不易查错、不易修改、不易记忆。

3.1.2 汇编语言

直接用机器语言编写程序非常困难，为了克服机器语言编程中的问题，人们发明了用符号代替机器码的编程方法。这种符号就是助记符，一般采用相关的英文单词或其缩写来表示。

这就是汇编语言。

　　汇编语言是用助记符、符号、数字等来表示指令的程序语言，相对于机器语言来说，汇编语言容易理解和记忆。它与机器语言是一一对应的。汇编语言不像高级语言（如 C 语言）那样具有通用性，而是属于某种 CPU 所独有的，与 CPU 内部硬件结构密切相关。用汇编语言编写的程序叫汇编语言程序。

　　例如，上面的"13+25"的例子可写成：

汇编语言程序　　　　　　　　机器语言代码

MOV　A,#0DH　　　　　　　74H　0DH

ADD　A,#19H　　　　　　　24H　19H

　　汇编语言和机器语言都属于低级语言。尽管汇编语言相对机器语言有不少优点，但它仍然存在着机器语言的某些缺点，如与 CPU 的硬件结构紧密相关，不同的 CPU 其汇编语言不同。这使得汇编语言不能够移植，使用不便；其次，要用汇编语言进行程序设计，必须了解所使用的 CPU 的硬件结构与性能，对程序设计人员有较高的要求。所以又出现了对 MCS-51 单片机编程的高级语言，如 PL/M、BASIC、C 语言等，现在 PL/M、BASIC 等语言已经被淘汰，主要使用 C 语言。

3.1.3　汇编语言格式

　　MCS-51 汇编语言指令由四部分组成，其一般格式如下：

[标号:]　　　　操作码　　[操作数]　　　　[；注释]

　　格式中的方括号表示可以没有相应部分，可见，可以没有标号、操作数和注释，但至少要有操作码。其操作数部分最多可以是三项：

[操作数 1]　　　　[,操作数 2]　　　　[,操作数 3]

操作数 1 常称为目的操作数，操作数 2 称为源操作数，操作数 3 多为跳转的目标。例如：

START:　　MOV　A,#23H　　　　　　　;23H→A

"START"为标号，"MOV"为操作码，"A,#23H"为操作数，"23H→A"为注释。

　　标号是相应指令的标记，便于查找，用于程序入口、循环等。

　　操作码规定了指令所要执行的操作，由 2～5 个英文字母表示。例如，MOV、ADD、RRC、JZ、DJNZ、CJNE、LCALL 等。

　　操作数指出了参与操作的数据来源、操作结果存放的地方，以及跳转的目标位置。操作数可以是一个数（立即数），也可以是数据所在的空间地址，即在执行指令时从指定的空间地址读取或写入数据。

　　注释主要使程序容易阅读。

　　操作码和操作数都有对应的二进制代码，指令代码由若干字节组成。对于不同的指令，指令的字节数不同。在 MCS-51 指令系统中，有单字节指令、双字节指令和 3 字节指令。下面分别加以说明。

1. 单字节指令

　　单字节指令中的 8 位二进制代码，既包含操作码的信息，也包含操作数的信息。这种指令有两种情况。

　　1）指令码中隐含着对某一个寄存器的操作。

　　例如，"INC　A"、"MUL　AB"、"RL　A"、"CLR　C"、"INC　DPTR"等指令，都属

于这一类，只需要一个字节就可以表示出执行什么操作、操作数是哪个。如数据指针 DPTR 增 1 指令"INC　DPTR"，其 8 位二进制指令代码为 A3H，格式为：

1	0	1	0	0	0	0	1

2）由指令码中的 r r r 或 i 指定操作数。

例如，"ADD　A,Rn"、"INC　Rn"、"ANL　A,@Ri"、"MOV　@Ri，A"等指令，都属于这一类。如累加器 A 向工作寄存器传送数据指令"MOV　Rn，A"，其指令格式为：

1	1	1	1	1	r	r	r

其中高 5 位为操作码内容，指出作传送数据操作，低 3 位的"rrr"的不同组合编码，用来表示向哪一个寄存器（R0～R7）传送数据，故一字节就够了。

MCS-51 单片机共有 49 条单字节指令。

2. 双字节指令

用一个字节表示操作码，另一个字节表示操作数或操作数所在的地址。其指令格式为：

操作码	立即数或地址

MCS-51 单片机共有 45 条双字节指令。

3. 3 字节指令

用一个字节表示操作码，另外两个字节表示操作数或操作数所在的地址。其指令格式为：

操作码	立即数或地址	立即数或地址

MCS-51 单片机共有 17 条 3 字节指令。

3.2　MCS-51 单片机寻址方式

所谓寻址方式，是指 CPU 寻找参与运算的操作数的方式，或者寻找数据保存位置的方式。寻址方式是汇编语言程序设计中最基本的内容之一，必须要十分熟悉。

MCS-51 单片机有 7 种寻址方式：立即数寻址、寄存器寻址、直接寻址、寄存器间接寻址、变址寻址、位寻址和指令寻址。可以分为两类：操作数寻址和指令寻址，在 7 种寻址方式中，除了指令寻址之外，其余 6 种都属于操作数寻址。

3.2.1　立即数寻址

立即数寻址也叫立即寻址、常数寻址。其操作数就在指令中，是指令的一部分，紧跟在操作码后面，用"#"符号作前缀，以区别地址。访问的是 code 区域。例如：

```
MOV     A,#2CH                    ;2CH→A
MOV     A,2CH                     ;（2CH）→A
```

前者表示把 2CH 这个数送给累加器 A，后者表示把片内 RAM 中地址为 2CH 单元的内容送给累加器 A。

立即数也可以是 16 位的，如：

```
MOV    DPTR,#1234H
MOV    TL2,#2345H
MOV    RCAP2L,#3456H
```

对于第 2 条指令，立即数的低 8 位送给了 TL2，高 8 位送给了 TH2；对于第 3 条指令，立即数的低 8 位送给了 RCAP2L，高 8 位送给了 RCAP2H。

3.2.2 寄存器寻址

寄存器寻址就是由指令指出寄存器组 R0～R7 中某一个或寄存器 A、B、DPTR 和 C（位处理器的累加器）的内容作为操作数。例如：

```
MOV    A,R7                    ;（R7）→A
MOV    36H,A                   ;（A）→36H
ADD    A,R0                    ;（A）+（R0）→A
```

指令中给出的操作数是一个寄存器名，在此寄存器中存放着真正被操作的对象。工作寄存器的识别由操作码的低 3 位完成。其对应关系如表 3-1 所列。

表 3-1   低 3 位操作码与寄存器 Rn 的对应关系

低 3 位 r r r	000	001	010	011	100	101	110	111
寄存器 Rn	R0	R1	R2	R3	R4	R5	R6	R7

例如，"INC   Rn"的机器码格式为"00010rrr"。若 rrr=010B，则 Rn=R2，即

```
INC    R2                      ;（R2）+1→R2
```

对于工作寄存器组的操作必须注意，要考虑 PSW 中 RS1、RS0 的值，即要确定当前使用的是哪一组寄存器，然后对其值进行操作。设（R2）=23H，使用第 2 组（RS1 RS0=10B）寄存器，则该指令的执行过程如图 3-1 所示。

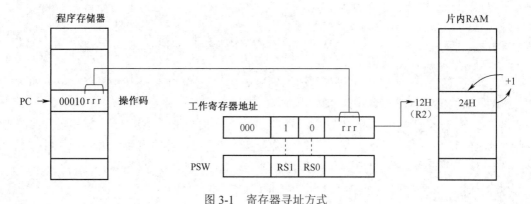

图 3-1   寄存器寻址方式

3.2.3 直接寻址

直接寻址是指操作数存放在片内 RAM 中，指令中给出 RAM 中的地址。例如：

```
MOV    A,38H                   ;（38H）→A
```

即片内 RAM 中 38H 单元的内容送入累加器 A。

设（38H）=6DH，该指令的执行过程如图 3-2 所示。

在 MCS-51 单片机中，直接寻址方式可以访问片内 RAM 的低 128 字节（data 区域）和所

有的特殊功能寄存器（sfr 区域），而不能够直接寻址访问片内 RAM 的高 128 字节，高 128 字节只能够间接访问。

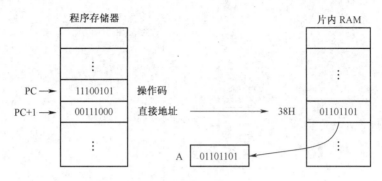

图 3-2　直接寻址方式

对于特殊功能寄存器，既可以使用地址，也可以使用 SFR 名。例如：

MOV　　A,P1　　　　　　　　　　　　　;（P1）→A

是把 SFR 中 P1 口引脚的数据送给累加器 A，也可以写成：

MOV　　A,90H

其中，90H 是 P1 口的地址。

直接寻址的地址占一字节，所以，一条直接寻址方式的指令至少占用内存 2 个单元。

3.2.4　寄存器间接寻址

寄存器间接寻址是指操作数存放在片内或片外 RAM 中，操作数的地址存放在寄存器中，在指令执行时，通过指令中的寄存器内的地址，间接地访问操作数。存放地址的寄存器称为间址寄存器，指令中在寄存器前面加前缀 "@" 表示。

MCS-51 单片机规定只使用 Ri（i=0、1，即指 R0、R1）、SP 和 DPTR 作间址寄存器。寄存器间接寻址的空间和范围有以下几种情况。

1. 使用 Ri、SP 间接访问片内 RAM 空间

这种情况间接访问的范围是片内 RAM 的 256 字节（idata 区域），包括低 128 字节和高 128 字节，但不包括特殊功能寄存器。例如：

MOV　　A,@Ri　　　　　　　　　　　;（（Ri））→A

ADD　　A,@Ri　　　　　　　　　　　;（A）+（（Ri））→A

上面（Ri）表示 Ri 指向的单元，即单元的地址，（（Ri））表示 Ri 指向单元中的数据。其操作如图 3-3 所示。

对使用 SP 间接访问片内 RAM，仅用在堆栈操作中，见后面指令系统。

2. 使用 Ri 间接访问片外 RAM 空间

这种情况间接访问的范围是片外 RAM 的 64KB 全空间。其指令只有两条：

MOVX　A,@Ri　　　　　　　　　　　;（（P2）（Ri））→A

MOVX　@Ri,A　　　　　　　　　　　;（A）→（P2 Ri）

P2 中的值作为高 8 位地址，Ri 中的值作为低 8 位地址。P2 为 0 时，访问的区域为 pdata。

3. 使用 DPTR 间接访问片外 RAM 空间

这种情况间接访问的范围是片外 RAM 的 64KB 全空间（xdata 区域）。其指令也只有两条：

```
MOVX   A,@DPTR                    ;((DPTR))→A
MOVX   @DPTR,A                    ;（A）→（DPTR）
```
DPTR 为 16 位地址。

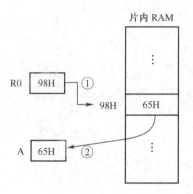

图 3-3　间接寻址（MOV　A,@R0）示意图

3.2.5　变址寻址

变址寻址实际上是基址加变址的间接寻址，就是操作数的地址由基址寄存器的地址，加上变址寄存器的地址得到。

基址寄存器使用 DPTR 或程序计数器 PC，累加器 A 则为变址寄存器。因为变址寻址也是间接寻址，因此在地址寄存器前面要加上前缀"@"。例如：

```
MOVC   A,@A+DPTR                 ;((A)+(DPTR))→A
```
该指令的操作过程如图 3-4 所示。

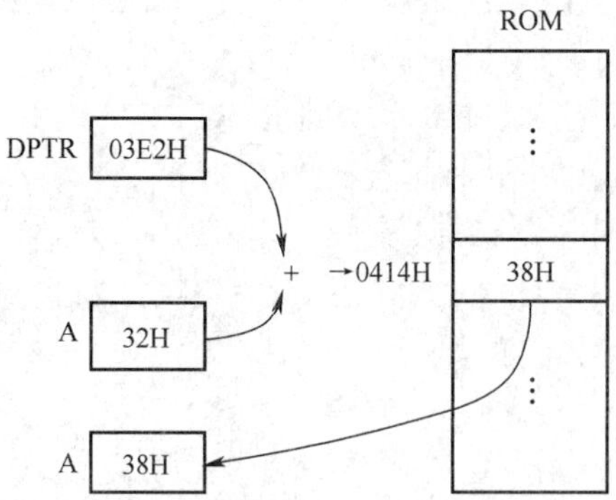

图 3-4　变址寻址示意图

变址寻址的空间为程序存储器。其范围为：若使用 DPTR 为基址寄存器，寻址范围为 64KB；若使用 PC 为基址寄存器，寻址空间在 PC 之后 256 字节范围内。变址寻址访问的为 xdata 区域。变址寻址主要用于查表操作。

3.2.6　位寻址

所谓位寻址，是指操作数是二进制位的地址。指令中给出的是操作数的位地址，位地址可以是片内 RAM 中 20H～2FH（bdata 区域）中的某一位，也可以是特殊功能寄存器（sfr 区域）中能够按位寻址的某一位。位地址在指令中用 bit 表示。例如：

```
SETB    bit
MOV     C,bit
```

在 MCS-51 单片机中，位地址可以用以下 4 种方式表示：

1）直接位地址（00H～FFH）。如 32H。

2）字节地址带位号。如 20H.1，表示 20H 单元的第 1 位。

3）特殊功能寄存器名带位号。如 P1.7，表示 P1 口的第 7 位。

4）位符号地址。可以是特殊功能寄存器位名，也可以是用位地址符号命令"BIT"定义的位符号（如，flag　BIT　01H）。如 TR0、flag，TR0 表示定时器/计数器 0 的运行控制位，flag 表示 01H 位。

3.2.7　指令寻址

指令寻址使用于控制转移指令中，其操作数给出转移的目标位置的地址，访问的是 code 区域。在 MCS-51 指令系统中，目标位置的地址的提供有两种方式，分别对应两种寻址方式。

1. 绝对寻址

绝对寻址是在指令的操作数中，直接提供目标位置的地址或地址的一部分。在 MCS-51 指令系统中，长转移和长调用指令给出的是 16 位地址，寻址范围为 64KB 全空间。例如：

```
LJMP    SER_INT_T1              ;无条件跳转到 T1 中断服务程序 SER_INT_T1 处
LCALL   SUB_SORT               ;调用排序子程序 SUB_SORT
```

2. 相对寻址

相对寻址是以当前程序计数器 PC 值（为所执行指令的下一条指令的地址）为基地址，加上指令中给出的偏移量 rel，得到目标位置的地址，即：

目标地址=PC+rel

rel=目标地址-PC

偏移量 rel 为 8 位补码，其值为-128～+127。rel<0 表明目标地址小、源地址大，程序向回跳转；rel>0，程序向前跳转。例如：

```
JZ      FIRST                  ;（A）=0，跳转到 FIRST
DJNZ    R7,LOOP                ;（R7）-1≠0，跳转到 LOOP
```

注意：在实际编程中，不需要计算 rel，由编译器自动计算（过去手工编译时需要程序员计算 rel 值）；当跳转范围超出了 rel 范围，编译器会提示，对程序做适当调整即可。

3.2.8　寻址空间及指令中符号注释

1. 各寻址方式的寻址空间

表 3-2 给出了各种寻址方式所使用的操作数、寻址空间及范围。

表 3-2　操作数寻址方式、寻址空间及范围

寻址方式	操作数寻址空间及范围	示例指令
立即数寻址	在程序存储空间，随指令读入	MOV　A,#46H
直接寻址	片内 RAM 中：低 128 字节和 SFR	MOV　A,46H
寄存器寻址	使用 R0～R7、A、B、C、DPTR	MOV　A,R2
寄存器间接寻址	片内 RAM：使用@Ri、SP；范围为 256B，不含 SFR	MOV　A,@R0
	片外 RAM：使用@Ri、@DPTR；范围为 64KB	MOVX　@DPTR,A

续表

寻址方式	操作数寻址空间及范围	示例指令
变址寻址	使用@A+PC、@A+DPTR；在程序存储器中； 范围分别为 PC 之后 256B 之内和 64KB 全空间	MOVC　A,@A+DPTR MOVC　A,@A+PC
位寻址	使用位地址；在位寻址空间；RAM 的 20H～2FH 和 SFR	SETB　36H
指令绝对寻址	操作数是目标地址；在程序存储空间； 范围为 64KB 全空间	LJMP　SECON
指令相对寻址	操作数是相对地址；在程序存储空间；范围-128～127	SJMP　LOOP

2. 指令中常用符号注释

Rn：n=0～7。当前选中的工作寄存器 R0～R7。它们的具体地址由 PSW 中的 RS1、RS0 确定，可以是 00H～07H（第 0 组）、08H～0FH（第 1 组）、10H～07H（第 2 组）或 18H～1FH（第 3 组）。

Ri：i=0、1。当前选中的工作寄存器组中可作为地址指针的 R0 和 R1。

#data：8 位立即数。

#data16：16 位立即数。

direct：8 位片内 RAM 单元地址，包括低 128B 和 SFR，但不包括 RAM 的高 128B。

addr16：程序存储空间的 16 位目的地址，用于 LCALL 和 LJMP 指令中。目的地址在 64KB 程序存储空间的任意位置。

rel：补码形式的 8 位地址偏移量。以下面指令的第一个字节为基地址，地址偏移量在-128～+127。

bit：片内 RAM 或 SFR 中的直接寻址位地址。

@：在间接寻址方式中，间址寄存器的前缀符号。

（×）：表示×中的内容。

（（×））：表示由×中指向的地址单元的内容。

∧：逻辑与。

∨：逻辑或。

⊕：逻辑异或。

←、→：指令操作流程，将内容送到箭头指向的地方。

3.3　MCS-51 单片机指令系统

MCS-51 单片机指令系统有 111 条指令，其中单字节指令 49 条，双字节指令 45 条，3 字节指令 17 条。从指令执行的时间来看，单周期指令 64 条，双周期指令 45 条，只有乘、除两条指令执行时间为 4 个周期。

MCS-51 单片机指令系统按其功能分，可以分为 5 大类：

- 数据传送指令（29 条）
- 算术运算指令（24 条）
- 逻辑操作指令（24 条）

- 控制程序转移指令（17 条）
- 位（布尔）操作指令（17 条）

虽然有 111 条指令，但由于没有复杂的寻址方式，没有难理解的指令，并且助记符只有 42 种，所以 MCS-51 单片机的指令系统容易理解、容易记忆、容易掌握。

3.3.1　数据传送指令

在通常的应用程序中，数据传送指令往往占有较大的数量，数据传送是否灵活、迅速，对整个程序的编写和执行都有很大的影响。

所谓传送，就是把源地址单元的内容传送到目的地址单元中去，而源地址单元中的内容不变。

数据传送指令共 29 条，是指令中数量最多、使用最频繁的一类指令。这类指令一般不影响程序状态字，只有目的操作数是累加器 A 时，才会影响标志位 P。这类指令可以分为三组：普通传送指令、数据交换指令和堆栈操作指令。

1. 普通传送指令

普通传送指令以助记符 MOV 为基础，分为片内数据存储器传送指令、片外数据存储器传送指令和程序存储器传送指令。

（1）片内数据存储器传送指令 MOV

指令格式：MOV　目的操作数，源操作数

其中：源操作数可以是 A、Rn、@Ri、direct、#data，目的操作数可以是 A、Rn、@Ri、direct、DPTR。以目的操作数的不同可以分为五组，共 16 条指令。

1）以 A 为目的操作数。

汇编指令格式	操作	机器码（H）
MOV　A,Rn	;（Rn）→A	E8～EF
MOV　A,direct	;（direct）→A	E5 direct
MOV　A,@Ri	;（(Ri)）→A	E6、E7
MOV　A,#data	;data→A	74 data

指令中的 Rn，对应工作寄存器的 R0～R7。Ri 为间接寻址寄存器，i=0 或 1，即 R0 或 R1。本组 4 条指令都影响 PSW 中的 P 标志位。

2）以 Rn 为目的操作数。

汇编指令格式	操作	机器码（H）
MOV　Rn,A	;（A）→Rn	F8～FF
MOV　Rn,direct	;（direct）→Rn	A8～AF direct
MOV　Rn,#data	;data→Rn	78～7F data

本组指令都不影响 PSW 中的标志位。

3）以直接地址 direct 为目的操作数。

汇编指令格式	操作	机器码（H）
MOV　direct,A	;（A）→direct	F5 direct
MOV　direct,Rn	;（Rn）→direct	88～8F direct
MOV　direct2,direct1	;（direct1）→direct2	85 direct1 direct2
MOV　direct,@Ri	;（(Ri)）→direct	86、87direct
MOV　direct,#data	;data→direct	75 direct data

本组指令都不影响 PSW 中的标志位。

4）以间接地址@Ri 为目的操作数。

汇编指令格式	操作	机器码（H）
MOV @Ri,A	;（A）→（Ri）	F6、F7
MOV @Ri,direct	;（direct）→（Ri）	A6、A7 direct
MOV @Ri,#data	;data→（Ri）	76、77 data

本组指令都不影响 PSW 中的标志位。

5）以 DPTR 为目的操作数。

汇编指令格式	操作	机器码（H）
MOV DPTR,#data16	;dataH→DPH,dataL→DPL	90 data15～8 data7～0

该指令不影响 PSW 中的标志位。后面的指令不再给出机器码，其机器码可以参考附录 B 表的第 3 列。

例 3-1　设片内 RAM（30H）=40H，（40H）=10H，（10H）=00H，（DPL）=CAH，分析以下程序执行后各单元及寄存器、P2 口的内容。

```
MOV    R0,#30H              ;30H→R0
MOV    A,@R0                ;（（R0））→A
MOV    R1,A                 ;（A）→R1
MOV    B,@R1                ;（（R1））→B
MOV    @R1, DPL             ;（DPL）→（R1）
MOV    P2, DPL              ;（DPL）→P2
MOV    10H,#20H             ;20H→10H
```

执行上述指令后的结果为：（R0）=30H，（R1）=（A）=40H，（B）=10H，（40H）=CAH，（DPL）=（P2）=CAH，（10H）=20H。

（2）片外数据存储器传送指令 MOVX

MCS-51 单片机对片外 RAM 或 I/O 口进行数据传送，采用的是寄存器间接寻址的方法，通过累加器 A 完成。这类指令共有以下 4 条单字节指令。

汇编指令格式	操作
MOVX A,@Ri	;（（P2）（Ri））→A
MOVX @Ri,A	;A→（P2, Ri）
MOVX A,@DPTR	;（（DPTR））→A
MOVX @DPTR,A	;A→（DPTR）

这 4 条指令都是执行总线操作，第 1 和第 3 条指令是执行总线读操作，读控制信号 $\overline{RD}$ 有效；第 2 和第 4 条指令是执行总线写操作，写控制信号 $\overline{WR}$ 有效。

这组指令中第 1、3 两条指令影响 P 标志位，其他 2 条指令不影响任何标志位。

对前两条指令要特别注意：① 间址寄存器 Ri 提供低 8 位地址，隐含的 P2 提供高 8 位地址，在执行操作之前，必须先对 P2 和 Ri 分别赋高 8 位和低 8 位地址值；② 这两条指令的访问范围都是整个片外 RAM，64KB 全空间。

例 3-2　设片外 RAM 空间（0203H）=6FH，分析执行下面指令后的结果。

```
MOV    DPTR,#0203H         ;0203H→DPTR
MOVX   A,@DPTR            ;（（DPTR））→A
MOV    30H,A               ;A→30H
MOV    A,#0FH              ;0FH→A
MOVX   @DPTR,A            ;A→（DPTR）
```

执行结果为：（DPTR）=0203H，（30H）=6FH，（0203H）=（A）=0FH。

（3）程序存储器传送指令 MOVC

访问程序存储器的数据传送指令又称为查表指令，经常用于查表。查表指令采用基址加变址的间接寻址方式，把放在程序存储器中的表格数据读出，传送给累加器 A。这类指令只有以下 2 条单字节指令。

汇编指令格式	操作
MOVC　A,@A+DPTR	;（（A）+（DPTR））→A
MOVC　A,@A+PC	;（（A）+（PC））→A

前一条指令采用 DPTR 作基址寄存器，因此，可以很方便地把一个 16 位地址送到 DPTR，实现在整个 64KB 程序存储空间任一单元到累加器 A 的数据传送。称为远程查表指令，即数据表格可以存放到程序存储空间的任何地方。

后一条指令以 PC 作为基址寄存器，其 PC 值是下一条指令的地址。另外，累加器 A 的内容为 8 位无符号数，所以查表范围限于 256 字节之内，称为近程查表指令。使用该条指令，关键要准确计算从本指令到数据所在地址的地址偏移量 A。但在实际应用中，往往给出的是数据表的首地址和数据在表内的偏移量，因此，需要先计算出表首偏移量，其计算关系为：

$$表首偏移量=表首地址-PC$$

数据地址偏移量 A 与表首偏移量、表内偏移量的关系为：

$$数据地址偏移量 A=表首偏移量+表内偏移量$$

这组指令都影响 P 标志位。

例 3-3　从片外程序存储器 2000H 单元开始存放 0～9 的平方值，以 PC 作为基址寄存器，执行查表指令得到 6 的平方值，并且送到片内 RAM 中的 30H 单元。

设 MOVC 指令所在的地址为 1FA0H，则表首偏移量=2000H-（1FA0H+1）=5FH，表内偏移量为 6。

相应的程序为：

```
MOV     A,#5FH
ADD     A,#06H
MOVC    A,@A+PC
MOV     30H,A
```

执行结果为：（PC）=1FA1H，（A）=（30H）=24H=36D。

如果使用以 DPTR 为基址寄存器的查表指令，其程序如下：

```
MOV     DPTR,#2000H
MOV     A,#6
MOVC    A,@A+DPTR
MOV     30H,A
```

通过本例对两条查表指令进行比较可以看出，以 DPTR 为基址寄存器的查表指令使用简单、方便。

2. 数据交换指令

普通数据传送指令完成的是把源操作数传送给目的操作数，指令执行后源操作数不变，数据传送是单向的。而数据交换指令则对数据作双向传送，传送后，前一个操作数传送到了后一个操作数所保存的地方，后一个操作数传送到了前一个操作数所保存的地方。

数据交换指令要求第一个操作数必须为累加器 A。共 5 条指令，分为字节交换和半字节交换两个类型。

（1）字节交换指令

汇编指令格式	操作
XCH A,Rn	;（A）←→（Rn）
XCH A,direct	;（A）←→（direct）
XCH A,@Ri	;（A）←→（（Ri））

这 3 条指令都影响 P 标志位。

（2）低半字节交换指令

汇编指令格式	操作
XCHD A,@Ri	;（$A_{0\sim3}$）←→（（Ri）$_{0\sim3}$）

这条指令影响 P 标志位。

（3）A 自身半字节交换指令

汇编指令格式	操作
SWAP A	;（$A_{0\sim3}$）←→（$A_{4\sim7}$）

这条指令不影响任何标志位。

例 3-4 设（R0）=30H，（30H）=4AH，（A）=28H，则分别执行"XCH A,@R0"、"XCHD A,@R0"、"SWAP A"后各单元的内容。

执行：XCH A,@R0	;结果为（A）=4AH，（30H）=28H
执行：XCHD A,@R0	;结果为（A）=2AH，（30H）=48H
执行：SWAP A	;结果为（A）=82H，（30H）=4AH

R0 中的内容一直未变，（R0）=30H。

3. 堆栈操作指令

堆栈操作有进栈和出栈，常用于保存和恢复现场。堆栈操作指令有两条。

汇编指令格式	操作
PUSH direct	;先（SP）+ 1→SP，
	;后（direct）→（SP）
POP direct	;先（（SP））→direct，
	;后（SP）−1→SP

PUSH 为进栈操作。进栈时，堆栈指针 SP 先加 1，指向栈顶的一个空单元，然后将直接地址（direct）单元的内容压入 SP 所指向的空栈顶中。本指令不影响任何标志位。

POP 为出栈操作。出栈时，先将栈顶的内容弹出送给直接地址 direct 单元，然后堆栈指针 SP 减 1，使 SP 指向堆栈中有效的数据。本指令有可能影响 P 标志位，当操作数是累加器 A 时。

例 3-5 若在程序存储器中 2000H 单元开始的区域依次存放着 0～9 的平方值，用查表指令读取 3 的平方值并存于片内 RAM 中 30H 单元，要求操作后保持 DPTR 中原来的内容不变。

为了使用 DPTR，并且保持原来的内容不变，应该在使用 DPTR 前使其进栈，使用后再出栈恢复其原来内容。

程序如下：

```
PUSH    DPH
PUSH    DPL
MOV     DPTR,#2000H
MOV     A,#3
MOVC    A,@A+DPTR
MOV     30H,A
POP     DPL
POP     DPH
```

注意:

① 进栈与出栈必须成对使用,否则会出现意想不到的问题,如在子程序中操作,会使子程序不能够正确返回;

② 先进栈的必须后出栈,后进栈的必须先出栈,否则会出现 DPL 与 DPH 内容互换。

3.3.2　算术运算指令

算术运算类指令共有 24 条,包括加法、减法、乘法、除法、BCD 码调整等指令。MCS-51 单片机的算术/逻辑运算部件只能执行无符号二进制整数运算,可以借助于溢出标志位,实现有符号数的补码运算。借助于进位标志,可以实现多精度加、减运算。

算术运算结果会影响进位标志 CY、半进位标志 AC、溢出标志 OV,但加 1 和减 1 指令不影响这些标志位。如果累加器 A 为目的操作数,还要影响奇偶标志位 P。

算术运算指令多数以累加器 A 作为第一操作数,第二操作数可以是工作寄存器 Rn、直接地址数据、间接地址数据和立即数。为了便于讨论,将其分为 5 个类型。

1. 加法指令

加法指令分为不带进位加法指令、带进位加法指令和加 1 指令。

（1）不带进位加法指令 ADD

汇编指令格式	操作
ADD　A,Rn	;（A）+（Rn）→A
ADD　A,direct	;（A）+（direct）→A
ADD　A,@Ri	;（A）+（(Ri)）→A
ADD　A,#data	;（A）+ data→A

这组指令的执行影响标志位 CY、AC、OV 和 P,溢出标志 OV 只对有符号运算有意义。

例 3-6　设（A）=0C3H,（R0）=0AAH,试分析执行"ADD　A,R0"后的结果及各标志位的值。

执行结果为:（A）=6DH。

各标志位为: CY=1, AC=0, P=1, OV=1。

溢出标志 OV 为第 7 位与第 6 位的进位 C7、C6 的异或,即 OV=C7 $\oplus$ C6。

$$
\begin{array}{r}
(A): \quad 1100 \quad 0011 \\
+ (R0): \quad 1010 \quad 1010 \\
\hline
1 \quad 0110 \quad 1101
\end{array}
$$

（2）带进位加法指令 ADDC

汇编指令格式	操作
ADDC　A,Rn	;（A）+（Rn）+ CY→A
ADDC　A,direct	;（A）+（direct）+ CY→A
ADDC　A,@Ri	;（A）+（(Ri)）+ CY→A
ADDC　A,#data	;（A）+ data + CY→A

这组指令的执行影响标志位 CY、AC、OV 和 P,溢出标志 OV 只对有符号运算有意义。

例 3-7　试编写程序,把 R1R2 和 R3R4 中的两个 16 位数相加,结果存放在 R5R6 中。

对于相加的两个数的低 8 位 R2 和 R4 使用不带进位的加法指令 ADD,其和存放于 R6 中,对于高 8 位的 R1 和 R3,使用带进位的加法指令 ADDC,其和存放于 R5 中。

程序段如下:

MOV　A,R2	;（R2）→A
ADD　A,R4	;（A）+（R4）→A
MOV　R6,A	;（A）→R6

MOV	A,R1	;（R1）→A
ADDC	A,R3	;（A）+（R3）+CY→A
MOV	R5,A	;（A）→R5

（3）加 1 指令 INC

汇编指令格式　　　　　　　　　　操作

INC	A	;（A）+1→A
INC	Rn	;（Rn）+1→Rn
INC	direct	;（direct）+1→direct
INC	@Ri	;（（Ri））+1→（Ri）
INC	DPTR	;（DPTR）+1→DPTR

这组指令除了第一条影响标志位 P 之外，其他指令都不影响标志位。

2. 减法指令

减法指令分为带借位减法指令和减 1 指令。

（1）带借位减法指令 SUBB

汇编指令格式　　　　　　　　　　操作

SUBB	A,Rn	;（A）-（Rn）-CY→A
SUBB	A,direct	;（A）-（direct）-CY→A
SUBB	A,@Ri	;（A）-（（Ri））-CY→A
SUBB	A,#data	;（A）-data-CY→A

这组指令影响标志位 CY、AC、OV 和 P，溢出标志 OV 只对有符号数运算有意义。

由于 MCS-51 单片机没有不带借位的减法指令，对于不带借位的减法运算，可以先对 CY 清 0（用 CLR　C），然后再用 SUBB 命令操作。

例 3-8　试编写实现"R2-R1→R3"功能的程序。

程序段如下：

MOV	A,R2
CLR	C
SUBB	A,R1
MOV	R3,A

（2）减 1 指令 DEC

汇编指令格式　　　　　　　　　　操作

DEC	A	;（A）-1→A
DEC	Rn	;（Rn）-1→Rn
DEC	direct	;（direct）-1→direct
DEC	@Ri	;（（Ri））-1→（Ri）

这组指令除了第一条影响标志位 P 之外，其他指令都不影响标志位。

3. 乘法指令 MUL

在 MCS-51 单片机中，乘法指令只有一条。

汇编指令格式　　　　　　　　　　操作

MUL	AB	;（A）×（B）→B（高字节）、A（低字节）

该指令的操作是：把累加器 A 和寄存器 B 中两个 8 位无符号数相乘，所得的 16 位积的高字节存放在 B 中，低字节存放在 A 中。若乘积大于 0FFH，OV 置 1，说明高字节 B 中不为 0，否则 OV 清 0，即 B 中为 0。该指令还影响 P 标志位，并且对 CY 总是清 0。

4. 除法指令 DIV

在 MCS-51 单片机中，除法指令也只有一条。

汇编指令格式	操作
DIV　　AB	;（A）/（B），商→A、余→B

该指令的操作是：累加器 A 的内容除以寄存器 B 的内容，两个都是 8 位无符号整数，所得结果的整数商存放在 A 中，余数存放在 B 中。如果除数（B）=0，则标志位 OV 置 1，否则清 0。该指令还影响 P 标志位，并且 CY 总是被清 0。

5.　十进制调整指令 DA

在 MCS-51 单片机中，十进制调整指令只有一条。

汇编指令格式	操作
DA　　A	;调整累加器 A 内容为 BCD 码

该指令用于 ADD 或 ADDC 指令后，且只能用于压缩的 BCD 码相加结果的调整，目的是使单片机能够实现十进制加法运算功能。

调整过程如下：

1）若累加器 A 的低 4 位为十六进制的 A~F，或者半进位标志位 AC 为 1，则累加器 A 的内容作加 06H 调整。

2）若累加器 A 的高 4 位为十六进制的 A~F，或者进位标志位 CY 为 1，则累加器 A 的内容作加 60H 调整。

该指令影响标志位 CY、AC 和 P，但不影响 OV。

例 3-9　试编写程序，对两个十进制数 76、58 相加，并且保持其结果为十进制数，把结果存于 R3 中。

程序段如下：

```
MOV    A,#76H
ADD    A,#58H
DA     A
MOV    R3,A
```

程序执行后，R3 中的内容为 34H（十进制数 34），进位标志 CY 为 1，则最后结果为 134。

在编写程序时，对 BCD 码的写法必须注意：要按十进制数格式写，然后在其后面加上 H。

3.3.3　逻辑操作指令

逻辑操作指令共有 24 条，包括与、或、异或、清 0、求反、移位等操作指令。

参与逻辑操作的操作数可以是累加器 A、工作寄存器 Rn、直接地址数据、间接地址数据和立即数。

逻辑操作指令对标志位的影响：如果累加器 A 为目的操作数，会影响奇偶标志 P；带进位移位操作，会影响进位标志 CY。

为了便于讨论，将其分为 5 组进行讨论。

1.　逻辑与指令 ANL

汇编指令格式	操作
ANL　　A,Rn	;（A）∧（Rn）→A
ANL　　A,direct	;（A）∧（direct）→A
ANL　　A,@Ri	;（A）∧（(Ri)）→A
ANL　　A,#data	;（A）∧data→A
ANL　　direct,A	;（direct）∧（A）→direct
ANL　　direct,#data	;（direct）∧data→direct

逻辑与操作往往用于使某些位清 0。

这组指令的前 4 条影响奇偶标志位 P，后 2 条指令不影响任何标志位。

2. 逻辑或指令 ORL

汇编指令格式		操作
ORL	A,Rn	;（A）∨（Rn）→A
ORL	A,direct	;（A）∨（direct）→A
ORL	A,@Ri	;（A）∨（（Ri））→A
ORL	A,#data	;（A）∨data→A
ORL	direct,A	;（direct）∨（A）→direct
ORL	direct,#data	;（direct）∨data→direct

逻辑或操作往往用于使某些位置 1。

这组指令的前 4 条影响奇偶标志位 P，后 2 条指令不影响任何标志位。

3. 逻辑异或指令 XRL

汇编指令格式		操作
XRL	A,Rn	;（A）⊕（Rn）→A
XRL	A,direct	;（A）⊕（direct）→A
XRL	A,@Ri	;（A）⊕（（Ri））→A
XRL	A,#data	;（A）⊕data→A
XRL	direct,A	;（direct）⊕（A）→direct
XRL	direct,#data	;（direct）⊕data→direct

逻辑异或操作往往用于使某些位取反。

这组指令的前 4 条影响奇偶标志位 P，后 2 条指令不影响任何标志位。

例 3-10　写出完成以下各功能的指令：

1）对累加器 A 中的 1、3、5 位清 0，其余位不变。

2）对 A 中的 2、4、6 位置 1，其余位不变。

3）对 A 中的 0、1 位取反，其余位不变。

对应指令如下：

ANL　　A,#11010101B
ORL　　A,#01010100B
XRL　　A,#00000011B

4. 累加器 A 清 0 和求反指令

汇编指令格式		操作
CLR	A	;0→A
CPL	A	;$\overline{(A)}$→A

前一条指令是对 A 清 0，该指令影响奇偶标志位 P。后一条指令是对 A 求反，不影响任何标志位。

5. 循环移位指令

指令名称	指令格式		操作
A 循环左移	RL	A	;
A 循环右移	RR	A	;
A 带进位循环左移	RLC	A	;
A 带进位循环右移	RRC	A	;

需要注意的是：①这 4 条指令，每执行一次只移动 1 位；②左移一次相当于乘以 2，右移一次相当于除以 2。常用移位的方式进行乘除运算，因为移位指令比乘除指令速度快。

前两条指令不影响任何标志位，后两条指令影响进位位 CY 和奇偶标志位 P。

例 3-11　试编写程序，对 8 位二进制数 01100101B=65H=101D 乘以 2。

程序段如下：

```
MOV    A,#65H
CLR    C
RLC    A
```

程序执行后的结果为：（A）=CAH，CY=0。CAH=202D=101D×2。

3.3.4　控制程序转移指令

计算机功能的强弱，主要取决于转移类指令的多少与功能，特别是条件转移指令。MCS-51 单片机有 17 条转移类指令，包括无条件转移指令、条件转移指令、子程序调用及返回指令等。

这类指令只有比较转移指令影响进位标志 CY，其他指令不影响标志位。

为了便于讨论，将其分为 4 组进行讨论。

1. 无条件转移指令

无条件转移指令是指，当程序执行该指令后，程序无条件地转移到指令所指定的地址去执行。无条件转移指令包括短转移、长转移和间接转移 3 种。

（1）短转移指令（相对转移指令）SJMP

汇编指令格式　　　　　　　　　　　　操作

SJMP　　rel　　　　　　　　　　　　　;（PC）+rel→PC

指令的实际编写形式为："SJMP　　目标地址标号"。

指令的操作数是相对地址，rel 是一个有符号字节数，其范围为－128～127，负数表示向回跳转，正数表示向前跳转。在使用时并不需要计算和写出 rel 值，看下面例子。

例 3-12　程序中有一无条件转移指令"SJMP　　RELOAD"，已知本指令的地址为 0100H，标号 RELOAD 的地址为 0123H，试计算相对地址偏移量 rel。

rel = 0123H－（PC）= 0123H－（0100H + 2）= 21H

对于 rel 值，在手工汇编时需要计算，并且要把 rel 值写到该指令码的第 2 字节，指令码为 8021H。现在都是计算机进行汇编，并不需要计算 rel 值，所以该指令的编写形式为："SJMP 目标地址标号"。对于后面所有的转移指令，由于使用计算机汇编，其编写形式均是如此。

（2）长转移指令 LJMP

汇编指令格式　　　　　　　　　　　　操作

LJMP　　addr16　　　　　　　　　　　;addr16→PC

指令的实际编写形式为："LJMP　　目标地址标号"。

指令提供 16 位目标地址，执行时，直接将 16 位地址送给程序计数器 PC，程序无条件跳转到指定的目标地址去执行。

由于程序的目标地址是 16 位，因此程序可以跳转到 64KB 程序存储器空间的任何地方。

（3）间接转移指令 JMP

汇编指令格式　　　　　　　　　　　　操作

JMP　　@A+DPTR　　　　　　　　　　;（A）+（DPTR）→PC

该指令转移的目标地址是由数据指针寄存器 DPTR 的内容与累加器 A 的内容相加得到，

DPTR 的内容一般为基址，A 的内容为相对偏移，在 64KB 范围内无条件转移。DPTR 一般为确定的值，累加器 A 为变值，根据 A 的值转移到不同的地方，因此该指令也叫散转指令。在使用中，往往与一个转移指令表一起实现多分支转移。

例 3-13 分析下面多分支转移程序段，程序中，根据累加器 A 的值 0、1、2、3 转移到相应的 TAB0～TAB3 分支去执行。

```
       MOV    B,#3
       MUL    AB
       MOV    DPTR,#TABLE        ;转移表首地址送 DPTR
       JMP    @A+DPTR            ;根据 A 值转移
TABLE:
       LJMP   TAB0               ;初始（A）=0 时转到 TAB0 执行
       LJMP   TAB1               ;初始（A）=1 时转到 TAB1 执行
       LJMP   TAB2               ;初始（A）=2 时转到 TAB2 执行
       LJMP   TAB3               ;初始（A）=3 时转到 TAB3 执行
       ……
```

2. 条件转移指令

条件转移指令是指，当指令中条件满足时，程序转到指定位置执行，条件不满足时，程序顺序执行。这类指令都属于相对转移，转移范围均为 -128～127，负数表示向回跳转，正数表示向前跳转。

在 MCS-51 系统中，条件转移指令有三种：累加器 A 判 0 转移指令、比较转移指令、循环转移指令，共 8 条。需要注意的是，注释中的 PC 值，均为指向下一条指令的地址值。

（1）判 0 转移指令

指令名称	指令格式	操作
判 A 为 0 转移	JZ rel	;（A）=0,（PC）+ rel→PC;
		;（A）≠0，顺序执行
判 A 非 0 转移	JNZ rel	;（A）≠0,（PC）+ rel→PC;
		;（A）=0，顺序执行

指令的实际编写形式分别为："JZ   目标地址标号"和"JNZ   目标地址标号"。

例 3-14 试编写程序，把片外 RAM 地址从 2000H 开始的数据，传送到片内 RAM 地址从 30H 开始的单元，直到出现 0 为止。

程序段如下：

```
       MOV    DPTR,#2000H        ;用 DPTR 指向片外 RAM 的 2000H 单元
       MOV    R0,#30H            ;用 R0 指向片内 RAM 的 30H 单元
LOOP:
       MOVX   A,@DPTR            ;从片外 RAM 中 DPTR 指向的单元读数据给 A
       MOV    @R0,A              ;把 A 中数据存于用 R0 指向的片内 RAM 的单元
       INC    R0                 ;片内 RAM 指针 R0 增 1
       INC    DPTR               ;片外 RAM 指针 DPTR 增 1
       JNZ    LOOP               ;（A）≠0 跳转到 LOOP 去执行；否则顺序向下执行
       SJMP   $                  ;程序无休止地执行本指令，停留到此
```

（2）比较转移指令 CJNE

比较转移指令功能较强，共有 4 条指令，它的一般格式为：

CJNE   操作数 1，操作数 2，rel   ;3 字节指令

指令的功能是，两个操作数进行比较（操作数 1 减操作数 2，置标志位，但不保存结果），若不等则转移，否则顺序执行。该类指令影响进位标志位 CY，而不改变两个操作数。

具体指令形式如下：

汇编指令格式	操作
CJNE　A,direct,rel	;若(A)>(direct)，则(PC) +rel→PC，0→CY
	;若(A)<(direct)，则(PC) +rel→PC，1→CY
	;若(A)=(direct)，则顺序执行，0→CY
CJNE　A,#data,rel	;若(A)>data，则(PC) +rel→PC，0→CY
	;若(A)<data，则(PC) +rel→PC，1→CY
	;若(A)=data，则顺序执行，0→CY
CJNE　Rn,#data,rel	;若(Rn)>data，则(PC) +rel→PC，0→CY
	;若(Rn)<data，则(PC) +rel→PC，1→CY
	;若(Rn)=data，则顺序执行，0→CY
CJNE　@Ri,#data,rel	;若((Ri))>data，则(PC)+rel→PC，0→CY
	;若((Ri))<data，则(PC) +rel→PC，1→CY
	;若((Ri))=data，则顺序执行，0→CY

指令的实际编写形式分别为：

```
CJNE     A,direct,目标地址标号
CJNE     A,#data,目标地址标号
CJNE     Rn,#data,目标地址标号
CJNE     @Ri,#data,目标地址标号
```

（3）循环转移指令 DJNZ

循环转移指令同样功能很强，共有两条指令。

汇编指令格式	操作
DJNZ　Rn,rel	;（Rn）-1→Rn
	;若（Rn）≠0，则（PC）+ rel→PC
	;若（Rn）=0，则顺序执行
DJNZ　direct,rel	;（direct）-1→direct
	;若（direct）≠0，则（PC）+ rel→PC
	;若（direct）=0，则顺序执行

指令的实际编写形式分别为：

```
DJNZ     Rn,目标地址标号
DJNZ     direct,目标地址标号
```

例 3-15　试编写程序，统计片内 RAM 中从 40H 单元开始的 20 个单元中 0 的个数，结果存于 R2 中。

用 R0 作间址寄存器读取数据，R7 作循环变量，用 JNZ 或 CJNE 判断数据是否为 0，用 DJNZ 指令和 R7 控制循环。

程序段一：

```
      MOV      R0,#40H
      MOV      R7,#20
      MOV      R2,#0
LOOP:
      MOV      A,@R0
      JNZ      NEXT
      INC      R2
NEXT:
      INC      R0
      DJNZ     R7,LOOP
```

程序段二：

```
      MOV      R0,#40H
      MOV      R7,#20
      MOV      R2,#0
LOOP:
      CJNE     @R0,#0,NEXT
      INC      R2
NEXT:
      INC      R0
      DJNZ     R7,LOOP
```

3. 子程序调用和返回指令

这类指令有 3 条，一条子程序调用指令，两条程序返回指令。

（1）子程序调用（长调用）指令

汇编指令格式	操作
LCALL　addr16	;（SP）+ 1→SP、（PC$_{7\sim0}$）→（SP）,
	;（SP）+ 1→SP、（PC$_{15\sim8}$）→（SP）,
	;addr16→PC

本指令提供 16 位目标地址，因此可以调用 64KB 范围内任何地方的子程序。

指令的实际编写形式为："LCALL　目标地址标号或子程序名"。

（2）子程序返回指令

汇编指令格式	操作
RET	;（(SP)）→PC$_{15\sim8}$、（SP）- 1→SP,
	;（(SP)）→PC$_{7\sim0}$、（SP）- 1→SP

子程序返回时，只需要将堆栈中的返回地址弹出送给 PC，程序就自动接着调用前的程序继续执行。从堆栈中先弹出高 8 位地址，后弹出低 8 位地址。

（3）中断服务程序返回指令

汇编指令格式	操作
RETI	;（(SP)）→PC$_{15\sim8}$、（SP）- 1→SP,
	;（(SP)）→PC$_{7\sim0}$、（SP）- 1→SP

中断服务程序返回指令 RETI，除了具有 "RET" 指令的功能外，还将开放中断逻辑。

4. 空操作指令

汇编指令格式	操作
NOP	;无任何操作

这是一条单字节指令，执行时，不做任何操作（即空操作），仅将程序计数器 PC 值加 1，使 CPU 指向下一条指令继续执行，它要占用一个机器周期，常用来产生时间延迟和程序缓冲。

细心的读者会发现，以上只有 15 条指令，还少两条指令，这两条指令是 "AJMP" 和 "ACALL"，称为绝对转移（也叫短转移）指令和绝对子程序调用（也叫短调用）指令，这两条指令的转移范围是绝对划定的 2KB 范围之内，用不好会出现错误，并且其编码也不好理解（见附录 B），唯一的优点只是比 "LJMP" 和 "LCALL" 指令少一个字节。在存储器容量变大、价格低廉的今天，其唯一的优点也没有了意义，所以没有必要使用这两条指令。

3.3.5　位操作指令

又叫布尔处理指令。MCS-51 单片机有一个位处理器（布尔处理器），它具有一套处理位变量的指令集，有位数据传送指令、位逻辑操作指令、控制程序转移指令。

在进行位操作时，位累加器为 C，即进位标志 CY。位地址是片内 RAM 字节地址 20H～2FH 单元中连续的 128 个位（位地址为 00H～7FH）和部分 SFR，累加器 A 和寄存器 B（位地址 E0H～E7H 和 F0H～F7H）中的位与 00H～7FH 位一样，都可以作软件标志或位变量。

在汇编语言中，位地址可以用以下 4 种方式表示：

1）直接位地址（00H～FFH）。如 18H。

2）字节地址带位号。如 20H.0，表示 20H 单元的第 0 位。

3）特殊功能寄存器名带位号。如 P2.3，表示 P2 口的第 3 位。

4）位符号地址。可以是特殊功能寄存器位名，也可以是用位地址符号命令 "BIT" 定义的位符号，如 flag（flag 应在这之前定义过，如"flag　BIT　05H"）。

例如，用上述 4 种方式都可以表示 PSW（D0H）中的第 2 位，分别为：D2H、D0H.2、PSW.2、OV。

MCS-51 单片机共 17 条位操作指令，为了讨论方便，将其分成三组。

1.　位传送指令

位传送指令有两条，实现位累加器 C 与一般位之间的数据传送。

汇编指令格式	操作
MOV　　C,bit	;（bit）→C
MOV　　bit,C	;（C）→bit

例 3-16　编写程序，把片内 RAM 中 07H 位的数值，传送到 ACC.0 位。

程序段如下：

```
MOV    C,07H
MOV    ACC.0,C
```

注意：一般位之间不能够直接传送，必须借助于 C。

2.　位逻辑操作指令

位逻辑操作指令包括位清 0、位置 1、位取反、位与、位或，共 10 条指令。

（1）位清 0 指令

汇编指令格式	操作
CLR　　C	;0→C
CLR　　bit	;0→bit

（2）位置 1 指令

汇编指令格式	操作
SETB　C	;1→C
SETB　bit	;1→bit

（3）位取反指令

汇编指令格式	操作
CPL　　C	;$\overline{(C)}$→C
CPL　　bit	;$\overline{(bit)}$→bit

（4）位与指令

汇编指令格式	操作
ANL　　C,bit	;（C）∧（bit）→C
ANL　　C,$\overline{bit}$	;（C）∧$\overline{(bit)}$→C

（5）位或指令

汇编指令格式	操作
ORL　　C,bit	;（C）∨（bit）→C
ORL　　C,$\overline{bit}$	;（C）∨$\overline{(bit)}$→C

3.　位转移指令

位转移指令是以 C 或 bit 为判断条件的转移指令，共 5 条指令。

（1）以 C 为条件的转移指令

汇编指令格式	操作
JC　　　rel	;若（C）=1，则（PC）+ rel→PC
	;若（C）=0，则顺序向下执行

| JNC | rel | ;若（C）=0，则（PC）+ rel→PC |
| | | ;若（C）=1，则顺序向下执行 |

（2）以 bit 为条件的转移指令

汇编指令格式		操作
JB	bit,rel	;若（bit）=1，则（PC）+ rel→PC
		;若（bit）=0，则顺序向下执行
JNB	bit,rel	;若（bit）=0，则（PC）+ rel→PC
		;若（bit）=1，则顺序向下执行
JBC	bit,rel	;若（bit）=1，则（PC）+ rel→PC，
		;且 0→bit;
		;若（bit）=0，则顺序向下执行

例 3-17　编写程序，利用位操作指令，实现图 3-5 所示的硬件逻辑电路功能。
程序段如下：

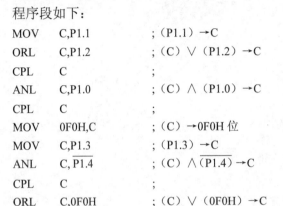

MOV	C,P1.1	;（P1.1）→C
ORL	C,P1.2	;（C）∨（P1.2）→C
CPL	C	;
ANL	C,P1.0	;（C）∧（P1.0）→C
CPL	C	;
MOV	0F0H,C	;（C）→0F0H 位
MOV	C,P1.3	;（P1.3）→C
ANL	C,$\overline{P1.4}$	;（C）∧$\overline{（P1.4）}$→C
CPL	C	;
ORL	C,0F0H	;（C）∨（0F0H）→C
MOV	P1.5,C	;（C）→P1.5

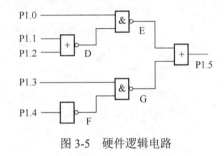

图 3-5　硬件逻辑电路

3.4　MCS-51 单片机伪指令

伪指令是汇编程序中用于指示汇编程序如何对源程序进行汇编的指令。伪指令不同于指令，在汇编时并不翻译成机器代码，只是在汇编过程进行相应的控制和说明。

伪指令通常在汇编程序中用于定义数据、分配存储空间、控制程序的输入/输出等。在 MCS-51 系统中，常用的伪指令有以下 7 条。

1. ORG 伪指令

ORG 伪指令称为起始汇编伪指令，常用于汇编语言某程序段的开始或某个数据块的开始。一般格式为：

[标号:]　　ORG　16 位地址

其标号为可选项。例如：

```
    ORG         0040H
MAIN:
    MOV         SP,#0DFH
    MOV         30H,#00H
        ......
```

此处的 ORG 伪指令指明后面的程序从 0040H 单元开始存放。

2. END 伪指令

END 伪指令称为结束汇编伪指令，用于汇编语言程序段的末尾，指示源程序在 END 处结束汇编，即便是 END 后面还有程序，也不做处理。一般格式为：

END

3. EQU 伪指令

EQU 伪指令称为赋值伪指令。其一般格式为：

符号名　EQU　　　　　项（常数、常数表达式、字符串或地址标号）

EQU 的功能是将右边的项赋值给左边。在汇编过程中，遇到 EQU 定义的符号名，就用其右边的项代替符号名。

注意：EQU 只能先定义后使用。

例 3-18　EQU 应用举例。

HOUR	EQU	30H	;定义变量 HOUR 的地址为 30H
MINU	EQU	31H	;定义变量 MINU 的地址为 31H
REG	EQU	R7	;定义字符串 R7
DISP	EQU	0800H	;定义变量 DISP 的地址为 0800H
	MOV	HOUR,#09H	;变量 HOUR 赋值 9
	MOV	R0,#HOUR	;使指针 R0 指向 30H 单元
	INC	R0	;指针 R0 增 1
	MOV	@R0,#25	;变量 MINU 赋值 25
	MOV	REG,A	;（A）→R7
	LCALL	DISP	;调用首地址为 0800H 处的子程序

4. DATA 伪指令

DATA 伪指令称为数据地址赋值伪指令。其一般格式为：

符号名　DATA　　常数或常数表达式

DATA 的功能与 EQU 相似，是将右边的项赋值给左边。在汇编过程中遇到 DATA 定义的符号名，就用其右边的项代替符号名。该伪指令用于定义片内数据区变量。

与 DATA 类似的还有一条伪指令 XDATA，用于定义片外数据区变量。

注意：DATA 可以后定义先使用，当然也可以先定义后使用。例如：

HOUR	DATA	30H	;定义变量 HOUR 的地址为 30H
MINU	DATA	31H	;定义变量 MINU 的地址为 31H
	MOV	HOUR,#09H	;变量 HOUR 赋值 9
	MOV	R0,#HOUR	;使指针 R0 指向 30H 单元
	INC	R0	;指针 R0 增 1
	MOV	@R0,#25	;变量 MINU 赋值 25

5. BIT 伪指令

BIT 伪指令称为位地址符号伪指令。其格式为：

符号名　BIT　　　位地址

BIT 伪指令的功能是把右边的地址赋给左边的符号名。位地址可以是前面所述的 4 种形式中的任一种。例如：

FLAGRUN	BIT	00H
FLAGMUS	BIT	01H
FLAGKEY	BIT	02H

```
FLAGALAR     BIT      P1.7
```

6. DB 伪指令

DB 伪指令称为定义字节伪指令。其格式为：

[标号:]　DB　　　项（字节数据、字节数表或字符、字符串）

它的功能是从指定单元开始定义（存储）若干个字节的数据或字符、字符串，字符或字符串需要用引号（单引号或双引号均可）括起来，即用 ASCII 码表示。其中标号是可选的。例如：

```
TABLE: DB   32,24H,'A',"B",'abcd',"EFGH"
```

7. DW 伪指令

DW 伪指令称为定义字伪指令。其格式为：

[标号:]　DW　　　字数据或字数据表

DW 伪指令的功能与 DB 伪指令的相似，是从指定单元开始定义（存储）若干个字数据，每个数据都占 2 个字节，而用 DB 伪指令定义的数据只占一个字节。其中标号是可选的。例如：

```
ORG         1000H
TABLE2:  DW           32,24H,1234H
```

上面这两行程序汇编后，从 1000H 单元开始，依次存放如下数据：

（1000H）=00H

（1001H）=20H

（1002H）=00H

（1003H）=24H

（1004H）=12H

（1005H）=34H

注意： 高字节存放在前面（低地址），低字节存放在后面（高地址）。

3.5　汇编语言程序设计

3.5.1　简单程序设计

程序的简单和复杂是相对而言的，这里所说的简单程序，是指顺序执行的程序。简单程序从第一条指令开始，依次执行每一条指令，直到程序执行完毕，之间没有任何转移和子程序调用指令，整个程序只有一个入口和一个出口。这种程序虽然在结构上简单，但它是复杂程序的基础。

1. 数据拆分

例 3-19　片内 RAM 的 30H 单元内存放着一压缩的 BCD 码，编写程序，将其拆开并转换成两个 ASCII 码，分别存入 31H 和 32H 单元中，高位在 31H 中。

数字 0~9 的 ASCII 码为 30H~39H，因此，将 30H 中的两个 BCD 码拆开后，分别加上 30H 即可。相应程序段如下：

```
MOV     R0,#30H                    ;用间址寄存器 R0 存取数据
MOV     A,@R0                      ;取原 BCD 码数据
PUSH    ACC                        ;原 BCD 码数据进栈暂存
SWAP    A                          ;将高位数交换到低 4 位
```

```
ANL     A,#0FH              ;先作高位转换，截取高位数
ORL     A,#30H              ;高位转换成 ASCII 码
INC     R0                  ;使 R0 指向 31H 单元
MOV     @R0,A               ;保存高位 ASCII 码
POP     ACC                 ;原 BCD 码数据出栈
ANL     A,#0FH              ;作低位转换，截取低位数
ORL     A,#30H              ;低位转换成 ASCII 码
INC     R0                  ;使 R0 指向 32H 单元
MOV     @R0,A               ;保存低位 ASCII 码
SJMP    $                   ;CPU 停留于此处
```

2. 数制转换

例 3-20　片内 RAM 的 30H 单元内存放着一 8 位二进制数，编写程序，将其转换成压缩的 BCD 码，分别存入 30H 和 31H 单元中，高位在 30H 中。

其方法是用除法实现。原数除以 10，余数为个位数，其商再除以 10，所得新商为百位数，新余数为十位数。对应程序段如下：

```
MOV     A,30H               ;取数据
MOV     B,#10
DIV     AB                  ;除以 10 后，个位在 B，百位和十位在 A
MOV     31H,B               ;保存个位于 31H 中的低 4 位
MOV     B,#10
DIV     AB                  ;除以 10 后，十位在 B，百位在 A
MOV     30H,A               ;保存百位
MOV     A,B                 ;十位数送 A
SWAP    A                   ;十位数被交换到高 4 位
ORL     31H,A               ;将十位数存于 31H 中的高 4 位
SJMP    $
```

3.5.2　分支程序设计

在许多情况下，程序会根据不同的条件，转向不同的处理程序，这种结构的程序称为分支程序。使用条件转移指令、比较转移指令和位条件转移指令，可以实现程序的分支处理。

在汇编语言程序中，分支结构是比较麻烦的，初学时应特别注意。

1. 一般分支程序

例 3-21　片内 RAM 的 30H、31H 单元存放着两个无符号数，编写程序比较其大小，将其较大者存于 30H 中，较小者存于 31H 单元中。

用减法判断，两个数相减后，通过借位标志位 CY 来判断。程序段如下：

```
        MOV     A,30H
        CLR     C
        SUBB    A,31H
        JNC     L1          ;（30H）≥（31H）则转
        MOV     A,30H       ;（30H）中数小，两个数交换
        XCH     A,31H
        MOV     30H,A
L1:     SJMP    $
```

例 3-22　片内 RAM 的 30H 单元内存放着一有符号二进制数变量 X，其函数 Y 与变量 X 的关系为：

$$Y=\begin{cases} X+5 & X>20 \\ 0 & 20\geqslant X\geqslant 10 \\ -5 & X<10 \end{cases}$$

编写程序，根据变量值，将其对应的函数值送入 31H 中。

这是一个三分支的条件转移程序，可以使用 CJNE、JC、JNC 等指令进行判断。程序流程图如图 3-6 所示，程序段如下：

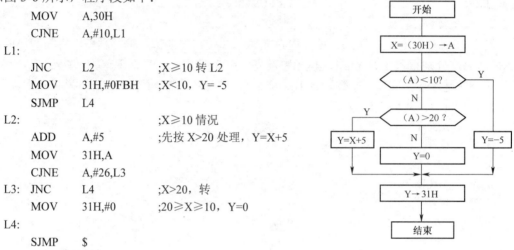

```
        MOV     A,30H
        CJNE    A,#10,L1
L1:
        JNC     L2              ;X≥10 转 L2
        MOV     31H,#0FBH       ;X<10，Y= -5
        SJMP    L4
L2:                             ;X≥10 情况
        ADD     A,#5            ;先按 X>20 处理，Y=X+5
        MOV     31H,A
        CJNE    A,#26,L3
L3:     JNC     L4              ;X>20，转
        MOV     31H,#0          ;20≥X≥10，Y=0
L4:
        SJMP    $
```

2. 多分支程序

利用间接转移指令"JMP 　@A+DPTR"，可以实现多分支转移，即实现散转。可以参考例 3-13，不再举例。

图 3-6　例 3-22 程序流程图

3.5.3　循环程序设计

在实际应用中，循环结构程序使用得非常多，必须要熟练掌握。循环程序一般由以下几个部分组成：

1）循环初始化部分。这一部分位于循环程序的开始，用于对循环变量、其他变量和常量赋初值，做好循环前的准备工作。

2）循环体部分。这一部分由重复执行部分和循环控制部分组成。重复执行部分需要根据具体功能编写，要求尽可能简洁，以提高执行的效率。循环控制部分由修改循环控制变量和条件转移语句等组成，用于控制循环的次数。

3）循环结束部分。这一部分用于存放循环结果、恢复所占用寄存器或内存的数据等。

循环程序的关键是对循环变量的修改和控制，特别是循环次数的控制。在循环次数已知的情况下用计数的方法控制循环，在循环次数未知的情况下，往往需要根据给出的某种条件，判断是否结束循环。

1. 单层循环程序

例 3-23　在片内 RAM 的 20H～2FH 单元，存放着 16 个无符号字节数据，编写程序，计算这 16 个数的和。

16 个字节数的和不会超过两个字节，将和存于 40H、41H 中，高字节在 40H 中。用 R0

作取加数指针，R7 作控制循环计数变量。流程图如图 3-7 所示，程序段如下。

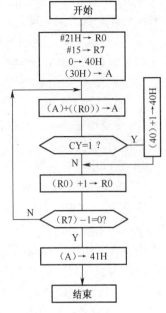

```
        MOV     R0,#21H         ;R0 指向 21H 单元
        MOV     R7,#15          ;控制循环次数初值
        MOV     40H,#0          ;高字节清 0
        MOV     A,20H           ;取第一个加数
LOOP:
        ADD     A,@R0           ;低字节加上一个数
        JNC     NEXT            ;无进位跳转
        INC     40H             ;有进位高字节加 1
NEXT:
        INC     R0              ;指针增 1
        DJNZ    R7,LOOP         ;R7 减 1 不为 0 继续循环
        MOV     41H,A           ;保存低字节数据
        SJMP    $
```

图 3-7　例 3-23 程序流程图

2. 双层循环程序

例 3-24　设计一软件延时 10ms 的子程序。设晶振频率为 6MHz。

晶振频率为 6MHz 时，则机器周期为 2μs。子程序如下：

机器周期数

```
DELAY10MS:
        MOV     R7,#10          ;1
LP1:    MOV     R6,#125         ;1
LP2:    NOP                     ;1
        NOP                     ;1
        DJNZ    R6,LP2          ;2
        DJNZ    R7,LP1          ;2
        RET                     ;2
```

延时时间：

1）内层循环按 125 次计算

内层循环时间为：4*125*2=1000μs

总的循环时间为：{1+[1+4*125+2]*10+2}*2=10066μs

延时时间为 10ms 多 66μs

2）内层循环按 124 次计算，总的循环时间为：

$$\{1+[1+4*124+2]*10+2\}*2=9986\mu s$$

延时时间为 10ms 少 14μs。还可以补上 7 个机器周期，使延时刚好为 10ms。

3.5.4　子程序设计

子程序是指完成某一确定任务，并且能够被其他程序反复调用的程序段。采用子程序，可以简化程序，提高编程效率。而且从程序结构上看，逻辑关系简单、清晰，便于阅读和调试，实现程序模块化。

子程序在结构上有一定的要求，编写时需要注意：

① 子程序第一条指令的地址称为入口地址，该指令前必须有标号，其标号一般要能够说明子程序的功能；

② 子程序末尾一定要有返回指令，而调用子程序的指令应该在其他程序中；

③ 在子程序中，要注意保护在主调程序中使用的寄存器和存储单元中的数据，必要时在子程序的开始使其进栈保护，在子程序返回前再出栈恢复原来值；

④ 在子程序中，要明确指出"入口参数"和"出口参数"，入口参数就是在调用前需要给子程序准备的数据，出口参数就是子程序的返回值。

参数的传递有以下几种方式：

① 通过寄存器 R0～R7 或累加器 A；

② 传递地址、入口参数和出口参数的数据存放在存储器中，使用 R0、R1 或 DPTR 传递指向数据的地址；

③ 通过堆栈传递参数。

1. 用寄存器传递参数

例 3-25　试编写程序，把存放在 30H、31H 和 40H、41H 中的两个双字节压缩的 BCD 码数相减，结果回存到被减数的 30H、31H 中。高位数在 30H、40H 中。要求使用子程序。

由于计算机内部加减都是按照二进制数进行的，所以对 BCD 码数据相减后，也需要进行十进制数调整，为了实现十进制数调整，将减法运算转变为加法运算。在子程序中完成 BCD 码相减，通过寄存器传递参数，程序如下：

```
        MOV     R0,31H
        MOV     R1,41H
        CLR     C
        LCALL   BCDSUB          ;计算低字节差值
        MOV     31H,A           ;保存低字节差值
        MOV     R0,30H
        MOV     R1,40H
        LCALL   BCDSUB          ;计算高字节差值
        MOV     30H,A           ;保存高字节差值
        SJMP    $


;BCD 码减法子程序
;入口参数：R0 被减数；R1 减数；C 借位位。
;出口参数：A 差值，为 BCD 码；C 借位位。
BCDSUB:
        MOV     A,#9AH
        SUBB    A,R1            ;把减数转变成十进制数的补码
        ADD     A,R0            ;被减数加上减数的补码
        DA      A               ;做 BCD 码调整
        CPL     C
        RET
```

2. 用堆栈传递参数

例 3-26　编写程序，把片内 RAM 的 30H 单元中的 8 位二进制数转换成 ASCII 码，分别存放到 31H、32H 中，31H 中存放高位 ASCII 码。要求使用子程序。

在子程序中通过查表完成转换，主调程序与子程序的参数通过堆栈进行传递。程序如下：

```
        MOV     SP,#0DFH        ;设置堆栈指针，指向片内 RAM 的高端
        MOV     DPTR,#TAB       ;DPTR 指向数表的首地址
        MOV     A,30H
```

```
        SWAP      A                       ;先对高位进行转换
        PUSH      ACC                     ;高位数据进栈
        LCALL     HEX_ASC                 ;调用转换子程序
        POP       31H                     ;转换结果出栈并保存在 31H 中
        PUSH      30H                     ;低位数据进栈
        LCALL     HEX_ASC                 ;调用转换子程序
        POP       32H                     ;转换结果出栈并保存在 32H 中
        SJMP      $
```

```
    ;十六进制数转换 ASCII 码子程序
    ;入口参数：栈顶之下第 2 单元（对主调程序来说是栈顶）
    ;出口参数：存放在栈顶之下第 2 单元（对主调程序来说是栈顶）
HEX_ASC:
        MOV       R0,SP                   ;R0 指针指向栈顶
        DEC       R0                      ;修改指针使其指向栈顶之下第 2 单元
        DEC       R0
        MOV       A,@R0                   ;从堆栈中读取参数
        ANL       A,#0FH                  ;屏蔽高 4 位
        MOVC      A,@A+DPTR               ;查表读取 ASCII 码
        MOV       @R0,A                   ;将转换结果保存到栈顶之下第 2 单元
        RET
TAB: DB          "0123456789ABCDEF"
```

思考题与习题

1. 简述 MCS-51 汇编指令格式。

2. 何谓寻址方式？MCS-51 单片机有哪些寻址方式，是怎样操作的？各种寻址方式的寻址空间和范围是什么？

3. 访问片内 RAM 低 128 字节可使用哪些寻址方式？访问片内 RAM 高 128 字节使用什么寻址方式？访问 SFR 使用什么寻址方式？

4. 访问片外 RAM 使用什么寻址方式？

5. 访问程序存储器使用什么寻址方式？指令跳转使用什么寻址方式？

6. 分析下面指令是否正确，并说明理由。

```
MOV    R3,R7
MOV    B,@R2
DEC    DPTR
MOV    20H,F0H
PUSH   DPTR
CPL    36H
MOV    PC,#0800H
```

7. 分析下面各组指令，区分它们的不同之处。

```
MOV    A,30H      与    MOV    A,#30H
MOV    A,R0       与    MOV    A,@R0
MOV    A,@R1      与    MOVX   A,@R1
MOVX   A,@R0      与    MOVX   A,@DPTR
MOVX   A,@DPTR    与    MOVC   A,@A+DPTR
```

8．已知单片机的片内 RAM 中（30H）=38H、（38H）=40H、（40H）=48H、（48H）=90H。请说明下面各是什么指令和寻址方式，每条指令执行后目的操作数的结果。两段程序是独立的。

程序段一：

```
MOV    P1,#0FH
MOV    40H,30H
MOV    P0,48H
MOV    48H,#30H
MOV    DPTR,#1234H
```

程序段二：

```
MOV    A,40H
MOV    R0,A
MOV    @R0,30H
MOV    R0,38H
MOV    A,@R0
```

9．已知单片机中（A）=23H、（R1）=65H、（DPTR）=1FECH，片内 RAM 中（65H）=70H，ROM 中（205CH）=64H。试分析下列各条指令执行后目标操作数的内容。

```
MOV    A,@R1
MOVX   @DPTR,A
MOVC   A,@A+DPTR
XCHD   A,@R1
```

10．已知单片机中（R1）=76H、（A）=76H、（B）=4、CY=1，片内 RAM 中（76H）=0D0H、（80H）=6CH。试分析下列各条指令执行后目标操作数的内容和相应标志位的值。

```
ADD    A,@R1
SUBB   A,#75H
MUL    AB
DIV    AB
ANL    76H,#76H
ORL    A,#0FH
XRL    80H,A
```

11．已知单片机中（A）=83H、（R0）=17H，片内 RAM 中（17H）=34H。试分析当执行完下面程序段后累加器 A、R0、17H 单元的内容。

```
ANL    A,#17H
ORL    17H,A
XRL    A,@R0
CPL    A
```

12．阅读下面程序段，说明该段程序的功能。

```
        MOV    R0,#40H
        MOV    R7,#10
        CLR    A
LOOP:
        MOV    @R0,A
        INC    A
        INC    R0
        DJNZ   R7,LOOP
        SJMP   $
```

13．阅读下面程序段，说明该段程序的功能。

```
        MOV    R0,#50H
        MOV    R1,#00H
        MOV    P2,#01H
        MOV    R7,#20
LOOP:
```

```
MOV     A,@R0
MOVX    @R1,A
INC     R0
INC     R1
DJNZ    R7,LOOP
SJMP    $
```

14．阅读下面程序段，说明该段程序的功能。

```
MOV     R0,#40H
MOV     A,@R0
INC     R0
ADD     A,@R0
MOV     43H,A
CLR     A
ADDC    A,#0
MOV     42H,A
SJMP    $
```

15．编写程序，用位处理指令实现"P1.4=P1.0∨（P1.1∧P1.2）∨P1.3"的逻辑功能。

16．编写程序，若累加器 A 的内容分别满足下列条件，则程序转到 LABLE 存储单元，否则顺序执行。设 A 中存放的是无符号数。

（1）A≥10；　　　（2）A>10；　　　（3）A≤10。

17．编写程序，把片外 RAM 从 0100H 开始存放的 16 字节数据，传送到片内从 30H 开始的单元中。用 Keil C 编译并调试运行，观察、对比两个存储器中的数据。

18．片内 RAM 的 30H 和 31H 单元中存放着一个 16 位的二进制数，高位在前，低位在后。编写程序对其求补，并存回原处。

19．片内 RAM 的 30H 和 33H 单元中存放着两个 16 位的无符号二进制数，高位在前，低位在后，将其相加，其结果保存到 30H、31H 单元，高位放在前面。用 Keil C 编译并调试运行，观察、分析存储器中数据的变化情况。

20．片内 RAM 的 30H 和 33H 单元中存放着两个 16 位的无符号二进制数，高位在前，低位在后，将其相减（前面数减去后面数），其结果保存到 30H、31H 单元，高位放在前面。

21．片内 RAM 中有两个 4 字节压缩的 BCD 码形式存放的十进制数，一个存放在 30H～33H 单元中，另一个存放在 40H～43H 单元中，高位数在低地址。编写程序将它们相加，结果的 BCD 码存放在 30H～33H 中。用 Keil C 编译并调试运行，观察、分析存储器中的数据。

22．编写程序，查找片内 RAM 的 30H～50H 单元中是否有 55H 这一数据，若有，则 51H 单元置为 FFH；若未找到，则将 51H 单元清 0。用 Keil C 编译并调试运行，观察、分析 51H 中的数据是否正确。

23．编写程序，查找片内 RAM 的 30H～50H 单元中出现 0 的次数，并将查找的结果存入 51H 单元。用 Keil C 编译并调试运行，观察、分析 51H 中的数据是否正确。

24．编写程序，将程序存储区地址从 0010H 开始的 20 个字节数据，读取到片内 RAM 从 30H 单元开始的区域，然后用冒泡法从大到小进行排序。用 Keil C 编译并调试运行，观察、对比两个存储器中的数据，分析是否正确。

第4章 单片机 C 语言及程序设计

本章主要讨论 C51 变量的定义和函数的定义。内容主要有：C51 数据的类型、C51 变量的定义及存储区域、位变量的定义、特殊功能寄存器的定义、指针的定义、函数的定义与混合编程等。

本章学习的前提是，认为读者已经学习过 C 语言，具有 C 语言的基本知识，因此，本章内容完全是结合单片机来讲解，也就是补充 C 语言在单片机方面的概念、数据定义和函数定义等。通过本章学习，读者能够比较顺利地编写 C51 程序。

4.1　C51 概述

随着单片机性能的不断提高，C 语言编译调试工具的不断完善，以及现在对单片机产品辅助功能的要求、对开发周期不断缩短的要求，使得越来越多的单片机编程人员转向使用 C 语言，因此有必要在单片机课程中讲授"单片机 C 语言"。为了与 ANSI C 区别，人们把"单片机 C 语言"称为"C51"，也称为"Keil C"。

4.1.1　C 语言编程的优势

在编程方面，使用 C51 较汇编语言有诸多优势。

1. 编程容易

使用 C 语言编写程序要比汇编语言简单得多，特别是比较复杂的程序。如复杂的条件表达、复杂的条件判断、复杂的循环嵌套等。

2. 容易实现复杂的数值计算

使用过汇编语言的人们都知道，用汇编语言实现诸如小数加减运算、多位数乘除等简单的运算，其程序编写都非常麻烦，更不要说像指数运算、三角函数等稍微复杂的运算，以及更为复杂的运算。使用 C 语言，则可以轻松地实现复杂的数值计算，借助于库函数，能够完成各种复杂的数据运算。

3. 容易阅读与交流

C 语言是高级语言，其程序阅读起来比汇编语言程序要容易得多，因此也便于交流与相互学习。

4. 容易调试与维护程序

用 C 语言编写的程序要比汇编语言程序短小精悍，加上容易阅读，因此 C 语言程序更容易调试，并且维护起来也比汇编语言程序容易得多。

5. 容易实现模块化开发

使用 C 语言开发程序，数据交换可以方便地通过约定来实现，有利于多人同时进行大项目的合作开发。同时 C 语言的模块化开发方式，使开发出来的程序模块可以不经过修改，直接被其他项目所用，这样就可以很好地利用已有的、大量的 C 程序资源和丰富的库函数，从而最大程度地实现资源共享。

6. 程序可移植性好

现在各种不同的单片机及嵌入式系统，所使用的 C 语言都是 ANSI C，因此在某个单片机或者嵌入式系统下开发的 C 语言程序，只需要将部分与硬件相关的地方和编译连接的参数做适当的修改，就可方便地移植到另外一种单片机或嵌入式系统上。

4.1.2　C51 与 ANSI C 的区别

C51 与 ANSI C 的区别是因为 CPU（位数、结构）、存储器和外部设备（显示器、输入设备、磁盘等）的不同，以及不使用操作系统等引起的。C51 是 MCS-51 单片机的 ANSI C，单片机与 PC 机的差异，主要由 C51 编译器（如 Keil C）处理，一些库函数的差异，也由编译器的开发做了修改，因此，我们使用 C51 编程，如基本语法、数据结构、程序结构、程序组织等各个方面，与使用 ANSI C 的感觉基本上是一样的。

但是，C51 与 ANSI C 之间是有差异的，从单片机应用编程的角度来看，主要有以下几个方面。

1. 变量的定义问题

指的一般变量的定义，如字符型、整型、浮点型、各种数组、各种结构体等。我们知道，变量要存放在存储器中，PC 机的数据和程序使用同一个存储器（内存条），因此其变量都保存在唯一的存储空间，而单片机的存储器结构比 PC 机复杂，有 4 个存储空间、7 个存储区，必须要指明变量存放的存储器空间和具体的区域。这是 ANSI C 中所没有的，是需要解决的最重要的问题之一。见 4.3 节。

2. 特殊功能寄存器的使用问题

这是 ANSI C 中所没有的。我们知道，掌握和使用好特殊功能寄存器对于应用单片机是至关重要的。在 C51 增加了两种"特殊功能寄存器数据类型"，使用之前，像一般变量一样，需要先定义再使用，必须掌握其定义方法。见 4.4 节。

3. 位变量的定义问题

这也是 ANSI C 中所没有的，在 C51 增加了两种"位数据类型"。见 4.5 节。

4. 指针的定义问题

同变量一样，与 ANSI C 的差异是由复杂的存储器引发，主要是指针指向的是哪个存储器空间、哪个存储区域。见 4.6 节。

5. 函数、中断服务函数的定义问题

ANSI C 中所有函数都是可重入的，可以递归嵌套调用，但在 C51 中一般不能够递归嵌套调用，只有定义时有相关说明才行。关于中断服务函数，ANSI C 中没有，C51 中引入了关键字以解决中断服务函数的定义问题。见 4.8 节。

6. 混合编程问题

由于单片机与 PC 机在 CPU 和存储器方面的差异，二者汇编语言的格式不同，再加上单片机存储器的复杂性，它们混合编程的规则也不同。一般 PC 机程序很少混合编程，但在单片机中常混合编程。见 4.9 节。

7. 库函数的差异问题

由于 PC 机与单片机外设的差异，如 PC 机的标准输入/输出设备（显示器和键盘）、磁盘等设备，单片机中都没有，单片机也不使用操作系统、文件系统，因此 C51 中没有相关的库函数，如屏幕、显示、图形、磁盘操作、文件操作等函数都没有。但 C51 中增加了一些单片机特有的库函数，如循环移位、绝对地址访问等函数。见本书后边的附录 C。另外一个很大的差异就是，ANSI C 中的 I/O 函数，在 C51 中的操作对象是串行口，见 4.7 节。

这些问题是用 C 语言编写单片机程序的主要障碍，即便是 C 语言学习得很好，编程非常熟练的人，也必须解决以上问题才能够顺利编写单片机程序，本章内容就是要解决这些问题。

4.1.3 C51 扩充的关键字

C51 虽然是在 ANSI C 的基础上发展起来的，但是由于单片机在结构及编程上的特殊要求，C51 有自己的特殊关键字，称之为 C51 扩充的关键字，下面给出常用的 C51 扩充的关键字。

_at_	bdata	bit	code
data	idata	interrupt	pdata
reentrant	sbit	sfr	sfr16
using	volatile	xdata	

这些关键字在后面会陆续接触到，此处先不给出它们的含义。

4.2 C51 数据类型及存储

4.2.1 C51 的数据类型

1. C51 中基本的数据类型

根据单片机的结构，C51 有 10 种基本的数据类型。各种数据类型的表示方法（关键字）、长度（字节数），以及数值范围如表 4-1 所示。

表 4-1 C51 数据类型、长度和数值范围

数据类型	表示方法	长度	数值范围
无符号字符型	unsigned char	1 字节	0～255
有符号字符型	signed char	1 字节	−128～127
无符号整型	unsigned int	2 字节	0～65535
有符号整型	signed int	2 字节	−32768～32767
无符号长整型	unsigned long	4 字节	0～4294967295
有符号长整型	signed long	4 字节	−2147483648～2147483647
浮点型	float	4 字节	±1.1755E−38～±3.403E+38（7 位有效数字）
双精度型	double	8 字节	±2.225E−308～±1.798E+308（16 位有效数字）
特殊功能寄存器型	sfr sfr16	1 字节 2 字节	0～255 0～65535
位类型	bit sbit	1 位	0 或 1

特殊功能寄存器类型数据有两种，sfr 和 sfr16。sfr 为 8 位单字节，sfr16 为 16 位双字节，数值范围：分别为 0～255 和 0～65535。

特殊功能寄存器类型数据是 C51 中扩充的数据类型，用于访问 MCS-51 单片机中的特殊功能寄存器。在 C51 中，所有的特殊功能寄存器必须先用 sfr 或 sfr16 定义，然后才能够访问。

位类型数据有两种，bit 和 sbit。长度都是 1 个二进制位，数值为 0 或 1。位类型数据是

C51 中扩充的数据类型，用于访问 MCS-51 单片机中的可按位寻址的区域。

2. 数据类型转换

（1）自动转换

1）如果计算中包含不同数据类型时，则根据情况，先自动转换成相同类型数据，然后进行计算。转换规则是向高精度数据类型转换、向有符号数据类型转换。C51 的 10 种数据类型除了位类型数据外，都能够自动转换。

2）关于特殊功能寄存器类型数据的赋值与运算。特殊功能寄存器类型变量可以给字符型或整型变量赋值，可以反向赋值，还可以与字符型或整型变量做逻辑运算、算数运算。

3）关于位类型数据的赋值与运算。位变量可以给字符型或整型变量赋值。可以与字符型或整型变量做逻辑运算；但不能直接做算数运算，可以经过强制转换后做算数运算。

（2）强制转换

像 ANSI C 一样，通过强制类型转换的方式进行转换。位变量可以强制转换成字符型或整型变量，只有强制转换后才能够参与算数运算。如：

```
float f;
unsigned int d;
unsigned char c;
bit b=1;
f=(int)d;
c=c+(char)b;                    //位变量必须经过强制转换才能够参与算数运算
```

4.2.2　C51 的数据存储

MCS-51 单片机只有 bit 和 unsigned char 两种数据类型支持机器指令，而其他类型的数据都需要转换成 bit 或 unsigned char 型进行存储，因此为了减少单片机的存储空间和提高运行速度，要尽可能地使用 unsigned char 型数据。

1. 位变量的存储

bit 和 sbit 型位变量，被直接存储在 RAM 的位寻址空间，包括低 128 位和特殊功能寄存器位。

2. 字符型变量的存储

字符型变量（char）无论是 unsigned char 数据还是 signed char 数据，均为 1 个字节，即 8 位，因此被直接存储在 RAM 中，可以存储在 0～0x7f 区域（包括位寻址区域），也可以存储在 0x80～0xff 区域，与变量的定义有关。signed char 数据用补码表示。

需要指出的是，虽然 signed char 数据和 unsigned char 数据都是一个字节，但是在处理中是不一样的，unsigned char 数据可以直接被 MSC-51 接受，而 signed char 数据需要额外的操作来测试、处理符号位，使用的是两种库函数，代码增加不少，运算速度也会降低。

3. 整型变量的存储

整型变量（int）不管是 unsigned int 数据还是 signed int 数据，均为 2 个字节，即 16 位，其存储方法是高位字节保存在低地址（在前面），低位字节保存在高地址（在后面）。signed int 数据用补码表示。如整型变量的值为 0x1234，在内存中的存放如图 4-1 所示。

4. 长整型变量的存储

长整型变量（long）为 4 个字节，即 32 位，其存储方法与整型数据一样，是最高位字节保存的地址最低（在最前面），最低位字节保存的地址最高（在最后面）。不管是 unsigned long

数据还是 signed long 数据。如长整型变量的值为 0x12345678，在内存中的存放如图 4-2 所示。

图 4-1   整型数的存储结构   图 4-2   长整型数的存储结构   图 4-3   浮点数的存储结构

5. 浮点型变量的存储

浮点型变量（fload）为 32 位，占 4 个字节，用指数方式（即阶码和尾数）表示，其具体格式与编译器有关。对于 Keil C，采用的是 IEEE-754 标准，具有 24 位精度，尾数的最高位始终为 1，因而不保存。具体分布为：1 位符号位，8 位阶码位，23 位尾数，如图 4-4 所示。符号位为 1 表示负数，0 表示正数。阶码用移码表示，如，实际阶码-126 用 1 表示，实际阶码 0 用 127 表示，实际阶码 128 用 255 表示，即实际阶码数加上 127 得到阶码的表达数。阶码的 1～255 表示实际阶码值-126～+128，即阶码的计数范围为：-126～+128。

字节地址偏移量	0	1	2	3
浮点数内容	SEEEEEEE	EMMMMMMM	MMMMMMMM	MMMMMMMM

S：符号位，占 1 位；E：阶码位，占 8 位；M：尾数，占 23 位

图 4-4   浮点数的格式

如浮点变量的值为-12.5，符号位为 1，12.5 的二进制数为 1100.1=1.1001E+0011，阶码数值为 3+127=130=10000010B，尾数为 1001。因此，-12.5 的浮点数二进制数如图 4-5 所示，其十六进制数为 0xC1480000，则存储结构如图 4-3 所示。

字节地址偏移量	0	1	2	3
浮点数内容	11000001	01001000	00000000	00000000

图 4-5   浮点数-12.5 的二进制形式

4.3   C51 一般变量的定义

4.3.1   C51 变量的定义

C51 变量（非位变量）定义的一般格式为：

[存储类型] 数据类型 [存储区] 变量名 1[=初值] [,变量名 2[=初值]] [,…]   （公式 4-1）

或

[存储类型] [存储区] 数据类型 变量名 1[=初值] [,变量名 2[=初值]] [,…]   （公式 4-1′）

可见变量（非位变量）的定义由 4 部分组成，即在变量定义时，指定变量的 4 种属性。对于数据类型，在前面的 4.2 节中已经叙述过，对于变量名也无须多说，下面主要解释"存储

类型"和"存储区"等概念。

4.3.2 C51 变量的存储类型

存储类型这个属性我们仍沿用 ANSI C 的规定, 不改变原来的含义。

按照 ANSI C, C 语言的变量共有 4 种存储类型: 动态存储 (auto)、静态存储 (static)、外部存储 (extern, 外部文件变量, 存储在其他文件中) 和寄存器存储 (register)。

1. 动态存储

用 auto 定义的为动态变量, 也叫自动变量, 其作用范围在定义它的函数内或复合语句内。当定义它的函数或复合语句执行时, C51 才为变量分配存储空间, 结束时所占用的存储空间释放。

定义变量时, auto 可以省略, 或者说如果省略了存储类型项, 则认为是动态变量。动态变量一般分配使用寄存器或堆栈。

2. 静态存储

用 static 定义的为静态变量, 分为内部静态变量和外部静态变量。

在函数体内定义的为内部静态变量, 内部静态变量在函数内可以任意使用和修改, 函数运行结束后, 内部静态变量会一直存在, 但在函数外不可见, 即在函数体外得到保护。

在函数体外部定义的为外部静态变量, 外部静态变量在定义的文件内可以任意使用和修改, 外部静态变量会一直存在, 但在文件外不可见, 即在文件外得到保护。

3. 外部存储

用 extern 声明的变量为外部变量, 是在其他文件定义过的全局变量, 用 extern 声明后, 便可以在声明的文件中使用。

需要注意的是: 在定义变量时, 即便是全局变量, 也不能使用 extern 定义。

4. 寄存器存储

使用 register 定义的变量为寄存器变量, 寄存器变量存放在 CPU 的寄存器中, 这种变量处理速度快, 但数目少。C51 编译器在编译时, 能够自动识别程序中使用频率高的变量, 并将其安排为寄存器变量, 用户不用专门声明。

4.3.3 C51 变量的存储区

变量的存储区属性是单片机扩展的概念, 它涉及到 7 个新的关键字, 如表 4-2 第一列。

表 4-2 C51 存储区域与 MCS-51 存储空间的对应关系

存储区域	对应的存储空间及范围
data 区	片内数据区的低 128 字节, 直接寻址
bdata 区	片内数据区的位寻址区 0x20~0x2f, 16 字节、128 位, 位地址 0x00~0x7f, 也可按字节访问
idata 区	片内数据区, 地址 0x00~0xff, 256 字节, 间接寻址
pdata 区	片外数据区, 地址 0x00~0xff, 256 字节, 用 "MOVX @Ri" 访问, 默认 P2 为 0
xdata 区	片外数据区的全空间, 64KB
code 区	程序存储器的全空间, 64KB
sfr 区	特殊功能寄存器区, 地址 0x80~0xff, 128 字节, 直接寻址。该区只能够定义特殊功能寄存器类型变量 (见 4.4 节), 不能够定义一般数据类型的变量

在 PC 机程序中，对变量存储区的属性涉及较少，但是在嵌入式系统，特别是 MCS-51 单片机，变量的存储区这一属性非常重要。

我们知道，MCS-51 单片机有四个存储空间，分成三类，它们是：片内数据存储空间、片外数据存储空间和程序存储空间，由于片内数据存储器和片外数据存储器又分成不同的区域，所以变量有更多的存储区域，在定义时，必须明确指出是存放在哪个区域。表 4-2 给出了存储区域关键字、含义以及与单片机存储空间的对应关系，图 4-6 给出了分布图。

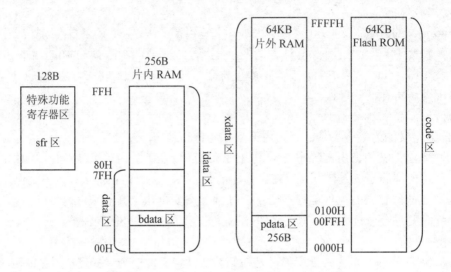

图 4-6   MCS-51 单片机存储区分布示意图

片内数据比片外数据的访问速度快，所以要尽可能地使用片内数据区。程序存储空间主要是存放常数，如数码管显示段码、音乐乐谱、汉字字模、曲线数据等。

4.3.4   C51 变量定义举例

1）定义存储在 data 区域的动态 unsigned char 时、分、秒变量：

```
unsigned char data hour=0, minu=0, sec=0;          //定义时、分、秒，并且赋初值 0，省略了 auto，下同
```

2）定义存储在 data 区域的静态 unsigned char 扫描码变量：

```
static unsigned char data scan_code=0xfe;          //定义数码管显示的位扫描码
```

3）定义存储在 data 区域的静态 unsigned int 一般性变量：

```
static unsigned int data dd;          //定义一般应用目的的变量
```

4）定义存储在 bdata 区域的动态 unsigned char 标示操作的变量：

```
unsigned char bdata operate;          //定义指示各种操作的可位寻址的变量
```

5）定义存储在 idata 区域的动态 unsigned char 临时数组：

```
unsigned char idata temp[20];          //定义临时使用的数组
```

6）定义在 pdata 区域的用于发送数据的动态有符号 int 数组：

```
int pdata send_data[30];          //定义存放发送数据的数组
```

7）定义存储在 xdata 区域的用于接收数据的动态 unsigned int 数组：

```
unsigned int xdata receiv_buf[50];          //定义存放接收数据的数组
```

8）定义存储在 code 区域的 unsigned char 数码管段码数组：

```
unsigned char code dis_code[10]= {0x3f,0x06,0x5b,0x4f,0x66,0x6d,0x7d,0x07,0x7f,0x6f};
                                  //定义共阴极数码管显示 0～9 段码数组
```

4.3.5　C51 变量的存储模式

如果在定义变量时缺省了存储区属性，则编译器会自动选择默认的存储区域，也就是存储模式，变量的存储模式也就是程序（或函数）的编译模式，编译模式分为三种，分别是小模式（small）、紧凑模式（compact）和大模式（large）。编译模式由编译控制命令"#pragma small(或 compact、large)"决定。

存储模式（编译模式）决定了变量的默认存储区域和参数的传递方法。

1. small 模式

在 small 模式下，变量的默认存储区域是"data"、"idata"，即未指出存储区域的变量保存到片内数据存储器中，并且堆栈也安排在该区域中。small 模式的特点是存储容量小，但速度快。在 small 模式下，参数的传递是通过寄存器、堆栈或片内数据存储区完成的。

2. compact 模式

在 compact 模式下，变量的默认存储区域是"pdata"，即未指出存储区域的变量保存到片外数据存储器的一页中，最大变量数为 256 字节，并且堆栈也安排在该区域中。compact 模式的特点是存储容量较 small 模式大，速度较 small 模式稍慢，但比 large 模式要快。在 compact 模式下，参数的传递是通过片外数据区的一个固定页完成的。

3. large 模式

在 large 模式下，变量的默认存储区域是"xdata"，即未指出存储区域的变量保存到片外数据存储器，最大变量数可达 64KB，并且堆栈也安排在该区域中。large 模式的特点是存储容量大，速度慢。在 large 模式下，参数的传递也是通过片外数据存储区完成的。

C51 支持混合模式，即可以对函数设置编译模式，所以在 large 模式下，可以对某些函数设置为 compact 模式或 small 模式，从而提高运行速度。如果文件或函数未指明编译模式，则编译器按 small 模式处理。编译模式控制命令"#pragma small(或 compact、large)"应放在文件的开始。

4.3.6　C51 变量的绝对定位

在一些情况下，希望把一些变量定位在某个固定地址上，如 I/O 端口和指定访问某个单元等。C51 有三种方式可以对变量绝对定位：绝对定位关键字_at_，指针，库函数的绝对定位宏。对于后两种方式，在后面指针一节介绍。

C51 扩展的关键字_at_专门用于对变量作绝对定位，_at_使用在变量的定义中，其格式为：

[存储类型] 数据类型 [存储区] 变量名 1 _at_　地址常数[,变量名 2…]　　（公式 4-2）

这里的地址常数值必须在存储区域的地址范围之内。下面举例说明_at_的使用方法。

1）对 idata 区域中的 unsigned char 数组 cc 作绝对定位：

```
unsigned  char  idata  cc[10]  _at_  0x60;                //将数组 cc 定位在 0x60 开始处
```

2）对 xdata 区域中的 unsigned char 设备变量 ADC0809 作绝对定位：

```
unsigned  char  xdata  ADC0809  _at_  0x7fff;             //将设备变量 ADC0809 定位在 0x7fff
```

该变量的绝对定位，实际上是指定 A/D 转换器 ADC0809 的端口地址，其地址是 0x7fff。

3）对 xdata 区域中的 unsigned char 设备变量 printer_port 作绝对定位：

```
unsigned  char  xdata  printer_port  _at_  0xbfff;        //将设备变量 printer_port 定位在 0xbfff
```

该变量实际上是指定打印机的端口地址，其地址是 0xbfff。

说明：

① 绝对地址变量在定义时不能初始化，因此不能对 code 型变量绝对定位。

② 绝对地址变量只能够是全局变量，不能在函数中定义。

③ 一次可以定义多个绝对定位的变量。

④ 一般情况下不对变量做绝对定位，绝对地址变量主要用于定义在 xdata 区域的设备变量，如上面的例子及后面的例 8-1 ~ 例 8-3，以及第 9 章的一些电路和例题等。

⑤ 位变量不能被绝对定位。

4.3.7　C51 设备变量的概念

由于单片机广泛地应用于控制，4 个 I/O 口 P0～P3 可能都接有设备，也可能使用总线方式连接设备，某些口甚至以位方式控制设备。如 P1 口接有键盘；P0、P2 口以总线方式控制有显示器、A/D 和 D/A 转换器、扩展有并行口等；P3 控制发声、各种电气设备启停，检测各种设备状态，模拟 UART、SPI、IIC 接口等。

C 语言的输入/输出，都是通过定义这些 I/O 口对应的变量（字符型、位型）进行操作的。这些变量通过设备端口（概念见 8.1 节）获得数据和赋值，对设备产生影响，或将设备的状态传递给单片机，单片机对状态信息进行分析，再对设备做出相应控制。这样的变量与一般数据型变量有很大的区别，一般数据型变量访问的是存储器，不会对系统设备产生影响。为了对这两种变量进行区分，对于前者，可以将其统称为"设备变量"。

在设备变量中，以总线方式连接的设备变量最复杂，初学者对其定义及操作过程往往感到不好理解而出错。为了加强对这类变量的理解，我们特将其称为"设备变量"。以后再说到"设备变量"，都是指此类变量。

关于设备变量的说明：

① 设备变量是通过设备端口获得数据和赋值的变量，与一般数据型变量不同。

② 设备变量是无符号字符型变量（因总线数据是 8 位、从设备的读取一般是无符号数）。

③ 设备变量有确定的端口地址（公式 4-2 中的地址常数，其值决定于电路中 P0、P2 口与设备的连接），通过读写操作控制信号对设备进行数据输入/输出。

④ 对设备变量赋值，是单片机对设备写数据，单片机是输出；把设备变量的值赋给其他变量，是单片机从设备读取数据，单片机是输入。

⑤ 一个设备可以有多个意义不同的设备变量，其数量决定于设备的特性（与设备的端口对应，见 8.1 节）。

4.4　C51 特殊功能寄存器的定义

对于 MCS-51 单片机，特殊功能寄存器的定义分为 8 位单字节寄存器和 16 位双字节寄存器两种，分别使用关键字 sfr、sfr16 定义。

4.4.1　8 位特殊功能寄存器的定义

定义的一般格式为：

$$\text{sfr 特殊功能寄存器名 = 地址常数} \qquad \text{（公式 4-3）}$$

对于 MCS-51 单片机，地址常数为 8 位，其范围为 0x80～0xff。特殊功能寄存器定义如下

（参见 reg51.h、reg52.h 等文件）：

```
sfr   P0=0x80;                //定义 P0 口映射的特殊功能寄存器
sfr   P1=0x90;                //定义 P1 口映射的特殊功能寄存器
sfr   PSW=0xd0;               //定义程序状态寄存器 PSW
sfr   IE=0xa8;                //定义中断控制寄存器 IE
```

4.4.2　16 位特殊功能寄存器的定义

定义的一般格式为：

$$\text{sfr16}\quad 特殊功能寄存器名 = 地址常数 \qquad\qquad （公式 4-4）$$

对于 MCS-51 单片机，地址常数仍然为 8 位，其范围也是在 0x80～0xff，并且为低字节的地址。例如：

```
sfr16   DPTR=0x82;
sfr16   T2=0xcc;
sfr16   RCAP2=0xca;
```

DPTR 为 16 位的寄存器，包含两个 8 位特殊功能寄存器 DPL 和 DPH，其地址分别为 0x82 和 0x83。T2 表示 16 位的定时器/计数器 2，包含 TL2 和 TH2 两个 8 位特殊功能寄存器，其地址分别为 0xcc 和 0xcd。RCAP2 表示 T2 中 16 位的捕获、初值重装寄存器，包含 RCAP2L 和 RCAP2H 两个 8 位特殊功能寄存器，0xca 为 RCAP2L 的地址，RCAP2H 的地址为 0xcb。

从上面的例子可以看出，只要是相邻的两个 8 位特殊功能寄存器，都可以用 "sfr16" 定义成一个 16 位的特殊功能寄存器。但是，只有两个寄存器意义相同时，所定义的 16 位特殊功能寄存器才有意义。

说明：

① 定义特殊功能寄存器中的地址必须在 0x80～0xff 范围内。

② 定义特殊功能寄存器，必须放在函数外面作为全局变量，而不能在函数内部定义。

③ 用 sfr 或 sfr16 每次只能定义一个特殊功能寄存器。

④ 用 sfr 或 sfr16 定义的是绝对定位的变量（因为名字是与确定地址对应的），具有特定的意义，在应用时不能像一般变量那样随便使用。

4.5　C51 位变量的定义

因为 MCS-51 单片机有可以按位操作的 bdata 区域和特殊功能寄存器，因此，对应 C 语言，应该有能够定义按位操作的位变量。C51 的位变量分为两种类型：bit 型和 sbit 型。

4.5.1　bit 型位变量的定义

常说的位变量指的就是 bit 型位变量。C51 的 bit 型位变量定义的一般格式为：

$$[存储类型] \text{ bit } 位变量名 1[=初值] [,位变量名 2[=初值] [,\cdots]] \qquad （公式 4-5）$$

bit 位变量被保存在 RAM 中的 "bdata" 位寻址区域（字节地址为 0x20～0x2f，16 字节）。位变量定义举例如下：

```
bit    flag_run,flag_alarm,receiv_bit=0;     //连续定义 3 个位变量，最后 1 个还赋了初值
static  bit  send_bit;                        //定义静态位变量 send_bit
```

说明：

① bit 型位变量与其他变量一样，可以作为函数的形参，也可以作为函数的返回值，即函

数的类型可以是位型的。

② 位变量不能使用关键字"_at_"绝对定位。

③ 位变量不能定义指针，不能定义数组。

4.5.2 sbit 型位变量的定义

在可以按位操作的 bdata 区域和特殊功能寄存器中，都可以定义 sbit 型位变量，为了清楚起见，分开讨论。

1. SFR 中 sbit 型位变量的定义

对于能够按位寻址的特殊功能寄存器，可以对寄存器各位定义位变量。因为这种位变量定义在特定的位置，具有特定的意义，因此应该是 sbit 型位变量。其定义的一般格式为：

> sbit 位变量名 = 位地址表达式 （公式 4-6）

这里的位地址表达式有三种形式：直接位地址、特殊功能寄存器名带位号、字节地址带位号。

（1）用直接位地址定义位变量

这种情况下位变量的定义格式为：

> sbit 位变量名 = 位地址常数 （公式 4-6a）

这里的位地址常数范围为 0x80~0xff，但单片机中没有启用的位不能够使用。例如：

```
sbit  P0_0=0x80;
sbit  P1_1=0x91;
sbit  RS0=0xd3;                    //实际定义的是特殊功能寄存器 PSW 的第 3 位
sbit  ET0=0xa9;                    //实际定义的是特殊功能寄存器 IE 的第 1 位
```

（2）用特殊功能寄存器名带位号定义位变量

这时位变量的定义格式为：

> sbit 位变量名 = 特殊功能寄存器名^位号常数 （公式 4-6b）

这里的位号常数为 0~7。例如：

```
sbit  P0_3=P0^3;
sbit  P1_4=P1^4;
sbit  OV=PSW^2;                    //实际定义的是特殊功能寄存器 PSW 的第 2 位
sbit  ES=IE^4;                     //实际定义的是特殊功能寄存器 IE 的第 4 位
```

（3）用字节地址带位号定义位变量

在这种情况下位变量的定义格式为：

> sbit 位变量名 = 字节地址^位号常数 （公式 4-6c）

这里的位号常数同上，为 0~7。例如：

```
sbit  P0_6=0x80^6;
sbit  P1_7=0x90^7;
sbit  AC=0xd0^6;                   //实际定义的是特殊功能寄存器 PSW 的第 6 位
sbit  EA=0xa8^7;                   //实际定义的是特殊功能寄存器 IE 的第 7 位
```

2. bdata 区域中 sbit 型位变量的定义

因为片内 RAM 中的 bdata 区域既可以按字节操作，也可以按位操作，因此定义在 bdata 区域中的字符型（或整型、长整型）变量，可以对各位定义位变量。由于这种位变量与特定的变量的特定位相联系，因此，属于 sbit 型位变量。其定义格式为：

> sbit 位变量名 =bdata 区变量名^位号常数 （公式 4-7）

式中，bdata 区的变量在此之前应该是定义过的，可以是字符型、整型、长整型，对应的位号常数应该为 0～7、0～15 和 0～31，多数情况下是字符型变量。例如：

```
unsigned   char   bdata   operate;                    //定义无符号字符型变量 operate 在 bdata 区域
```

对 operate 的低 4 位作位变量定义：

```
sbit   flag_key=operate^0;                    //定义键盘有键按下标志位变量
sbit   flag_dis=operate^1;                    //定义显示器显示标志位变量
sbit   flag_mus=operate^2;                    //定义音乐演奏标志位变量
sbit   flag_run=operate^3;                    //定义设备运行标志位变量
```

实际上公式 4-7 和公式 4-6b 是一样的，bdata 区域中 sbit 型位变量的定义仅有这一种形式。

说明：

① 用 sbit 定义的位变量，必须能够按位寻址和按位操作，而不能够对无位操作功能的位定义位变量。如 PCON 中的各位不能用 sbit 定义位变量，因为 PCON 不能按位寻址。

② 用 sbit 定义位变量，必须放在函数外面作为全局位变量，而不能在函数内部定义。

③ 用 sbit 每次只能定义一个位变量。

④ 对其他模块定义的位变量的引用声明，使用 bit。例如：extern bit P1_7;。

⑤ 用 sbit 定义在特殊功能寄存器中（位地址为 0x80～0xff）的位变量，具有特定的意义，在应用时不能像 bit 型位变量那样随便使用。

⑥ 用 sbit 定义在 bdata 区域中（位地址为 0x00～0x7f）的位变量，与 bit 型位变量一样可以随便使用。

4.6　C51 指针与结构体的定义

由于 MCS-51 单片机有三种不同类型的存储空间，并且空间范围也不同，因此 C51 指针的内容更丰富，除了像变量的四种属性（存储类型、数据类型、存储区、变量名）外，按存储区，还可以将指针分为通用指针和不同存储空间的专用指针。

4.6.1　通用指针

所谓通用指针，就是通过该类指针可以访问所有的存储空间，所以在 C51 库函数中通常使用这种指针来访问。通用指针用 3 个字节来存储，第一个字节为指针所指向的存储空间区域，第二个字节为指针地址的高字节，第三个字节为指针地址的低字节。

通用指针的定义与一般 C 语言的指针定义相同，其格式为：

$$[存储类型]　数据类型　*指针名 1 [,*指针名 2] [,\cdots] \qquad （公式 4-8）$$

例如：

```
unsigned   char   *cc;
int   *dd;
long   *numptr;
static   char   *ccptr;
```

通用指针的特点一是可以访问所有的存储空间，二是定义简单，不需要考虑最容易出现问题的"存储区域"；但通用指针占用空间多、访问速度慢，所以在实际应用中，要尽可能地使用专用指针。

4.6.2　存储器专用指针

所谓存储器专用指针，就是通过该类指针，只能够访问规定的存储区。指针本身占用 1 个字节（data *、idata *、bdata *、pdata *）或 2 个字节（xdata *、code *）。存储器专用指针的一般定义格式为：

[存储类型] 数据类型 指向存储区 *[指针存储区] 指针名 1 [,*[指针存储区]指针名 2,…]

（公式 4-9'）

格式中出现了"指向存储区"和"指针存储区"，前者是指针变量所指向的数据存储空间区域，后者是指针变量本身所存储的空间区域，两者可以是同一种区域，但多数情况下不会是同一种区域。例如：

1）unsigned char data *idata cpt1,* idata cpt2;

无符号字符型指针变量 cpt1 和 cpt2 都指向 data 区域，但指针变量 cpt1 和 cpt2 却存储在 idata 区域。

2）signed int idata *data dpt1,*data dpt2;

有符号整型指针变量 dpt1 和 dpt2 都指向 idata 区域，但它们却存储在 data 区域。

3）unsigned char pdata *xdata ppt;

无符号字符型指针变量 ppt 指向 pdata 区域，但 ppt 却存储在 xdata 区域。

4）signed long xdata *xdata lpt;

有符号长整型指针变量 lpt1 指向 xdata 区域，并且存储在 xdata 区域。

5）unsigned char code *data ccpt;

无符号字符型指针变量 ccpt 指向 code 空间，但 ccpt 却存储在 data 区域。

说明：

① 要区分指针变量指向的存储区和指针变量本身所存储的区域。

② 定义时，指针指向的存储区属性不能缺省，缺省后就变成了通用指针。

③ 指针存储区属性可以缺省，缺省时，指针存储在默认的存储区域，其默认存储区域决定于所设定的编译模式。

④ 指向区域不同的指针变量，本身所占的字节数也不同，指向 data、idata、bdata、pdata 区域的指针为单字节；指向 xdata、code 区域的指针为双字节。

由于指针存储区属性可以缺省，为了简单起见，存储器专用指针的定义格式可以写为：

[存储类型] 数据类型 指向存储区 *指针名 1 [,*指针名 2,…]　　　　（公式 4-9）

以后我们基本上使用该公式定义指针，这样显得简单些，并且对初学者来说更容易理解。例如：

```
unsigned char data *cpt1,*cpt2;        //定义指向 data 区域的无符号字符型指针
signed int idata *dpt1,*dpt2;          //定义指向 idata 区域的有符号整型指针
unsigned char pdata *ppt;              //定义指向 pdata 区域的无符号字符型指针
signed long xdata *lpt1,*lpt2;         //定义指向 xdata 区域的有符号长整型指针
unsigned char code *ccpt;              //定义指向 code 区域的无符号字符型指针
```

关于 C51 的数组、结构体、枚举等组合数据类型指针的定义和应用，基本上与 ANSI C 一样，只是在定义和使用中要特别注意存储区的属性，参考上面变量的定义和应用，不再赘述。

4.6.3　指针变换

1. 通用指针格式

由前面的讨论可知，通用指针由 3 个字节组成，第一个字节为数据的存储区域，后两个字节为指针地址，第一个字节的存储区域编码如表 4-3 所示。

表 4-3　通用指针存储区域编码

存储区	idata	xdata	pdata	data	code
编码	1	2	3	4	5

2. 指针转换

指针转换有两种途径，一种是显式的编程转换，另一种是隐式的自动转换。

对于指针的编程转换方法，根据通用指针的结构，由通用指针变量的第一字节，确定指针指向的数据存储区域，或者反过来由数据的存储区域，确定通用指针的第一字节；然后对后两个字节作地址转换。

对于隐式的自动转换，由编译器在进行编译时自动完成。

4.6.4　C51 指针应用

我们知道，指针在 PC 机上的 C 语言中应用很广泛。可以使指针指向变量，通过指针访问变量；可以使指针指向数组，通过指针访问数组；可以使指针指向字符串，通过指针访问字符串；还可以使指针作为函数的参数等。指针的使用方法是：定义一个指向某种类型的指针，同时需要定义一个相同类型的变量，然后把变量的地址赋给指针，这样才能够通过指针访问变量。这种应用，限制指针不能够独立指向任意位置。在单片机中，由于不使用操作系统，指针的应用可以独立于变量，独立指向任意所需要的存储空间位置，但要注意不能够与变量冲突性使用存储空间。

借助于指针，能够方便地对所有空间的任一位置进行访问，也可以访问函数。下面介绍两种访问空间任一单元的方法。

1. 通过专用指针直接访问存储器

该方法访问存储器灵活、方便，并且能够充分体现指针的功能。

使用指针直接访问存储器的方法是：先定义指向某存储区的指针，并给指针赋地址值，然后使用指针访问存储器。例如：

```
unsigned  char  xdata  *xcpt;        //定义指向片外 RAM 的无符号字符型指针
xcpt=0x2000;                         //使指针指向片外 RAM 的 0x2000 单元
*xcpt=123;                           //把 123 送给片外 RAM 的 0x2000 单元
xcpt++;                              //指针增 1，使其指向片外 RAM 的 0x2001 单元
*xcpt=234;                           //把 234 送给片外 RAM 的 0x2001 单元
```

又如：

```
unsigned  int  xdata  *xdpt;         //定义指向片外 RAM 的无符号整型指针
xdpt=0x0048;                         //使指针指向片外 RAM 的 0x0048 单元
*xdpt=0x456;                         //把 0x456 送给片外 RAM 的 0x0048、0x0049 单元
```

例 4-1　编写程序，将单片机片外数据存储器中地址从 0x1000 开始的 20 个字节数据，传送到片内数据存储器地址从 0x30 开始的区域。

程序段如下：

```
unsigned  char  data      i, *dcpt;   //定义指向片内 RAM 的无符号字符型指针和变量
unsigned  char  xdata     *xcpt;      //定义指向片外 RAM 的无符号字符型指针

dcpt=0x30;                            //给指向片内数据区的指针赋地址值 0x30
xcpt=0x1000;                          //给指向片外数据区的指针赋地址值 0x1000
```

```
for(i=0;i<20;i++)
    *(dcpt+i)=*(xcpt+i);                    //通过指针传送数据
```

请思考：dcpt 和 xcpt 两个指针变量存储在什么地方？

下面给出一个稍微综合的例子。

例 4-2　在数字滤波中有一种叫做"中值滤波"的技术，就是对采集的数据按照从大到小或者从小到大的顺序进行排序，然后取其中间位置的数作为采样值。试编写一函数，对存放在片内数据存储器中从 point 地址开始的 num 个单元的数据，用冒泡法排序进行中值滤波，并把得到的中值数据返回。

中值滤波函数如下：

```
unsigned  char  median_filter(unsigned char data *point, unsigned char data num)    //中值滤波函数
{   unsigned char data  *pp,i,j,n,temp;

    for(i=0;i<num-1;i++)               //外层循环 num-1 次
    {   pp=point;                      // pp 指向数据的开始地址 point 处
        n=num-1 - i;                   //n 为内层循环的次数
        for(j=0;j<n;j++)               //内层循环
        {   if(*pp<*(pp+1))            //比较前后两个数的大小
            {   temp=*pp;              //前面数小于后面的数二者交换，从大到小排序
                *pp=*(pp+1);
                *(pp+1)=temp;
            }
            pp++;                      //修改指针，指向下一个数
        }
    }
    pp=point+num/2;                    //指针指向位于中间的数
    return  *pp;                       //返回得到的中值
}
```

2. 通过指针定义的宏访问指定的端口或存储单元

访问指定存储单元或指定端口的宏（变量），用指针方法定义的格式为：

　　　　#define 宏(变量)名 (*(数据类型 volatile 存储区*)地址)　　　　（公式 4-10）

该定义理解为：定义的宏变量，与指定存储区、指定地址中的指定数据类型的数据对应。因为"*x"是定义 x 为指针变量；"*(*x)"为指针 x 指向单元的数据，即为变量；"*(*x)add"中的 add 为赋给指针变量 x 的地址值，因此"*(*)add"就是对应地址 add 的变量。

对公式 4-10 定义的宏变量赋值，其值便以指定的数据类型写到了指定地址，对该宏变量读，便从指定地址读取了指定类型的数据。例如：

```
#define  Port_LCD  (*(unsigned char volatile xdata*)0x7fff)   //定义端口地址为 0x7fff 的设备变量 Port_LCD
unsigned char data busy;                        //定义忙状态变量 busy
busy = Port_LCD;                                //读取 LCD 的状态
if(busy==0)                                     //判断状态，不忙给 LCD 发送数据
    Port_LCD = 0x36;
```

虽然公式 4-10 中的存储区属性可以是 data、idata、bdata、code、pdata、xdata 共 6 种情况，但该宏定义主要用于在片外数据存储区定义设备端口，通过其定义的宏，能够非常方便地访问设备。例如：

```
#define  Port_AD    (*(unsigned char volatile xdata*)0xfeff)       //定义地址为 0xfeff 的 A/D 设备变量
#define  Port_DA    (*(unsigned char volatile xdata*)0xfdff)       //定义地址为 0xfdff 的 D/A 设备变量
```

```
#define   Port_LED     (*(unsigned char volatile xdata*)0xfbff)        //定义地址为 0xfbff 的 LED 设备变量
```

3. 通过指针定义的宏访问存储器

（1）访问存储器宏的定义方法

用指针方法定义访问存储器宏的格式为：

$$\text{#define　宏(数组)名　((数据类型　volatile　存储区*)0)}\qquad（公式 4-11）$$

格式中的数据类型主要为无符号的字符型或整型；格式中的存储区主要使用 data、idata、pdata、xdata 和 code 类型，不使用 bdata 存储区类型，因为它包含在 data 和 idata 区域中。

格式中的关键字"volatile"是单片机中定义的，其含义为：程序在执行中可被隐含地改变，告知编译器不要做优化处理。volatile 常用于定义状态寄存器，因为状态寄存器的值不是程序员设置，而是单片机在运行中由 CPU 设置。在这里不用 volatile 关键字也可以，使用它只是提醒人们，存储区中的数据也可能由其他途径被改变。

实际上 C51 编译器提供了两组用指针定义的访问存储器的宏，访问的存储区域为 data、pdata、xdata、code（没有 idata 类型，无法访问到片内 RAM 高 128 字节的 0x80～0xff 区域，如果需要，可以在程序中自己定义），共 8 个宏定义，其原型如下。

1）按字节访问存储器的宏：

```
#define   CBYTE    ((unsigned char volatile code*)0)        //访问 code 空间
#define   DBYTE    ((unsigned char volatile data*)0)        //访问 data 区域
#define   PBYTE    ((unsigned char volatile pdata*)0)       //访问 pdata 区域
#define   XBYTE    ((unsigned char volatile xdata*)0)       //访问 xdata 区域
```

2）按整型双字节访问存储器的宏：

```
#define   CWORD    ((unsigned int volatile code*)0)         //访问 code 空间
#define   DWORD    ((unsigned int volatile data*)0)         //访问 data 区域
#define   PWORD    ((unsigned int volatile pdata*)0)        //访问 pdata 区域
#define   XWORD    ((unsigned int volatile xdata*)0)        //访问 xdata 区域
```

这些宏定义原型放在 absacc.h 文件中，使用时需要用预处理命令把该头文件包含到文件中，形式为：#include <absacc.h>。

（2）使用宏访问存储器的方法

使用以上宏定义访问存储器的形式类似于数组。

1）按字节访问存储器宏的形式。

$$\text{宏(数组)名[地址] = 字节数据}$$
$$\text{变量 = 宏(数组)名[地址]}\qquad（公式 4-12）$$

即数组中的下标就是存储器的地址，因此使用起来非常方便。例如：

```
DBYTE[0x30]=48;                    //给片内 RAM 的 0x30 单元送数据 48
XBYTE[0x0002]=0x36;                //给片外 RAM 的 0x0002 单元送数据 0x36
dis_buf[ 0 ]=CBYTE[TABLE+5];       //把程序存储器的数表 TABLE 中第 5 个数据
                                   //送给 dis_buf[ 0 ]，从数表中读取显示代码
```

2）按整型数访问存储器宏的形式。

$$\text{宏(数组)名[下标] = 整型数据}$$
$$\text{变量 = 宏(数组)名[下标]}\qquad（公式 4-13）$$

由于整型数占两个字节，所以下标与地址的关系为：地址=下标×2。

例如：

```
DWORD[0x20]=0x1234;               //给片内 RAM 的 0x40、0x41 单元送数据 0x12、0x34
XWORD[0x 0002]=0x5678;            //给片外 RAM 的 0x0004、0x0005 单元送数据 0x56、0x78
```

通过指针定义的宏访问存储器这种方法，适用于连续访问存储区。

注意：关于以总线方式连接的设备变量定义方式的比较与选用：

我们介绍了可以两种方法、四种方式定义这类设备变量。一种是用"公式 4-2"的绝对定位方法；另一种是用指针方法，对于指针方法，除了像"例 4-1"直接方式外，为了方便 C 语言不太通晓者使用，又给出了两种宏定义的方式"公式 4-10"和"公式 4-11"。这四种方式方式比较，首推用"公式 4-2"绝对定位的方式，其次用"公式 4-10"访问指定端口的方式。绝对定位的方式既简单又直接且清晰。

顺便说一下，关于访问存储器（所有的存储区）指定单元，无论是连续地址访问还是单一地址访问，一般用"公式 4-2"绝对定位数组或变量的方法，但有时用指针更灵活方便。

4.6.5　C51 结构体定义

在单片机中，结构体的类型、结构体类型变量的定义，以及结构体使用的方法均与 PC 机一样。下面只说一下定义，先定义结构体类型（与数据类型对应，如字符类型），然后用结构体类型定义出结构体类型变量（与变量对应，如字符型变量）。例如：

```
struct date                            //定义 date 结构体类型
{    unsigned int year;                //定义成员
     unsigned char month;
     unsigned char day;
};
struct date data li_birthday;          //定义 date 类型的结构体变量
```
或者
```
static struct date data li_birthday;
data struct date li_birthday;
static data struct date li_birthday;
```

注意：定义结构体类型不能指定存储区，在定义结构体变量时指定存储区。

4.7　C51 的输入/输出

C51 输入和输出函数的形式虽然与 ANSI C 的一样，但实际意义和使用方法都大不一样，因此，有必要专门介绍一下 C51 的输入/输出函数。

在汇编语言中，输入和输出是通过输入/输出指令实现的。在 C51 中，没有对应的输入/输出语句，其输入/输出操作是通过函数实现的。在 C51 的函数库中，有一个名为"stdio.h"的一般 I/O 函数库，定义了 C51 的输入和输出函数。

在 C51 的 I/O 函数库中定义的 I/O 函数，都是以_getkey 和 putchar 函数为基础，这些 I/O 函数包括：字符输入/输出函数 getchar 和 putchar，字符串输入/输出函数 gets 和 puts，格式输入/输出函数 printf 和 scanf 等。本节主要介绍基本的输入/输出函数和格式，其他输入/输出函数使用，留在附录 C 中介绍。

C51 的输入/输出函数，都是通过单片机的串行接口实现的，在使用这些 I/O 函数之前，必须先对 MCS-51 单片机的串行口（参考第 7 章）进行初始化。原则上，串行口的 4 种工作方式使用任何一种均可，但_getkey 和 putchar 函数不作校验，并且是真正的串行通信，所以一般选择方式 1；这时定时器/计数器 T1 作为串行口的波特率发生器，将 T1 设为模式 2（8 位初值自动重装）（也可以用 T2 作波特率发生器）。假设单片机的晶振为 11.0592MHz，波特率为

9600b/s，则初始化程序段为：

```
SCON=0x52;          //设置串行口方式 1、允许接收、启动发送
TMOD=0x20;          //设置定时器 T1 以模式 2 定时
TL1=0xfd;           //设置 T1 低 8 位初值
TH1=0xfd;           //设置 T1 重装初值
TR1=1;              //开 T1
```

4.7.1　基本输入/输出函数

C51 中所有的输入/输出函数，都是以_getkey、putchar 函数为基础，先介绍这两个函数。

1. 基本输入函数_getkey

_getkey 函数是基本的字符输入函数，其原型为：

char　_getkey(void)

该函数的功能是从 MCS-51 单片机的串行口读入一个字符，如果没有字符输入则等待，返回值为读入的字符，不显示。_getkey 为可重入函数。

与_getkey 相似的函数 getchar，二者功能基本相同，唯一的区别就是 getchar 函数不仅从串行口读入一个字符，而且还要从串行口返回读入的字符。在一般情况下，用户并不需要这种功能，因此，_getkey 是常用的字符输入函数。

2. 基本输出函数 putchar

putchar 函数是基本的字符输出函数，其原型为：

char　putchar(char)

该函数的功能是从 MCS-51 单片机的串行口输出一个字符，返回值为输出的字符。putchar 为可重入函数。

4.7.2　格式输出函数 printf

printf 函数的功能是通过单片机的串行口，输出若干任意类型的数据，它的格式如下：

printf（格式控制，输出参数表）

格式控制是用双引号括起来的字符串，也称为转换控制字符串，包括三种信息：格式说明符、普通字符和转义字符。

1）格式说明符，由百分号"%"和格式字符组成，其作用是指明输出数据的格式，如%d、%c、%s 等，详细情况见表 4-4。

表 4-4　C51 中 printf 函数的格式字符

格式字符	数据类型	输出格式
d	int	有符号十进制数
u	int	无符号十进制数
o	int	无符号八进制数
x, X	int	无符号十六进制数
f	float	十进制浮点数
e, E	float	科学计数法十进制浮点数
g, G	float	自动选择 e 或 f 格式
c	char	单个字符
s	指针	带结束符的字符串

2）普通字符，这些字符按原样输出，主要用来输出一些提示信息。包括空格。

3）转义字符，由"\"和字母或字符组成，它的作用是输出特定的控制符，如转义字符\n 的含义是输出换行，详细情况见表 4-5。

表 4-5　常用的转义字符

转义字符	含义	ASCII 码
\0	空字符（null）	0x00
\n	换行符（LF）	0x0a
\r	回车符（CR）	0x0d
\t	水平制表符	0x09
\b	退格符（BS）	0x08
\f	换页符（FF）	0x0c
\'	单引号	0x27
\"	双引号	0x22
\\	反斜杠	0x5c

用 printf 函数输出语句例子如下（假设 y 已定义过，也赋值过）：

```
printf("x=%d",36);                    //从串行口发送输出 x=36
printf("y=%d",y);                     //从串行口发送输出 y=变量 y 的值
printf("c1=%c,c2=%c",'A','B');        //从串行口发送输出 c1=A, c2=B
printf("%s\n","OK,Send data begin! "); //从串行口发送输出 OK，Send data begin!和\n
```

4.7.3　格式输入函数 scanf

scanf 函数的功能是通过单片机的串行口实现各种数据输入，scanf 函数的格式如下：

scanf（格式控制，地址列表）

格式控制与 printf 函数的类似，也是用双引号括起来的一些字符，包括三种信息：格式说明符、普通字符和空白字符。

1）格式说明符，由百分号"%"和格式字符组成，其作用是指明输入数据的格式，如%d、%c、%s 等，详细情况见表 4-6。

表 4-6　C51 中 scanf 函数的格式字符

格式字符	数据类型	输入格式
d	int 指针	有符号十进制数
u	int 指针	无符号十进制数
o	int 指针	无符号八进制数
x	int 指针	无符号十六进制数
f, e, E	float 指针	浮点数
c	char 指针	单个字符
s	string 指针	字符串

2）普通字符，除了以百分号"%"开头的格式说明符之外的所有非空白字符，在输入时，

要求这些字符按原样输入。因此，要尽量不用或少用这些普通字符，以免造成输入错误。

3）空白字符，包括空格、制表符和换行符等，这些字符在输入时被忽略。

地址列表由若干个地址组成，可以是指针变量、变量地址（取地址运算符"&"加变量）、数组地址（数组名）或字符串地址（字符串名）等。

用 scanf 函数输入语句例子如下（假设 x、y、z、c1、c2 是定义过的变量，str1 是定义过的指针）：

```
scanf("%d",&x);              //从串行口接收的整型数据存于变量 x 中
scanf("%d%d",&y,&z);         //从串行口接收的两个整型数据存于变量 y、z 中
scanf("%c%c",&c1,&c2);       //从串行口接收的两个字符存于变量 c1、c2 中
scanf("%s",str1);            //从串行口接收的字符串存于指针 str1 指向的区域
```

在实际的串行通信中，传输的数据多数是字符和字符串，以字符串居多，往往把数字型数据先转换成字符串，然后以字符串形式传输，在接收端，再把数字字符串转换成数字。

例 4-3 为了演示输入/输出函数的使用方法，用单片机的串行口以方式 1 自发自收，把收到的数据在数码管上显示出来，每按一下按钮，从串行口发送一次数。设晶振频率为 11.0592MHz，波特率为 9600b/s。

电路如图 4-7 所示，数码管为两位共阴极的，各段接 P2 口，为简单起见，两位公共端都接地，因此，两位显示的一样，显示的内容是 0～9。串行口的接收与发送引脚 RXD（P3.0）、TXD（P3.1）连接在一起。程序中用格式输出函数 printf 发送，用输入函数 _getkey 接收。

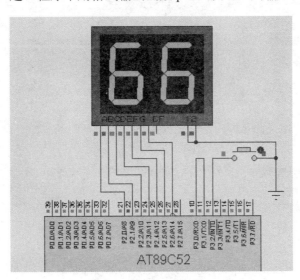

图 4-7　输入/输出函数演示电路

程序如下：

```
#include <reg52.h>                                      //包含特殊功能寄存器头文件
#include <stdio.h>                                      //包含 I/O 函数库
unsigned char code led[ ]={0x3f,6,0x5b,0x4f,0x66,0x6d,0x7d,7,0x7f,0x6f};   //定义共阴数码管代码
sbit P3_2=P3^2;                                         //定义按钮引脚
void main(void)
{    unsigned char data temp,i=0;                       //定义接收数据变量和输出数据变量

     SCON=0x52;                                         //设串口以方式 1 工作，允许接收，置发送结束标志
     TMOD=0x21;                                         //设置定时器 1 以模式 2 定时
```

```
        TL1=0xfd;
        TH1=0xfd;                          //设置 T1 初值及重装初值
        TR1=1;                             //开 T1 运行

        P2=led[9];
        while(1)
        {   if(P3_2==0)                    //判断按钮是否按下
            {   printf("%c",i);            //发送数据
                temp=_getkey();            //接收数据
                P2=led[temp];              //换成显示段码后从 P2 口输出显示
                while(P3_2==0);            //按钮未释放等待
                if(++i>9)                  //发送的数大于 9 则回到 0
                    i=0;
            }
        }
    }
```

从程序中的倒数第 6、5 行可以看出，电路中显示的数据，是从串行口接收的，点击按钮并观察显示的数据，很容易判断出显示的数据与发送的数据相同。从而使我们也认识到，在 C51 中输入/输出函数是用于串行口的。关于这些函数的使用，还需要读者反复试验体会。

4.8   C51 函数的定义

C51 函数的定义与 ANSI C 相似，但有更多的属性要求。本节先讨论函数的一般定义，然后专门给出中断函数的定义，因为中断函数有其特殊性。

4.8.1   C51 函数定义的一般格式

在 C51 中，函数的定义与 ANSI C 中是相同的。唯一不同的就是在函数的后面需要带上若干个 C51 的专用关键字。C51 函数定义的一般格式如下：

返回类型　函数名(形参表) [函数模式]　[reentrant]　[interrupt m]　[using n]

{

　　　局部变量定义

　　　执行语句

}

格式中的方括号部分表示可以没有。各参数含义如下：

返回类型：即函数最后返回值的类型，如果函数没有返回值，则返回类型记为 void。

函数模式：也就是编译模式、存储模式，可以为 small、compact 和 large。如果定义时该属性缺省，则函数使用文件的编译模式。如果文件没有设置编译模式，则编译器使用缺省的 small 模式。

reentrant：C51 定义的关键字，表示可重入函数。所谓可重入函数，就是允许被递归调用的函数。在 C51 中，当函数被定义为可重入时，在编译时会为重入函数生成一个堆栈，通过这个堆栈来完成参数的传递和局部变量的存放。对重入函数使用时应注意：不能使用 bit 型参数，函数返回值也不能是 bit 型。

interrupt：C51 定义的关键字，interrupt m 表示中断处理函数及中断号。各中断通道与中

断号的关系如表 4-7 所示。C51 支持 32 个中断通道，m 取值 0～31，中断入口地址与中断号 m
的关系为：

$$中断入口地址 = 3+8×m \qquad （公式 4-14）$$

表 4-7　单片机中断通道与中断号的关系

中断通道	外中断 0	T0 中断	外中断 1	T1 中断	串行中断	T2 中断
中断号	0	1	2	3	4	5
入口地址	0x0003	0x000b	0x0013	0x001b	0x0023	0x002b

using：C51 定义的关键字，using n 表示选择工作寄存器组及组号，n 可以为 0～3，对应
第 0 组到第 3 组。如果函数有返回值，则不能使用该属性，因为返回值是存于寄存器中，函数
返回时要恢复原来的寄存器组，导致返回值错误。

4.8.2　C51 中断函数的定义

C51 函数的定义实际上已经包含了中断服务函数，但为了明确起见，下面专门给出中断处
理函数的具体定义形式：

void　函数名(void)　[函数模式]　interrupt m　[using n]
{
　　局部变量定义
　　执行语句
}

与一般函数的格式相比较，中断服务函数有以下几点需要注意：

① 中断服务函数不传递参数。

② 中断服务函数没有返回值。

③ 中断服务函数必须有 interrupt m 属性。

④ 进入中断服务函数，ACC、B、PSW 会进栈，根据需要，DPL、DPH 也可能进栈，如
果没有 using n 属性，R0～R7 也可能进栈，如果有 using n 属性，R0～R7 不进栈。

⑤ 在中断服务函数中调用其他函数，被调函数最好设置为可重入的，因为中断是随机的，
有可能中断服务函数所调用的函数出现嵌套调用。

⑥ 不能够直接调用中断服务函数。

例 4-4　编写程序，使用定时器/计数器 0 定时并产生中断，实现从 P1.7 引脚输出方波
信号。

程序如下：

```
#include <reg52.h>                  //包含特殊功能寄存器头文件
#define   TIMER0L   0x18            //设振荡频率为 12MHz
#define   TIMER0H   0xfc            //定时时间为 1ms（1000 微秒）
sbit    P1_7=P1^7;
void    main(void)
{
    TMOD=0x01;                      //设置 T0 以模式 1 定时
    TL0=TIMER0L;                     //设置 T0 低 8 位初值
    TH0=TIMER0H;                     //设置 T0 高 8 位初值
```

```
        IE=0x82;                            //开 T0 中断和总中断
        TR0=1;                              //开 T0 运行
        while(1);                           //等待中断，产生方波
    }


    void   timer0_int(void)   interrupt 1
    {   TL0=TIMER0L;
        TH0=TIMER0H;
        P1_7=~P1_7;                         //产生的方波频率为 500Hz
    }
```

上面对 T0 中断处理函数的设置为：采用默认函数模式，中断号为 1，不改变工作寄存器组。另外需要注意，中断处理函数不传递参数，也没有返回值。主函数主要是对 T0 初始化和开中断。

4.9　C51 与汇编语言混合编程

在编写程序时，由于效率或时间性的要求，或者沿用原来的汇编语言等原因，有时候需要使用 C 语言与汇编语言混合编程。混合编程有两种方式，一种是在 C 语言函数中嵌入汇编语言程序，程序中没有独立的汇编语言函数，只有个别 C 语言函数中嵌有汇编程序；另一种是 C 语言文件与汇编语言文件混合编程，程序中有独立的汇编语言函数和汇编语言文件。无论是哪种混合编程方式，采用 C51 后，程序的大部分是 C 语言，只有少部分是汇编语言。

4.9.1　在 C51 函数中嵌入汇编程序

在 C51 函数中嵌入汇编语句，其方法是把汇编语句放在编译控制命令"#pragma asm"和"#pragma endasm"的中间，两个命令分别指示汇编语句的开始和结束。下面通过例子说明。

例 4-5　编写单片机程序，其函数嵌入汇编指令语句，实现从单片机 P1 口输出数据，控制 8 个发光二极管循环点亮显示流水灯。电路如图 1-8 所示，输出高电平发光二极管亮。

程序如下：
```
#include <reg52.h>                         //包含有定义特殊功能寄存器的头文件
unsigned char data lamp=0x03;              //定义从 P1 口输出的变量，不能定义在函数内
void delay10ms(unsigned char data x)       //延时 10ms 函数（设振荡频率为 12MHz）
{
    unsigned int data i;
    while(x--)
        for(i=0;i<830;i++);                //试验得出需要内循环 830 次
}
void main(void)
{
    while(1)
    {
        P1=lamp;
# pragma asm                               //指示嵌入的汇编语言程序开始
        MOV    A,lamp                       //实现对变量 lamp 的循环左移 1 位
        RL     A
```

```
          MOV   lamp,A
# pragma endasm                          //指示嵌入的汇编语言程序结束
          delay10ms(100);                //延时 1 秒
     }
}
```

　　当 C 语言文件中包含有"#pragma asm"和"#pragma endasm"两个编译控制命令时，需要编译器把 C 语言文件编译生成 SRC 汇编语言文件，然后把 SRC 文件汇编成目标文件。因此，在编译前需要设置 SRC 编译选项，其方法是在 μVision3 的项目管理窗口，用鼠标右键单击包含有汇编语句的文件，在弹出的快捷菜单中选择"Options for File '*.c'"，在"Properties"标签中选中"Generate Assembler SRC File"和"Assemble SRC File"复选框，如图 4-8 所示。另外，需要在项目中加入与编译模式相应的库文件（如 small 模式下加入"C51S.LIB"库文件，该文件在 keil\C51\LIB 文件夹下面），然后进行编译链接，即可生成 hex 可执行文件。

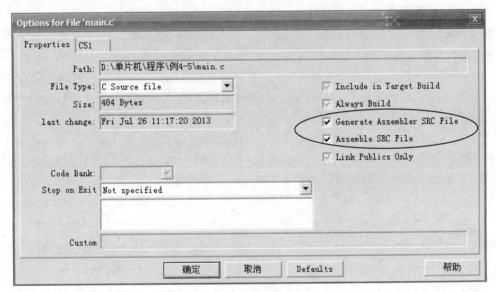

图 4-8　设置产生和汇编 SRC 文件界面

4.9.2　C51 程序与汇编程序混合编程

　　在这种情况下，C 语言与汇编语言程序都是独立的文件，它们的函数要相互调用，这就涉及到了汇编语言函数的命名方式和参数传递两个问题，下面先讨论汇编语言函数的命名和参数传递问题，然后讨论混合编程。

　　1. C51 函数的命名规则

　　编译之后产生汇编语言函数名用大写字母，并且要加上前缀，其一般格式为：

$$[前缀]函数名字符串 \qquad （公式 4-15）$$

方括号中的前缀可以没有，前缀一般为"_"或"_?"。

　　对于 C51 常见的几种函数声明形式，编译后转换成汇编语言的函数名对应关系如表 4-8 所示。从表 4-8 中可以看出，C51 函数的命名规则主要有：

● 函数名字符串　　　　　　　　　　　　　　（不传递参数的函数）
● _函数名字符串　　　　　　　　　　　　　　（通过寄存器传递参数的函数）

- _?函数名字符串   （通过堆栈传递参数的可重入函数）

表 4-8   C51 中函数名的转换规则

C51 函数声明	转换函数名	说明
type func1(void)	FUNC1	调用时不传递参数，但有返回值，函数名不变
type func2(args)	_FUNC2	通过寄存器传递参数，函数名加前缀 "_"
type func3(args) reentrant	_?FUNC3	为重入函数，通过堆栈传递参数，函数名加前缀 "_?"

2. C51 段的命名规则

C51 编译后对每一个函数都分配一个独立的 CODE 段，并且汇编函数名字还要带上模块名，所以，C51 代码段名的一般格式为：

?PR?函数名?模块名   （公式 4-16）

具体的，汇编语言代码段的格式有如下几种：

- ?PR?函数名字符串?模块名   （不传递参数（中间没有空格，下同））
- ?PR?_函数名字符串?模块名   （通过寄存器传递参数）
- ?PR?_?函数名字符串?模块名   （对重入函数通过堆栈传递参数）

另外，如果函数中定义有局部变量，编译时编译器也将给局部变量分配数据段，数据段的格式为：

?数据段前缀字母?函数名?模块名   （公式 4-17）

C51 数据段前缀如表 4-9 所示，函数名具体格式如上面所述，数据类型如表 4-1 所示。

C51 主要的段类型及命名规则如表 4-9 所示。

表 4-9   C51 段类型前缀与存储

段前缀	存储区类型	说明
?PR?	code	可执行程序段
?CO?	code	程序存储器中的常数数据段
?BI?	bit	内部数据存储区的位类型数据段
?BA?	bdata	内部数据存储区的可位寻址的数据段
?DT?	data	内部数据存储区的数据段
?ID?	idata	内部数据存储区的间接寻址的数据段
?PD?	pdata	外部数据存储区的分页数据段
?XD?	xdata	外部数据存储区的一般数据段

3. C51 函数中参数的传递规则

为了能够正确混合编程，必须要搞清楚 C51 函数的参数传递规则，分为调用时的参数传递和返回时的参数传递。

（1）调用时的参数传递

分三种情况：少于等于 3 个参数时通过寄存器传递（寄存器不够用时通过存储区传递），多于 3 个时有一部分通过存储区传递，对于重入函数参数通过堆栈传递。通过寄存器传递速度最快。表 4-10 给出了第一种情况通过寄存器传递参数的规则，其他情况不再讨论。C51 函数中参数号与位置的对应关系为：函数名（参数 1，参数 2，参数 3）。

表 4-10　C51 利用寄存器传递参数规则

参数号	char	int	long,float	一般指针
1	R7	R6,R7（低字节）	R4～R7	R1R2R3（R3 为存储区，R2 为高地址，R1 为低地址）
2	R5	R4,R5（低字节）	R4～R7 或存储区	R1R2R3 或存储区
3	R3	R2,R3（低字节）	存储区	R1R2R3 或存储区

如果欲使参数都通过存储区传递，可以使用编译控制命令"#pragma NOREGPARMS"来实现，将该编译控制命令写在文件开始即可。使用该方式传递参数效率较低。

（2）函数返回值的传递

当函数有返回值时，其传递都是通过寄存器，传递规则如表 4-11 所示。

表 4-11　C51 函数返回值传递规则

返回类型	使用的寄存器	说明
bit	C（进位标志）	由进位标志位返回
char 或 1 字节指针	R7	由 R7 返回
int 或 2 字节指针	R6，R7	高字节在 R6，低字节在 R7
long	R4～R7	高字节在 R4，低字节在 R7
float	R4～R7	32 位 IEEE 格式
一般指针	R1～R3	R3 为存储区，R1 为低地址

4．汇编语言文件及函数编写规则

（1）定义模块

对汇编语言文件定义模块名，一般一个文件为一个模块，也可以多个文件为同一个模块名。模块定义格式如下：

$$\text{NAME　模块名}　\text{（公式 4-18）}$$

定义模块要放在文件的开始。

例如：

NAME　EXAMP

（2）函数声明

即对本模块定义的函数作声明，其格式为：

$$\text{?PR?函数名?模块名　SEGMENT CODE}　\text{（公式 4-19）}$$

格式中的函数名规则如上面"1．C51 函数的命名规则"所述。例如：

```
?PR?DISPLAY?EXAMP          SEGMENT       CODE
?PR?_RIGHT_SHIFT?EXAMP     SEGMENT       CODE
?PR?_?MUSIC?EXAMP          SEGMENT       CODE
```

上面第一行声明"DISPLAY"函数为程序段，不传递参数，模块名为"EXAMP"，函数保存在程序存储区。第二行声明"_RIGHT_SHIFT"函数为程序段，通过寄存器传递参数，模块名为"EXAMP"，函数保存在程序存储区。第三行声明"_?MUSIC"函数为程序段，通过堆栈传递参数，模块名为"EXAMP"，函数保存在程序存储区。

函数的声明放在文件的前面，一般在模块定义之后，并且紧接着模块定义。

（3）公共函数（子程序）声明

如果函数要在其他文件（模块）中调用，必须作公共函数（子程序）声明。声明格式为：

$$PUBLIC \quad 函数名1[,函数名2,函数名3,\cdots\cdots] \qquad （公式4-20）$$

例如：

PUBLIC DISPLAY, _RIGHT_SHIFT, _?MUSIC

声明"DISPLAY"、"_RIGHT_SHIFT"和"_?MUSIC"函数为公共函数，可以在其他文件（包括C语言文件和汇编语言文件）中调用，并且分别表示不传递参数、通过寄存器传递参数和通过堆栈传递参数。

声明公共函数（子程序）应放在段声明之后，具体可参考例4-6。

（4）引用函数声明

如果在汇编程序中调用了其他文件中的函数（子程序），必须作引用声明。声明格式为：

$$EXTRN \quad CODE(函数名1)[,CODE(函数名2),CODE(函数名3),\cdots\cdots] \qquad （公式4-21）$$

例如：

EXTRN   CODE(KEY), CODE(_COUNT)

这两个函数引用声明"KEY"和"_COUNT"，表明函数均是在其他文件中定义的，"KEY"不传递参数，"_COUNT"通过寄存器传递参数。

（5）引用变量声明

如果在汇编程序中引用了其他文件中的变量，必须作引用声明。声明格式为：

$$EXTRN \quad 存储区(变量名1)[,存储区(变量名2),存储区(变量名3),\cdots\cdots] \qquad （公式4-22）$$

其存储区类型如表4-2所示的7种类型。例如：

EXTRN   DATA(TIMER_SEC), IDATA(DIS_BUF), XDATA(SEND_BUF)

这三个变量引用声明表明："TIMER_SEC"、"DIS_BUF"和"SEND_BUF"变量是在其他文件中定义的，分别定义在"DATA"、"IDATA"和"XDATA"存储区域。

（6）函数（子程序）编写格式

汇编语言函数（子程序）的格式如下：

RSEG ?PR?函数名?模块名   （定义浮动的代码段）

函数名：

　　……   （具体函数内容）

　　……

　　RET(或 RETI)

5. 汇编语言编程举例

在混合语言文件编程中，主要是汇编语言文件和函数有诸多规定，因此这种混合编程的关键是汇编语言文件和函数的编写，下面通过一个综合实例，介绍具体的编写过程和方法。

例 4-6 编写一个完整的汇编语言程序文件，文件包含三个函数，分别是定时器/计数器T1产生方波信号的中断函数、循环右移多位函数和循环左移多位函数；T1的计数初值通过全局变量 TIMER1_H、TIMER1_L（在未列出的C语言文件中定义和赋初值）传递，左移、右移函数（被C语言文件调用）都有两个入口参数和返回值，入口参数分别为被移位的数和移位的位数，要求通过寄存器传递参数，返回值为移位后的数，所有参数都是无符号字符型数据。

程序如下：

```
NAME    EXAMP                              ;定义模块名
?PR?TIMER1_INT?EXAMP    SEGMENT CODE       ;段声明
```

```
?PR?_RIGHT_SHIFT?EXAMP      SEGMENT  CODE
?PR?_LEFT_SHIFT?EXAMP       SEGMENT  CODE

EXTRN    DATA(TIMER1_H), DATA(TIMER1_L)        ;引用外部变量声明
PUBLIC   _RIGHT_SHIFT, _LEFT_SHIFT             ;公共函数声明


     CSEG     AT   001BH                        ;定义指定位置的段，设置 T1 中断入口
     LJMP     TIMER1_INT


     RSEG     ?PR?TIMER1_INT?EXAMP              ;定义 T1 中断服务子程序段，可再定位
TIMER1_INT:
     MOV      TL1,   TIMER1_L
     MOV      TH1,   TIMER1_H
     CPL      P1.7
     RETI


     RSEG     ?PR?_RIGHT_SHIFT?EXAMP            ;定义右移子程序段，可再定位
_RIGHT_SHIFT:
     MOV      A,   R7                           ;R7 中为第 1 个参数，为将被移位的数
RIGHT_LP:                                       ;R5 中为第 2 个参数，为移位的位数
     RR       A                                 ;右移 1 位
     DJNZ     R5,   RIGHT_LP
     MOV      R7,   A                           ;保存返回值于 R7 中，为被移位后的数
     RET


     RSEG     ?PR?_LEFT_SHIFT?EXAMP             ;定义左移子程序段，可再定位
_LEFT_SHIFT:
     MOV      A,   R7                           ;R7 中为第 1 个参数，为将被移位的数
LEFT_LP:                                        ;R5 中为第 2 个参数，为移位的位数
     RL       A                                 ;左移 1 位
     DJNZ     R5,   LEFT_LP
     MOV      R7,   A                           ;保存返回值于 R7 中，为被移位后的数
     RET
     END
```

阅读本例要注意以下几个方面：

① 汇编语言中段的声明方法和定义方法。

② 在中断处理函数的开始，对中断处理函数的定位方法。

③ 引用其他文件中的变量的声明方法和使用方法。

④ 声明公共函数（子程序）的方法。

⑤ 函数中入口参数的传递方法，返回参数的传递方法。

⑥ 关于外部函数的声明方法和使用方法，本例中没有出现，顺便也说明一下。对于引用外部函数的声明，见公式 4-21；对于函数的调用方法，与调用汇编语言中的函数一样，如：

```
LCALL    KEY                      ;调用 C 语言中的键盘扫描函数
LCALL    _COUNT                   ;调用 C 语言中的计算函数
```

对于"_COUNT"函数需要通过寄存器传递参数，按照传递规则，先把参数放到规定的寄存器中，然后再调用函数即可。

本例题基本上涉及到了混合编程中所有的问题，可以将本例题作为模板，复制建立自己的汇编语言文件，再根据实际对内容进行修改，加入到项目中即可应用。

6. 在 C51 中调用汇编语言函数的方法

在 C 语言文件中调用汇编语言中的函数，必须先声明再调用，其声明方法与声明 C 语言函数完全一样，即：

extern　返回值类型　函数名(参数表)；　　　　　（公式 4-23）

例如：

extern　　unsigned　char　right_shift(unsigned char, unsigned char);
extern　　unsigned　char　left_shift(unsigned char, unsigned char);

需要说明的是： 在汇编文件中不区分字母的大小写，但在 C 语言文件中要区分，决定于用公式 4-23 声明的函数名的形式，调用的函数名要与声明的一致。

思考题与习题

1．用 C51 编程较汇编语言有哪些优势？

2．C51 字节数据、整型数据以及长整型数据在存储器中的存储方式各是怎样的？

3．C51 定义一般变量的格式是什么？变量的 4 种属性是哪些？特别要注意存储区属性。

4．C51 的数据存储区有哪些？各种存储区是在哪种存储空间？存储范围是什么？

5．如何将 C51 的变量或数组定义存储到确定的位置？

6．在 C51 中把变量或数组定义在 pdata、xdata 区域需要什么条件？

7．如何定义 8 位字节型特殊功能寄存器？如何定义 16 位特殊功能寄存器？如何定义特殊功能寄存器的位变量？

8．C51 位变量的定义格式是什么？什么情况下使用 bit 定义位变量？什么情况下使用 sbit 定义位变量？

9．怎样把 bdata 区域的字符型（整型）变量的各位定义成位变量？什么情况下需要这样做？

10．C51 专用指针变量定义的一般格式是什么？如何区分指针指向的存储区和指针变量本身存储的区域？指针变量本身存储的区域在缺省的情况下是什么区域？

11．在 C51 中，怎样访问 data、pdata、xdata、code 区域某个确定地址单元？

12．C51 中的设备变量有哪些特征？用什么方式定义设备变量为好？

13．C51 中基本的输入/输出是什么？这些函数的操作对象是什么？使用前需要做哪些初始化？

14．C51 函数定义的一般形式是什么？如何定义中断处理程序？如何选择工作寄存器组？

15．在 C51 中，怎样嵌入汇编语言程序？编译之前需要做哪些设置？什么情况下适用这种混合编程？

16．在 C51 中，对汇编语言函数的命名规则是怎样的，具体地说：不传递参数的函数名格式是什么？通过寄存器传递参数的函数名格式是什么？传递参数的重入函数（通过堆栈传递参数）的函数名格式是什么？

17．在 C51 中，用寄存器传递函数参数的规则是什么？函数返回值传递的规则是什么？

18．在 C51 中如何定义模块名？在 C51 文件中的模块名是什么？

19．在汇编语言文件中，怎样声明函数？怎样声明公共函数？怎样声明引用函数？怎样声明引用变量？定义函数的格式是什么？

20．在 C51 的汇编语言文件中怎样把函数定义到确定的位置？

21．如何在 C51 文件和汇编语言文件中相互调用对方文件中的函数？

22．在某 C51 程序中需要定义如下变量：

1)定义数码管显示 0~9 的共阴极显示代码(0x3f,0x06,0x5b,0x4f,0x66,0x6d,0x7d,0x07, 0x7f, 0x6f) 数组 dis_code，将其定义在 code 区。

2）定义给定时器/计数器 0 赋计数值的变量 T0_L 和 T0_H，将其定义在 data 区的 0x30、0x31 处。

3）定义长度为 20 的无符号字符型数组 data_buf 于 idata 区中。

4）定义长度为 100 的无符号字符型数组 data_array 于 xdata 区中。

23．先定义一个无符号字符型变量 status 于 bdata 区中，再定义 8 个与 status 的 8 个位对应的位变量 flag_lamp1、flag_lamp2、flag_machine1、flag_machine2、flag_port1、flag_port2、flag_calcu1 和 flag_calcu2（从低位到高位）。

24．在 89C52 单片机中增加了定时器/计数器 2（T2），修改头文件 "REG51.H"，添加如下内容：

1）特殊功能寄存器 T2CON、T2MOD、RCAP2L、RCAP2H、TL2、TH2，地址分别为 0xc8~0xcd。

2）对 T2CON 的 8 个位分别定义位变量 CP_RL2、C_T2、TR2、EXEN2、TCLK、RCLK、EXF2 和 TF2（从低位到高位）。

3）定义位变量 T2、T2EX 对应于 P1 口的第 0 位和第 1 位；定义位变量 ET2 对应于 IE（中断允许寄存器）的第 5 位；定义位变量 PT2 对应于 IP（中断优先级寄存器）的第 5 位。

4）对 P1 口的 8 个位分别定义位变量 P1_0、P1_1、P1_2、P1_3、P1_4、P1_5、P1_6 和 P1_7（从低位到高位）。

25．编写一 C51 函数，把入口参数（长度为 5 的无符号字符型数组，其元素为从键盘输入的个、十、百、千、万位数）转换成一个无符号整型数（假设未超出整型数范围），并将其返回。①按照数组中的低下标元素为低位数编写程序；②按照数组中的低下标元素为高位数编写程序。

26．编写一 C51 函数，把入口参数（无符号整型数）按十进制数将其各位分离，分离后的各位数放在长度为 6 的无符号字符型数组中，其数组为用于显示的全局性数据。①按照低位数作为低下标元素编写程序；②按照高位数作为低下标元素编写程序。

27．编写一 C51 程序，使用专用指针，把片外数据存储器中从 0x100 开始的 30 个字节数据，传送到片内从 0x30 开始的区域中。用 Keil C 编译并调试运行，观察、对比两个存储器中的数据。

28．编写一 C51 程序，使用专用指针，把程序存储器中从 0x0000 开始的 30 个字节数据，传送到片内从 0x40 开始的区域中。用 Keil C 编译并调试运行，观察、对比两个存储器中的数据。

29．编写一 C51 程序，实现从 P1 口输出，控制 8 个阴极接地的发光二极管显示流水灯，要求用汇编语言函数实现数据的左移或右移。参照图 1-8，用 Proteus 模拟运行。

30．在数字滤波中有一种"去极值平均滤波"技术，就是对采集的数据按照从大到小或者从小到大的顺序进行排序，然后去掉相同数目的最大值和最小值，对中间部分数据求算术平均值作为采样值。参考例 4-2 试编写一函数，对传递过来（指向数据开始地址的指针 point）的 data 区域中的 num 个字节数据，去掉 len 个最大值和 len 个最小值，做去极值平均滤波后将结果返回。

第5章 MCS-51单片机的中断系统

本章主要介绍了单片机中断系统的结构、原理，以及应用。中断系统是单片机的重要组成部分，在实时控制、故障处理、数据传输等方面都有非常重要的作用。本章为后续章节相关内容打下基础。

5.1 中断系统概述

5.1.1 中断的基本概念

当 CPU 正在执行某段程序的时候，外部发生某一事件要求 CPU 处理，CPU 暂时停止当前执行的程序，转去处理发生的事件，处理完该事件后，再返回到被暂时停止的程序继续执行，这样的过程叫做中断。中断的过程如图 5-1 所示。

引发中断的事件叫做中断源。中断源向 CPU 发的处理请求叫中断请求或中断申请。

CPU 暂时中止正在处理的事情，转去处理突发事件的过程，称为 CPU 的中断响应过程。

实现中断功能的部件称为中断系统，又称中断机构。

CPU 响应中断后，处理中断事件的程序称中断服务程序。

在 CPU 暂时中止执行的程序中，因中断将要执行而未执行的指令的地址称为中断断点，简称为断点。

CPU 执行完中断服务程序后，回到断点的过程称为中断返回。

5.1.2 中断的功能

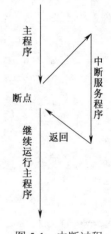

图 5-1　中断过程

中断的主要功能有以下三个方面。

1. CPU 与外设同步工作

在 CPU 启动程序后，进行主程序的处理。当外部设备做好数据传送的准备后，才要求 CPU 对其进行处理，发出中断申请，处理后 CPU 回到主程序继续执行，而外设得到新的数据后也可以工作。实现了 CPU 和外设的并行工作，大大提高了单片机的效率。

2. 实时处理

所谓"实时"指的是单片机能够对现场采集到的信息及时做出分析和处理，以便对被控制的对象立即做出响应，使被控制的对象保持在最佳工作状态。利用中断技术可以及时处理随机输入的各种参数和信息，使单片机具备实时处理和控制的功能。

3. 故障处理

计算机在运行过程中，往往会随机出现一些无法预料的故障情况。如电源和硬件故障，数据和传输错误等。有了中断系统，CPU 可以根据故障源发出的中断请求，及时进行相应的故障处理程序而不必停机，从而提高了单片机工作的可靠性。

5.2　中断系统结构、原理及控制

5.2.1　中断系统结构与原理

1. 中断系统结构

典型 MCS-51 单片机的中断系统有 6 个中断源、5 个中断通道、2 个中断优先级，在增强型 51 单片机如 89C52 中，增加了定时器 T2 及其中断，为 8 个中断源、6 个中断通道。

MCS-51 单片机的中断系统硬件电路主要由中断源、中断触发、中断请求标志、中断允许控制、中断优先级控制、中断优先级查询等部分构成。从程序员编程的角度来看，由相关的特殊功能寄存器构成。增强型单片机中断系统结构如图 5-2 所示，由图可见，MCS-51 单片机的中断系统是一个简洁高效的中断管理器系统。

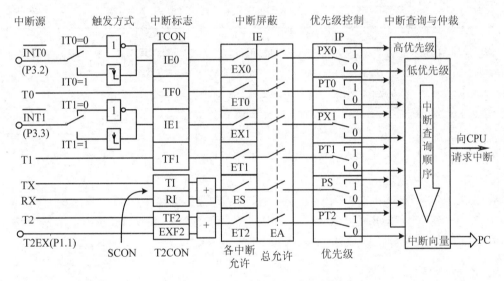

图 5-2　增强型单片机中断系统结构图

2. 中断系统工作原理

以外部中断 0（$\overline{INT0}$）和串行口中断通道为例，简单给予描述。

外部中断 0 通道只有 $\overline{INT0}$ 一个中断源。当外部中断 0 请求输入引脚出现中断请求信号（低电平或下降沿，可设置），便会设置中断请求标志（IE0），如果该中断没有被屏蔽（EX0 为允许），全局中断允许也没有被屏蔽（EA 为允许），则该中断被分为高优先级或低优先级（由 PX0 确定）后，会在高或低优先级中断查询电路被查询到，其中断请求得到 CPU 响应后，将其中断向量装入 PC 转去执行相应的中断服务程序。

串行口中断有发送（TX）和接收（RX）两个中断源。当发送或接收完一帧数据后，就会设置中断标志 TI 或 RI，由于这两个中断源共用一个通道，两个中断源请求信号经过或门操作之后向后面传递，因此，两个中断源只要一个有请求即可。后面的处理与外部中断 0 一样。

对于其他中断，基本上与外部中断 0 或串行口中断相似。

5.2.2　中断通道和中断源

MCS-51 增强型单片机有 6 个中断通道、8 个中断源，各个通道对应的中断源、中断请求标志、中断号和中断入口地址如表 5-1 所示。

表 5-1　增强型单片机中断通道、中断源、中断标志和中断入口地址表

中断通道	中断源	中断请求标志	中断号	中断入口地址
外部中断 0	$\overline{INT0}$ （P3.2）引脚中断请求信号	IE0	0	0003H
定时器/计数器 0	T0 计数溢出	TF0	1	000BH
外部中断 1	$\overline{INT1}$ （P3.3）引脚中断请求信号	IE1	2	0013H
定时器/计数器 1	T1 计数溢出	TF1	3	001BH
串行口	接收完一帧数据	RI	4	0023H
	发送完一帧数据	TI		
定时器/计数器 2	T2 计数溢出	TF2	5	002BH
	T2EX（P1.1）引脚触发信号	EXF2		

由表 5-1 和图 5-2 知，外部中断 0、定时器/计数器 0、外部中断 1、定时器/计数器 1 这 4 个中断都是 1 个中断源，而串行口中断包含"接收中断"和"发送中断"2 个中断源，定时器/计数器 2 中断有"计数溢出中断"和"外部引脚触发中断"2 个中断源。

对于中断入口地址，由表 5-1 中可知，与中断通道对应，所以是 6 个。

关于中断的应用对象，由表 5-1 中可知，定时器（T0、T1、T2）和串行口中断，都是具体设备所配置的中断，而 $\overline{INT0}$ 和 $\overline{INT1}$ 可以接受任何外部设备的中断请求信号，如键盘、显示器、打印机、A/D 转换器等设备。

MCS-51 增强型单片机的中断系统，有 6 个中断通道、8 个中断源，涉及 6 个设备、5 个特殊功能寄存器，为了对所有中断有一个系统、全面的理解，本节讨论所有中断的中断触发、中断请求标志、中断屏蔽、中断优先级控制。

5.2.3　外中断触发方式

MCS-51 单片机的外中断有两种触发方式，电平触发和脉冲边沿触发，其触发方式由定时器/计数器 T0、T1 控制寄存器 TCON 中的 D0、D2 位控制。TCON 的格式如图 5-3 所示，其功能是控制 T0 和 T1 运行、控制两个外中断触发方式，以及显示 T0、T1 和两个外中断的请求标志。该寄存器的地址为 88H，可以按位操作，复位后的初值为 00H。

TCON	D7	D6	D5	D4	D3	D2	D1	D0
（88H）	TF1	TR1	TF0	TR0	IE1	IT1	IE0	IT0

图 5-3　定时器 T0、T1 控制寄存器 TCON 的格式

IT0：外部中断 0 的中断触发方式控制位。

IT0 如果被设置为 0，则外部中断 0 的中断请求信号为低电平触发方式，CPU 在每一个机器周期 S5P2 期间采样外部中断 0 请求输入引脚 $\overline{INT0}$（P3.2）的电平。如果采样为低电平，则认为有中断请求，使 IE0 置 1；如果采样为高电平，则认为没有中断请求，使 IE0 清 0。鉴于

外中断电平触发这种特点，为了使每次中断请求都能够正确地进行一次处理，要求 P3.2 引脚的中断请求信号至少持续 3 个机器周期以上，使其请求能得到 CPU 响应，并在中断服务程序执行完之前撤销。

IT0 如果被设置为 1，则选择外部中断 0 为边沿触发方式。CPU 在每一个机器周期 S5P2 期间采样外部中断 0 请求引脚 P3.2 的电平。若在相继的两个机器周期采样到电平从高到低，则认为有中断请求，对 IE0 置 1。在这种方式下，IE0 会一直保持 1 到该中断被 CPU 响应，然后 IE0 才被清 0。建议采用该触发方式请求中断。

IT1：外部中断 1 的中断触发方式控制位。含义与 IT0 类同。

5.2.4 中断请求标志

1. 外中断请求标志

两个外中断请求标志在定时器 T0、T1 控制寄存器 TCON 的 D1、D3 位，位名为 IE0、IE1，为读写状态位，如图 5-3 所示。

IE0：外部中断 0 的中断请求标志位。为 1 则向 CPU 请求中断，为 0 认为没有中断请求。由硬件置位和清 0。

在低电平触发中断时，IE0 的值与 P3.2 引脚的电平直接相关，P3.2 为低则 IE0 置 1，P3.2 为高则 IE0 清 0。在下降沿触发中断时，当 P3.2 引脚出现下降沿时 IE0 置 1，外中断 0 被 CPU 响应后，IE0 由硬件自动清 0。

IE1：外部中断 1 的中断请求标志位。含义与 IE0 类同。

IE0、IE1 也可以用软件清 0。

2. 定时器/计数器 T0、T1 中断请求标志

定时器/计数器 T0、T1 的中断请求标志在特殊功能寄存器 TCON 的 D5、D7 位，位名为 TF0、TF1，为读写状态位，如图 5-3 所示。

TF0：定时器/计数器 0 的计数溢出中断请求标志位。当定时器/计数器 T0 计数溢出时，TF0 由硬件置 1，向 CPU 请求中断，CPU 响应中断后，TF0 由硬件清 0。

TF1：定时器/计数器 1 的计数溢出中断请求标志位。含义与 TF0 类同。

TF0、TF1 也可以用软件清 0。

TR0、TR1：为定时器/计数器 T0、T1 的运行控制位，在第 6 章讲解。

3. 串行口中断请求标志

串行口的中断请求标志，在串行口控制寄存器 SCON 中，SCON 的功能是设置工作方式、控制接收与发送等。SCON 的格式如图 5-4 所示，其地址为 98H，可以按位操作，复位后的初值为 00H。SCON 的 D0、D1 位为中断请求标志位，位名为 RI、TI，为读写状态位。

SCON	D7	D6	D5	D4	D3	D2	D1	D0
(98H)	SM0	SM1	SM2	REN	TB8	RB8	TI	RI

图 5-4 串行口控制寄存器

RI：为接收中断请求标志位。当串行口接收到一帧数据后，RI 被置 1，请求中断，CPU 响应中断后，不会被硬件清 0，需要软件清 0。

TI：为发送中断请求标志位。当串行口发送完一帧数据后，TI 被置 1，请求中断，CPU 响

应中断后，不会被硬件清 0，需要软件清 0。

发送和接收两个中断源共用一个串行口中断通道，从图 5-2 的中断结构来看，只要 RI、TI 之一有请求，就会产生串行口中断。在中断服务程序中，需要通过查询 RI、TI 的状态确定中断源，以进行相应的处理，因此，RI、TI 不能由硬件自动清 0，只能够在中断服务程序中由软件清 0。

SCON 中其他位的功能在第 7 章讲解。

4. 定时器/计数器 T2 中断请求标志

定时器/计数器 T2 的中断请求标志在 T2 控制寄存器 T2CON 中，T2CON 的功能是设置 T2 的工作方式、显示运行状态等。T2CON 的格式如图 5-5 所示，其地址为 C8H，可以按位操作，复位后的初值为 00H。D7、D6 位为 T2 的中断请求标志位，位名为 TF2、EXF2，为读写状态位。

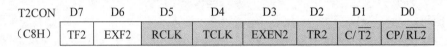

图 5-5　定时器 T2 的控制寄存器 T2CON

TF2：T2 计数溢出中断请求标志位。当 T2 计数溢出时，TF2 由硬件置 1，向 CPU 请求中断，CPU 响应中断后，TF2 不会被硬件清 0，需要在程序中以软件方式清 0。

EXF2：定时器/计数器 2 的外部触发中断请求标志位。T2 以自动重装或外部捕获方式定时、计数，当 T2EX（P1.1）引脚出现负跳变时，TF2 由硬件置 1，向 CPU 请求中断，CPU 响应中断后，EXF2 不会被硬件清 0，需要在程序中以软件方式清 0。

T2 计数溢出和外部触发两个中断源共用一个 T2 中断通道，与串行口中断通道情况类似，TF2、EXF2 不能由硬件自动清 0，只能够在中断服务程序中由软件清 0。

T2CON 其他位的功能在第 6 章讲解。

5.2.5　中断允许控制

IE 为 MCS-51 单片机的中断允许寄存器，或叫中断屏蔽寄存器，主要是对各个中断进行允许控制。IE 格式如图 5-6 所示，其地址为 A8H，可以按位操作，复位后的初值为 0×000000B，屏蔽所有中断。

IE	D7	D6	D5	D4	D3	D2	D1	D0
（A8H）	EA	—	ET2	ES	ET1	EX1	ET0	EX0

图 5-6　中断允许寄存器

由图 5-2 可知，MCS-51 单片机的中断屏蔽采用两级控制，第一级是各个中断通道独立的屏蔽控制，第二级是所有通道的同步屏蔽总控制。对任一通道，只有两级同时处于中断允许状态时，其中断请求才能得到 CPU 响应；相反，对任一通道，只要有某一级处于屏蔽状态，其中断请求就不能得到响应。

EA：中断允许总控制位。EA 设置为 1，开放所有中断通道的第二级中断，EA 设置为 0，屏蔽所有中断通道的第二级中断。

D6 位：未定义，一般设置为 0。

ET2：定时器/计数器 T2 的中断允许位。ET2 设置为 1 允许 T2 中断，ET2 设置为 0 则屏蔽 T2 中断。以下各位都一样，设置为 1 允许中断，设置为 0 屏蔽中断，不再逐一叙述。

ES：串行口中断允许位。

ET1：定时器/计数器 T1 中断允许位。

EX1：外部中断 1 中断允许位。

ET0：定时器/计数器 T0 中断允许位。

EX0：外部中断 0 中断允许位。

例 5-1　假设允许 INT0、INT1、T0、T1 中断，试设置 IE 的值。

解：特殊功能寄存器 IE 可以位寻址和字节寻址，所以有多个方法。

（1）C 语言程序

按字节操作：

IE=0x8f;

按位操作：

EX0=1;　　　　　　　　　　　　　//允许外部中断 0 中断

ET0=1;　　　　　　　　　　　　　//允许定时器/计数器 0 中断

EX1=1;　　　　　　　　　　　　　//允许外部中断 1 中断

ET1=1;　　　　　　　　　　　　　//开定时器/计数器 1 中断

EA = 1;　　　　　　　　　　　　　//开总中断控制位

（2）汇编语言程序

按字节操作：

MOV　IE,#8FH

按位操作：

SETB　EX0　　　　　　　　　　　;允许外部中断 0 中断

SETB　ET0　　　　　　　　　　　;允许定时器/计数器 0 中断

SETB　EX1　　　　　　　　　　　;允许外部中断 1 中断

SETB　ET1　　　　　　　　　　　;开定时器/计数器 1 中断

SETB　EA　　　　　　　　　　　　;开总中断控制位

5.2.6　中断优先级控制

1．中断优先级控制寄存器

MCS-51 单片机的每个中断都有两个优先级，高优先级和低优先级。通过对中断优先级控制寄存器 IP 的设置，可以让中断处于不同的优先级。IP 的格式如图 5-7 所示，其地址为 B8H，可以按位操作，复位后的初值为××000000B，可以按 00H 处理。

IP	D7	D6	D5	D4	D3	D2	D1	D0
(B8H)	—	—	PT2	PS	PT1	PX1	PT0	PX0

图 5-7　中断优先级控制寄存器

PT2：定时器/计数器 T2 的中断优先级控制位。PT2 设置为 1 则 T2 为高优先级，PT2 设置为 0 则 T2 为低优先级。

后面各位均是如此，设置为 1 为高优先级，设置为 0 为低优先级，不再一一赘述。

PS：串行口的中断优先级控制位。

PT1：定时器/计数器 1 的中断优先级控制位。

PX1：外部中断 1 的中断优先级控制位。

PT0：定时器/计数器 0 的中断优先级控制位。

PX0：外部中断 0 的中断优先级控制位。

由于单片机复位后 IP 的状态是 00H，所有的中断全部为低优先级，这时，只需将高优先级的中断优先级控制位设置为 1 就可以了。

2. 中断优先级规则

MCS-51 单片机中断优先级规则分两种情况：

（1）不同优先级中断之间的优先规则

不同优先级中断同时请求，先响应高级中断请求。

不同优先级中断不同时请求，高级中断请求能够中断低级中断服务程序，产生中断嵌套。

（2）相同优先级中断之间的优先规则

相同优先级中断同时请求，按中断查询次序响应，其次序为：$\overline{\text{INT0}} \rightarrow \text{T0} \rightarrow \overline{\text{INT1}} \rightarrow \text{T1} \rightarrow$ 串行口$\rightarrow$T2。

相同优先级中断不同时请求，不能中断正在执行的中断服务程序，即同级中断不能嵌套。

相同优先级中断响应的次序，也就是各个中断在寄存器 IE、IP 中从低位到高位的排列顺序。

所谓中断嵌套，就是当 CPU 正在处理一个低优先级的中断服务程序时，又出现了高优先级的中断请求，这个时候 CPU 就暂时中止执行低优先级的中断服务程序，转去执行高优先级的中断服务程序，待高优先级中断服务程序执行完毕，回到被中止的低优先级中断服务程序继续执行，此过程称为中断嵌套。MCS-51 单片机中断嵌套的处理过程如图 5-8 所示。

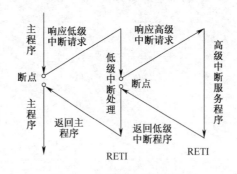

图 5-8　中断嵌套的处理过程

例 5-2　编写程序段，设置单片机的两个外部中断和串行口中断为高优先级，三个定时器中断为低优先级。

（1）C 语言程序

按字节操作：

IP=0x15;

按位操作：

PX0=1;	//设置外中断 0 为高级中断
PX1=1;	//设置外中断 1 为高级中断
PS=1;	//设置串行口中断为高优先级

（2）汇编语言程序

按字节操作：

MOV　IP,#15H

按位操作：

SETB　　　PX0　　　　　　　　　　;设置外中断 0 为高级中断
SETB　　　PX1　　　　　　　　　　;设置外中断 1 为高级中断
SETB　　　PS　　　　　　　　　　 ;设置串行口中断为高优先级

以上均未对低优先级中断设置，认为它们的优先级控制位都是 0。

5.3　中断响应及处理过程

在 MCS-51 单片机内部，CPU 在每个机器周期的 S5P2 节拍顺序采样中断源，并在下一个周期的 S6 期间按优先级顺序查询中断标志。如果中断标志位为 1，接下来的机器周期的 S1 期间按优先级顺序进行中断处理。

中断处理过程一般可以分为 3 个阶段：中断响应、中断处理、中断返回。

5.3.1　中断响应

为保证正在执行的程序不会因为随机出现的中断响应而被破坏或出错，又能正确保护和恢复现场，必须对中断响应提出要求。

1. 中断响应的条件

① 中断源有中断请求；

② 中断总允许位 EA=1；

③ 发出中断请求的中断源的中断允许控制位为 1；

④ CPU 不是正在执行一个同级或高优先级的中断服务程序；

⑤ 当前的指令已经执行完；

⑥ 如果 CPU 正在执行中断返回指令 RETI，或者对寄存器 IE、IP 进行读/写操作，则执行完上述指令之后，需要再执行完一条非中断相关指令后，才能响应中断请求。

满足上述条件，则中断系统由硬件生成一条内部长调用（LCALL）指令，控制程序转向对应的中断服务程序区执行。只要上述 6 个条件有 1 个条件不满足，都将丢弃本次中断请求，等待上述条件全部满足后再做处理。

上述条件中，前 3 条是中断响应的必要条件，后 3 条是为了保证中断嵌套和中断调用的可靠性而设置。当 CPU 正在执行一个同级或高优先级的中断服务程序时不响应中断，保证正在执行中的同级和高优先级中断服务不被中断；正在执行的指令尚未执行完时，不响应中断，保证正在执行中的当前指令完整执行完，在执行过程中不被破坏；最后一条如果 CPU 正在执行中断返回指令 RETI 或者对寄存器 IE、IP 进行读/写的指令，在执行完上述指令之后，要再执行一条非中断相关指令，才能响应中断请求，主要是为了保证子程序或中断服务程序的正确返回，以及 IE、IP 特殊功能寄存器的正确和稳定配置。

2. 中断响应的过程

在满足中断响应的条件后，CPU 会在两个机器周期内，由硬件自动生成 LCALL 指令，并置位相应的中断优先级触发器，将断点地址（PC 的当前值）压入堆栈保护，把对应的中断入口地址送给 PC，各中断源对应的中断入口地址如表 5-1 所示。与此同时，单片机还会清除该中断（定时器/计数器 T0、T1 中断、下降沿触发的外中断）的请求标志。定时器/计数器 T2 和串行口 RI、TI 的请求标志位需要在中断服务子程序中安排清除指令手工清除，否则会产生二次中断的情况。

3. 中断响应的时间

中断响应时间是指 CPU 检测到中断请求信号到转入中断服务程序入口所需要的时间。单片机响应中断的最短时间为 3 个机器周期：

1）CPU 在每个机器周期的 S5P2 节拍对中断请求信号进行采样、锁存，在下一个机器周期按优先级顺序查询。

2）中断请求满足中断响应的条件，CPU 自动生成长调用指令 LCALL，该指令是一个双周期指令，转向相应的中断矢量地址。

如果出现下列情况，则需要更多时间：

1）遇到正在执行中断返回指令 RETI，或者对寄存器 IE、IP 进行读/写的指令，或者 RET 指令，需要等待系统执行完当前指令和紧接的下一条指令才能响应中断。在这种情况下，中断的响应时间延长为 5～8 个机器周期。

2）如果 CPU 当前正在执行一个中断服务程序，新中断的优先级没有当前的中断高，则新中断的中断请求被挂起。在这种情况下，响应的时间就无法计算了。

5.3.2　中断处理和中断返回

1. 中断处理

中断处理的过程就是执行中断服务程序的过程。从中断入口地址开始执行，直到返回指令（RETI）为止。此过程一般包括三部分内容，一是保护现场，二是处理中断源的请求，即中断服务，三是恢复现场。如图 5-9 所示是中断处理的流程。

从图中可以看出，CPU 执行中断服务程序的过程和子程序处理过程类似，都包含保护现场、程序执行和恢复现场三个阶段，但是它们还是有本质的区别的。

1）子程序的访问是在主程序中设定好的，中断是随机的。

2）子程序的执行需要有调用指令，中断是自动调用的。

3）中断是可以屏蔽的，子程序一旦调用就要执行。

4）对于中断服务程序，系统必须分配固定的入口地址。

5）汇编指令中，子程序的返回是 RET 指令，而中断服务的返回是 RETI 指令，两者都能正确地返回原程序的断点处继续往下执行，但两者的职能略有不同。

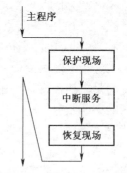

图 5-9　中断处理的流程

通常，主程序和中断服务程序都会用到累加器 A、状态寄存器 PSW 及其他一些寄存器。在执行中断服务程序时，CPU 若用到上述寄存器，就会破坏原先存于这些寄存器中的内容，如果原来的内容在中断返回还要使用，中断返回后，将会造成主程序的混乱。因此，在进入中断服务程序后，一般要先保护现场，然后再执行中断处理程序，在返回主程序以前，再恢复现场。

2. 中断返回

中断返回是指中断服务完成后，CPU 返回到原程序的断点（即原来断开的位置），继续执行原来的程序。

中断返回通过执行中断返回指令 RETI 来实现，该指令的功能是首先将相应的优先级状态触发器置 0，以开放同级别及低级别中断源的中断请求；其次，从堆栈区把断点地址取出，送回到程序计数器 PC 中。

执行 RETI 指令，系统自动将栈顶的内容弹出到程序计数器 PC 中，返回断点继续执行被中断的程序。所以，保护现场和恢复现场的操作执行后一定要保证栈顶指针仍然指向断点地址所在单元，即压栈指令和出栈指令要成对出现，否则将返回不到断点。

5.4　外部中断应用举例

5.4.1　中断应用程序结构

1. 汇编语言的程序结构

含有中断程序的程序结构如下：

（1）主程序入口

系统复位后，程序计数器 PC 的值为 0000H，意味着 0000H 必须有程序。0000H 即为主程序入口。在有中断服务程序的程序结构中，要在此处设置一条长跳转指令 LJMP，跳向主程序。而真正的主程序可以安排在程序存储器其他的位置。

（2）中断服务程序入口

中断服务程序的入口地址是固定的。通常在中断服务程序入口地址处设置一条长跳转指令 LJMP，跳向对应的中断服务程序。

（3）主程序

在有中断服务程序的程序中，主程序要包括中断系统的初始化程序和对应中断的初始化程序。在主程序的最后通常放置一段循环程序或 1 条死循环指令，此循环程序或指令可以什么都不做，只是维持单片机运行，等待中断发生。具体工作由中断服务程序完成。循环程序内也可完成键盘扫描和显示等循环型的工作。

（4）中断服务程序

中断服务程序完成具体的中断处理工作。通常要包括保护现场和恢复现场的工作。

包含有中断服务程序的汇编语言程序结构如下：

```
;复位入口、各个中断入口
          ORG     0000H
          LJMP    MAIN                ;复位入口
          ORG     0003H
          LJMP    INT_EX0             ;外中断 0 中断入口
          ORG     000BH
          LJMP    INT_T0              ;T0 中断入口
            ⋮
;主程序
          ORG     0030H               ;主程序定位
   MAIN:
          MOV     SP,#0DFH            ;设置堆栈指针，把堆栈放在片内存储器高端
          SETB    IT0                 ;初始化中断系统，设置外部中断 0 下降沿触发
          SETB    PX0                 ;设置外部中断 0 高优先级
```

```
        SETB    EX0                 ;外部中断 0 允许
          ⋮                          ;定时器/计数器 0 初始化
        SETB    ET0                 ;定时器/计数器 0 中断允许
        SETB    EA                  ;总中断允许
          ⋮
    LP:
        LCALL   DISPLAY             ;调用扫描显示子程序
          ⋮
        SJMP    LP                  ;循环，等待中断发生
          ⋮
          ⋮
;扫描显示子程序
    DISPLAY:
        PUSH    Ri                  ;保护现场
          ⋮
        POP     Ri                  ;恢复现场
        RET                         ;扫描显示子程序返回
          ⋮
;外部中断 0 服务子程序
    INT_EX0:
        PUSH    A                   ;保护现场
        PUSH    R0
          ⋮
        POP     R0                  ;恢复现场
        POP     A
        RETI                        ;外部中断 0 返回
;T0 中断服务子程序
    INT_T0:
        PUSH    Ri                  ;保护现场
        PUSH    Rj
          ⋮
        POP     Rj                  ;恢复现场
        POP     Ri
        RETI                        ;T0 中断返回
          ⋮
        END                         ;程序结束
```

2. C 语言的程序结构

如果用 C 语言编写程序，则不需要考虑引导程序问题、中断入口与跳转问题，这些问题均由编译系统安排好。含有中断程序的程序结构如下：

1）main()函数。与汇编的主程序类似，要完成中断系统的初始化。要有一个循环，等待中断发生。

2）中断处理函数。中断处理函数在定义时，要有 interrupt n 说明中断号。在 C 语言的中断处理函数中，不用进行保护现场和恢复现场的工作，因为编译系统会完成这些工作。

C 语言的程序结构如下：

```
#include <reg52.h>                 //特殊功能寄存器定义的头文件
     ⋮
```

```
    void display(void)                              //数码管扫描显示函数
    {
        ⋮                                           //函数具体程序
    }
    void main(void)
    {
        IT0=1;                                      //中断系统初始化
        PX0=1;
        EX0=1;
        EA=1;
         ⋮
        while(1)                                    //循环，等待中断发生
        {    display();                             //调用扫描显示函数
             ⋮
        }
    }
    void int_ex0(void) interrupt    0               //外中断 0 服务函数，带有 interrupt 0
    {
        ⋮                                           //具体中断服务
    }
    void int_t0(void) interrupt    1                //T0 中断服务函数，带有 interrupt 1
    {
        ⋮                                           //具体中断服务
    }
```

3．中断系统的初始化步骤

中断系统的初始化主要是对 MCS-51 系列单片机内部相关的中断特殊寄存器进行初始化编程。以允许对应的中断源的中断请求和设置中断优先级等。具体步骤如下。

1）根据需要确定各中断源的优先级别，设置中断优先级寄存器 IP 中相应的位。

2）根据需要确定外部中断的触发方式，设置定时器控制寄存器 TCON 中相应的 IT0 位和 IT1 位。

3）设置总中断控制位 EA，设置中断源对应的中断允许控制位。

4．中断服务程序的注意事项

（1）使用汇编语言编程时的保护现场和恢复现场

保护现场一定要位于具体的中断处理程序之前，保存的内容常为在中断服务子程序中要用到的存储单元和寄存器里面的内容。恢复现场则是将数据从堆栈送到原来的位置。所以，恢复现场要安排在中断返回之前。

保护现场和恢复现场要保证数据从哪里来，回哪里去；要遵循栈"先进后出"的原则，先进栈的后出栈，后进栈的先出栈，保存和恢复的数据的字节数也要一致，即 PUSH 和 POP 成对出现。

（2）关中断和开中断

实际应用中，为了防止在保护现场和恢复现场时有高级的中断进行中断嵌套，破坏正在操作的过程，往往在保护现场和恢复现场前关中断，在保护现场和恢复现场后开中断，允许中断嵌套。如果不允许中断嵌套，可以在保护现场前软件关闭 CPU 中断或屏蔽更高级中断源的中断，禁止新中断的进入；在中断处理完成后再开放被屏蔽的中断。

（3）中断请求的撤除

CPU 响应某中断请求后，在中断返回前，应该撤除该中断请求，否则会引起另一次中断。不同中断源中断请求的撤除方法是不一样的。

定时器溢出中断请求的撤除：CPU 在响应中断后，硬件会自动清除中断请求标志 TF0 或 TF1。但定时器/计数器 2，其中断请求标志位 TF2 和 EXF2 不能自动复位，必须软件复位。

串行口中断的撤除：在 CPU 响应中断后，硬件不能清除中断请求标志 TI 和 RI，而要由软件来清除相应的标志。

外部中断的撤除：外部中断为边沿触发方式时，CPU 响应中断后，硬件会自动清除中断请求标志 IE0 或 IE1。

外部中断为电平触发方式时，CPU 响应中断后，硬件会自动清除中断请求标志 IE0 或 IE1，但由于加到 $\overline{\text{INT0}}$ 或 $\overline{\text{INT1}}$ 引脚的外部中断请求信号并未撤除，中断请求标志 IE0 或 IE1 会再次被置 1，所以在 CPU 响应中断后应立即撤除 $\overline{\text{INT0}}$ 或 $\overline{\text{INT1}}$ 引脚上的低电平。一般采用加 D 触发器的方法来解决这个问题。

（4）中断的识别

在串行口中断中，当串行口接完一帧或者发送完一帧数据后，对应的接收中断请求标志 RI 和发送中断请求标志位 TI 会置 1，向 CPU 发出串行口中断请求。由于这两种中断请求共用一个中断矢量地址（0023H），合用一个中断允许位 ES 和中断优先级选择位 PS。所以在中断服务程序中要用查询语句区分是哪种中断引起的中断请求，清除其中断请求标志 RI 或者 TI，转向对应的中断服务子程序去执行。

定时器/计数器 2，也有两个中断请求标志：16 位计数器溢出中断标志位 TF2 和"捕获"中断请求标志位 EXF2。只要有一种中断请求，都会引起定时器/计数器 2 中断。两个中断合用一个中断矢量地址，无论是哪一种中断，都会转向定时器/计数器 2 的中断服务程序。同串行口一样，也必须通过软件来识别中断的种类和清除对应的中断标志位。

（5）中断返回

汇编语言的中断服务程序的最后一条指令，必须为 RETI 返回指令，不能为 RET 指令。

5.4.2 外部中断应用举例

例 5-3 如图 5-10 所示，将 P0 口的 P0.0～P0.3 作为输入位输入 4 个开关的状态，P2.0～P2.3 作为输出显示开关状态。要求利用 AT89C52 外部中断 0 将开关所设的数据读入单片机内，并依次通过 P2.0～P2.3 输出，驱动发光二极管，以检查 P0.0～P0.3 输入的电平情况（若输入为低电平则相应的 LED 亮）。要求采用中断边沿触发方式，每中断一次，完成一次读/写操作。

分析：P0.0～P0.3 连接开关，当开关断开时，对应口线输入高电平；当开关闭合时，对应口线输入低电平。另 P2.0～P2.3 的任何一位输出为 0 时，相应的发光二极管就会发光。当 $\overline{\text{INT0}}$ 所接的按钮按下时，将产生一个下降沿信号，通过 $\overline{\text{INT0}}$ 发出中断请求。在中断服务程序里读 P0 口数据，并把数据从 P2 口输出。

C 语言程序清单：

```
#include<reg52.h>
void main()
{
    IT0=1;                          //选择边沿触发方式
```

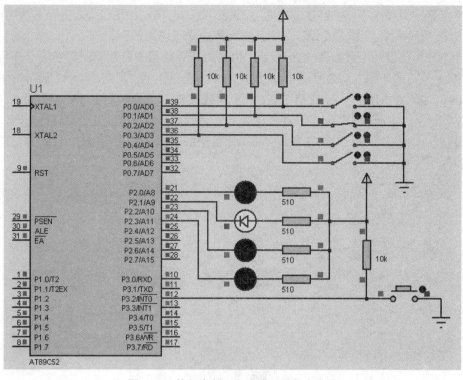

图 5-10　外部中断 0 方式读开关状态电路

EX0=1;	//允许外部中断 0
EA=1;	//总中断允许
while (1);	//等待中断

```
}
void int0_serv(void) interrupt 0               //外部中断 0 的中断服务程序
{
    P0=0x0f;                                   //设 P0.0～P0.3 为输入
    P2= P0;                                    // P0 的值输出到 P2 驱动 LED 发光
}
```

汇编语言程序清单：

```
        ORG     0000H
        LJMP    MAIN            ;上电，转向主程序
        ORG     0003H           ;外部中断 0 入口地址
        LJMP    INT0_SERV       ;转向中断服务程序
        ORG     0030H           ;主程序
MAIN:
        MOV     SP, #0DFH       ;设置堆栈指针，把堆栈放在片内 RAM 高端
        SETB    IT0             ;选择边沿触发方式
        SETB    EX0             ;允许外部中断 0
        SETB    EA              ;总中断允许
        SJMP    $               ;等待中断
INT0_SERV:
        MOV     P0,#0FH
        MOV     P2,P0           ;输出驱动 LED 发光
        RETI                    ;中断返回
        END
```

严格来说，对按钮触发中断需要延时去抖动，否则，按一次按钮会产生很多次中断。

例 5-4　用单片机中断方式设计一个 4 路故障声光报警系统。

设计与分析：设计电路如图 5-11 所示，用 4 个开关模拟 4 路故障源。当所有开关都断开时，74LS21 与门的 4 输入均为高电平（P2.0～P2.3 输出高电平），则 74LS21 输出为高电平，不产生 $\overline{INT1}$ 中断，并且 4 个 LED 都不亮，表示没有故障；当至少有一个开关闭合时，$\overline{INT1}$ 输入低电平，触发外中断 1 中断，并且相应的发光二极管亮，表示有故障。当有故障时，在外中断 1 复位程序中使蜂鸣器发出报警声。中断由低电平触发，直到故障消失，相应的发光二极管熄灭，报警声停止。

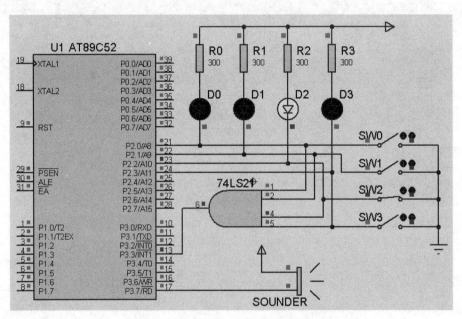

图 5-11　外部中断 1 模拟多路故障检测

C 语言程序清单：

```
#include<reg52.h>
sbit sound=P3^7;
void main()
{
    IT1=0;                          //选择低电平触发方式
    EX1=1;                          //允许外部中断 1
    EA=1;
    P2=0x0f;
    while (1);                       //等待中断
}
void int1_serv() interrupt 2        //外部中断 1 中断服务程序
{
    unsigned char i;
    sound=~sound;                    //输出方波到蜂鸣器发声
    for(i=0;i<100;i++);              //发声延时，控制声音频率
}
```

汇编程序清单：

```
        ORG     0000H
        LJMP    MAIN                    ;主程序入口
        ORG     0013H                   ;外部中断 1 入口地址
        LJMP    INT1SERV                ;转向中断服务程序
MAIN:
        MOV     SP, #0DFH               ;设置堆栈指针，把堆栈放在片内 RAM 高端
        CLR     IT1                     ;选择低电平触发方式
        SETB    EX1                     ;允许外部中断 1
        SETB    EA
        MOV     P2,#0FH                 ;P2 低四位输入
        SJMP    $
INT1SERV:
        CPL     P3.7                    ;输出方波到蜂鸣器，可发声
        MOV     R7,#200                 ;发声延时，控制声音频率
        DJNZ    R7,$
        RETI                            ;中断返回
        END
```

还可以在中断服务程序中读取 P2 引脚，确定具体的故障源，将故障源记录下来。

思考题与习题

1．什么是中断，什么是中断源，什么是中断系统？

2．中断有哪些功能？

3．MCS-51 增强型单片机有哪些中断通道？中断号各是什么？中断入口地址各是多少？

4．外部中断触发方式有几种？它们的特点是什么？

5．MCS-51 增强型单片机各中断通道有哪些中断源？中断标志各是什么？各中断标志是怎样产生的，又是如何清零的？

6．什么是中断优先级？什么是中断嵌套？处理中断优先级的原则是什么？

7．单片机在什么情况下可以响应中断？中断响应的过程是怎样的？

8．中断响应过程中，为什么通常要保护现场？如何保护断点和现场？

9．在汇编语言中应如何安排中断服务程序？

10．中断系统的初始化一般包括哪些内容？

11．中断服务程序与普通子程序有什么区别？

12．RETI 指令的功能是什么？为什么不用 RET 指令作为中断服务程序的返回指令？

13．编写一段对中断系统初始化的程序，使之允许 $\overline{\text{INT0}}$、T1、串行口中断，且使串行口中断为高优先级。

14．如图 5-12 所示，两个按键 S1 和 S2 分别接在 89C52 单片机的 P3.2 和 P3.3 引脚，两个发光二极管 LED1 和 LED2 的阴极分别接在 P1.0 和 P1.1 引脚。参照图 5-12，用 Proteus 绘制电路图，并用 Keil C 编写程序，当 S1 和 S2 键按下时以下降沿方式触发，分别产生 $\overline{\text{INT0}}$ 和 $\overline{\text{INT1}}$（高优先级）中断，在中断服务程序中分别使 LED1 和 LED2 亮 5 秒。对程序编译后下

载到单片机中，然后模拟运行进行实验：分别按下 S1 和 S2 按键（间隔较大）观察 LED1 和 LED2 亮的情况；先后按下 S1 和 S2、或先后按下 S2 和 S1 按键，观察 LED1 和 LED2 亮的情况，分析是否发生了中断嵌套。

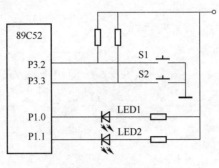

图 5-12　习题 14 图

第6章　MCS-51 单片机的定时器/计数器

定时器/计数器是单片机系统中最重要的部件之一，广泛地应用于定时启动设备工作、记录设备工作的时间、检测事件发生的次数、产生时间与计时、产生时钟信号与声音、产生脉宽调制（PWM）信号等。本章主要讨论 MCS-51 单片机定时器/计数器的结构、原理、工作模式以及应用。

6.1　MCS-51 单片机定时器/计数器的结构及原理

6.1.1　MCS-51 单片机定时器/计数器的结构

52 子系列单片机内部有三个 16 位可编程的定时器/计数器：定时器/计数器 0（简称 T0）、定时器/计数器 1（简称 T1）和定时器/计数器 2（简称 T2），其原理结构如图 6-1 所示。具有如下特点：

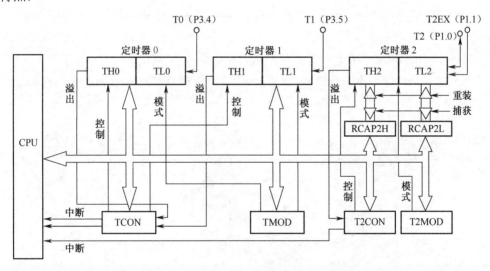

图 6-1　MCS-51 增强型单片机的定时器/计数器结构

1）每个 16 位的定时器/计数器，都有一个 16 位的计数部件，包含有低 8 位和高 8 位寄存器 TLx、THx。对于程序员来说，就是能够进行操作的两个 8 位特殊功能寄存器 TLx、THx，称之为计数部件的低 8 位和高 8 位，经常简称为计数器的低 8 位和高 8 位。

2）每个定时器/计数器均可编程设置为定时器（对内部时钟脉冲进行计数），或者设置为计数器（对外部输入脉冲进行计数，分别从 Tx 引脚输入）。

3）T0、T1 通过定时器工作模式寄存器 TMOD 来选择功能（定时器/计数器）和设置工作模式（4 种），由定时器控制寄存器 TCON 控制运行和标示工作状态。

4）T2 除了有与 T0、T1 对应的模式寄存器 T2MOD、控制寄存器 T2CON 外，还有捕获或初值重装寄存器 RCAP2L、RCAP2H，另外，有外部触发控制引脚 T2EX（P1.1）。T2 具有输出功能（从 P1.0 引脚）。

T2 是 52 子系列新增加的部件，比 T0、T1 功能强大得多，具有 16 位定时/计数初值自动重装功能、外部触发捕获功能、可编程时钟输出功能、串行口波特率发生器功能。

6.1.2   MCS-51 单片机定时器/计数器的工作原理

MCS-51 单片机定时器/计数器（T0、T1、T2）的工作原理如图 6-2 所示，定时器/计数器的实质是一个加 1 计数器（计数部件）。计数器每输入一个计数脉冲，相应的计数值加 1，当计数值溢出（满数 FFFFH 加 1 后变成 0000H）时产生中断。计数脉冲的来源有两个：一个来自于 T0、T1 和 T2 的外部引脚（P3.4、P3.5 和 P1.0）；另一个来自内部，由振荡器的 12 分频信号产生，即每个机器周期计数器加 1。图中 C/$\overline{\text{T}}$ 位用于选择是计数功能还是定时功能。

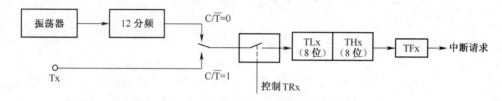

图 6-2   定时器/计数器的工作原理图

计数部件由 TLx 和 THx 两个寄存器组成，其中 TLx 存放计数值的低 8 位，THx 存放计数值的高 8 位，当 TLx 计数到最大值加 1 时，清 0 并向 THx 进 1，当 THx 计数到最大值加 1 时，寄存器清 0 并产生溢出中断，使中断请求标志位 TFx 置 1。

当定时器/计数器设置为计数器时，对引脚的外部脉冲计数，外部脉冲的下降沿将触发计数。计数器在每个机器周期的 S5P2 节拍采样引脚输入电平，若上一个机器周期 S5P2 节拍采样值为 1（高电平），下一个机器周期 S5P2 节拍采样值为 0（低电平），则计数器加 1。在接下来的机器周期 S3P1 节拍，新的计数值装入计数器。如果两次检测，电平没有发生变化，计数器不会进行计数。故最高计数频率为时钟频率的 1/24。

6.2   定时器/计数器 T0、T1

本节先讨论控制 T0、T1 工作的特殊功能寄存器 TMOD 和 TCON，然后讨论 T0、T1 的 4 种工作模式，前三种模式下两个定时器/计数器工作原理是相同的，只有模式 3 下两者才有差别。以下主要以 T0 为例进行介绍，T1 类似。

6.2.1   T0、T1 的特殊功能寄存器

1. T0、T1 模式寄存器 TMOD

TMOD 用于设定 T0、T1 的工作模式。TMOD 由两部分组成，高 4 位用于设置 T1 的工作模式，低 4 位用于设置 T0 的工作模式，其格式如图 6-3 所示。

TMOD （89H）	D7	D6	D5	D4	D3	D2	D1	D0
	GATE	C/$\overline{\text{T}}$	M1	M0	GATE	C/$\overline{\text{T}}$	M1	M0

图 6-3   定时器/计数器模式寄存器 TMOD 格式

注意：此寄存器不可位寻址，只能使用字节寻址指令，复位后 TMOD=00H。

GATE：外部（门）控制位。

当 GATE=0 时，禁止外部信号控制定时器/计数器。软件控制定时器运行，对 TCON 中的 TR1（TR0）位置 1 启动运行，TR1（TR0）清 0 停止运行。

当 GATE=1 时，用外部信号控制定时器/计数器。此时，需要用软件对 TCON 中的 TR1（TR0）置 1，当引脚 P3.3（P3.2）为高电平时启动 T1（T0）运行，当引脚 P3.3（P3.2）为低电平时停止 T1（T0）运行。当然，也可以用软件方式（对 TR1（TR0）清 0）停止运行。

C/$\overline{\text{T}}$：定时器/计数器功能选择位。

当 C/$\overline{\text{T}}$=1 时作计数器使用，计数脉冲由外部输入引脚提供。

当 C/$\overline{\text{T}}$=0 时作定时器使用，计数脉冲来自内部时钟，其周期是一个机器周期。

M1、M0：工作模式选择位。

用于对 T0 的 4 种工作模式、T1 的 3 种工作模式进行选择，选择情况如表 6-1 所示。T1 不能工作在模式 3，如果设置为模式 3，T1 将停止工作。

表 6-1　定时器/计数器的工作模式选择

M1	M0	工作模式	功能
0	0	模式 0	13 位定时器/计数器（低 5 位、高 8 位）
0	1	模式 1	16 位定时器/计数器
1	0	模式 2	8 位自动重装定时器/计数器
1	1	模式 3	定时器 0：TL0 为 8 位定时器或计数器，TH0 为 8 位定时器 定时器 1：无此模式，停止工作

2. T0、T1 控制寄存器 TCON

TCON 寄存器具有运行控制及中断标示功能。此寄存器可以位寻址，位地址从字节地址 88H 开始，88H～8FH。复位后 TCON=00H，其格式如图 6-4 所示。

TCON	D7	D6	D5	D4	D3	D2	D1	D0
(88H)	TF1	TR1	TF0	TR0	IE1	IT1	IE0	IT0

图 6-4　定时器的中断控制寄存器

TF1：T1 的溢出标志位。

当 T1 计满溢出时，由硬件对 TF1 置 1，请求中断。CPU 响应请求进入中断复位程序后，TF1 被硬件清 0。TF1 也可以用软件清 0，如 T1 工作于查询方式。

TR1：T1 运行控制位。

GATE=0 时，用软件对 TR1 置 1，即可启动定时器 1，若用软件使 TR1 清 0，则停止定时器 1。

GATE=1 时，用软件对 TR1 置 1，当 $\overline{\text{INT1}}$（P3.3）引脚为高电平时启动 T1 运行，当 $\overline{\text{INT1}}$ 引脚为低电平时停止 T1 运行。

TF0：定时器 0 溢出标志位。其功能同 TF1 类似。

TR0：定时器 0 运行控制位。其功能同 TR1 类似。

IE1、IT1、IE0、IT0：外部中断请求标志及触发方式选择位，第 5 章已经讲过。

3. T0、T1 的计数寄存器 TLx 和 THx

TL0 和 TH0 是定时器/计数器 T0 的低 8 位和高 8 位计数寄存器，二者组合在一起组成 16 位的计数寄存器。不能按位寻址，复位值为 0。对其写则为写入的初值，对其读，则为当前的计数值用于计数和写入计数的初值。

TL1 和 TH1 是定时器/计数器 T1 的低 8 位和高 8 位计数寄存器，与 TL0、TH0 类似。

6.2.2 T0、T1 的工作模式

MCS-51 的 T0、T1 共有 4 种工作模式，前三种模式下两个定时器/计数器工作原理是相同的，只有模式 3 下两者才有差别。以下主要以 T0 为例进行介绍，T1 类似。

1. 模式 0

模式 0 是一个 13 位定时器/计数器。图 6-5 是以 T0 为例画出的模式 0 的结构图。

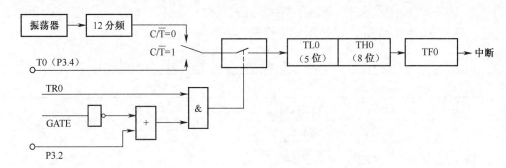

图 6-5　T0（T1）以模式 0 工作时的结构

图 6-5 中，由 TH0 中的 8 位和 TL0 中的低 5 位组成的 13 位计数器（TL0 中的高 3 位无效）。若 TL0 中的第 5 位有进位，直接进位到 TH0 中的最低位。例如初值为 8067，即 1111110000011B，则 TH0=0FCH，TL0=03H（TH0 的高 8 位，TL0 的低 5 位）。

模式 0 这种 13 位计数，是为了与早期的产品 MCS-48 单片机兼容，现在一般不使用这种工作模式。

2. 模式 1

当设置 M1M0=01 时，定时器/计数器以模式 1 工作，其中的计数部件以 16 位计数。图 6-6 是以 T0 为例画出的模式 1 的结构图，T1 与其类似。

从图 6-6 中可以看出，定时器/计数器由 4 个部分组成：时钟源（内部或外部）、运行控制、计数部件、溢出标志。

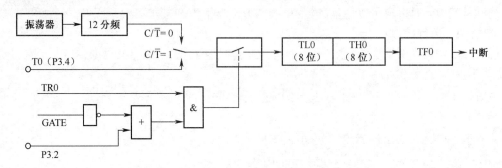

图 6-6　T0（T1）以模式 1 工作时的结构

1）时钟源：图中的左边上半部分。可以选择内部时钟源为定时功能、选择外部时钟源为计数功能，决定于 TMOD 中的 C/$\overline{\text{T}}$ 位。

2）运行控制：图中的下半部分。决定于 TR0、GATE 和外部控制引脚 $\overline{\text{INT0}}$（P3.2）。

如果 GATE=0，则仅由 TR0 控制运行，TR0=1 则 T0 运行，TR0=0 则 T0 停止；

如果 GATE=1，则由 TR0 和引脚 $\overline{\text{INT0}}$（P3.2）共同控制，若设置 TR0=1，则由 P3.2 引脚控制运行，P3.2 为高则 T0 运行，P3.2 为低则 T0 停止。

3）计数部件：由 TL0、TH0 组成，是一个 16 位的加法计数器，对送来的脉冲进行计数，计数溢出后输出由低变高，设置溢出标志。

4）溢出标志：TF0。当计数部件溢出后对其置 1，向 CPU 请求中断。

模式 1 是常用的工作模式。模式 1 定时时间的计算公式如下：

$$\text{定时时间}=\text{计数值}\times\text{机器周期}=（2^{16}-\text{定时初值}）\times\text{振荡周期}\times 12 \qquad （公式 6-1）$$

最大定时时间（初值为 0 时）为：$2^{16}\times\text{振荡周期}\times 12$。

3. 模式 2

当设置 M1M0=10 时，定时器/计数器以模式 2 工作，模式 2 是 8 位初值自动重装模式。图 6-7 为模式 2 的结构图，与图 6-6 比较，区别仅是计数部件的结构。

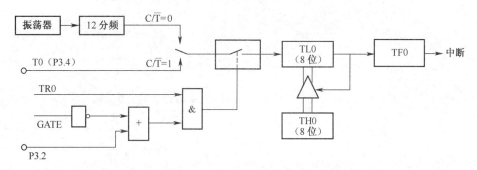

图 6-7　T0（T1）以模式 2 工作时的结构

计数部件：TL0 用于计数，TH0 用于保存初值，计数溢出时高电平信号打开缓冲门，把 TH0 中的初值装载到 TL0 中。

相对于模式 1，模式 2 初值自动重装非常方便，是一种首选工作模式，但计数范围较小。

模式 2 定时时间的计算公式如下：

$$\text{定时时间}=（2^{8}-\text{定时初值}）\times\text{振荡周期}\times 12 \qquad （公式 6-2）$$

最大定时时间（初值为 0 时）为：$256\times\text{振荡周期}\times 12$。

4. 模式 3

模式 3 只有 T0 才有，为双 8 位计数模式，图 6-8 为模式 3 的结构图。

在模式 3 下，T0 被分为两个 8 位计数器。其中，TL0 可作为定时器/计数器使用，占用 T0 的全部控制位：GATE、C/$\overline{\text{T}}$、TR0 和 TF0；而 TH0 只能做定时器，对机器周期进行计数，这时它占用定时器/计数器 1 的 TR1 位、TF1 位。由于这时 TH0 占用了 T1 的资源，T1 只能作为串行口波特率发生器使用。

T1 作为串行口波特率发生器时，将其设置为模式 2 定时，8 位初值能够自动重装，非常方便。尽管也可以设置为 13 位或 16 位计数器功能，但一般都不选择。T1 作为串行口波特率发生器的结构如图 6-9 所示。

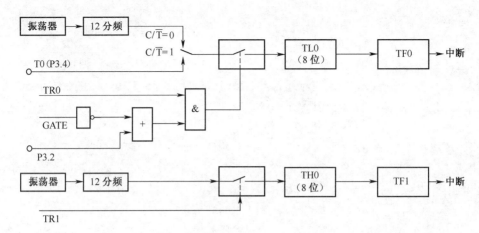

图 6-8　T0 以模式 3 工作时的结构

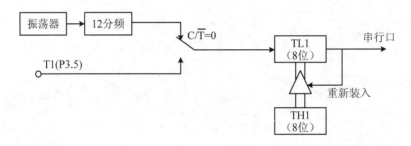

图 6-9　T0 以模式 3 工作时 T1 作为串行口波特率发生器的结构

6.2.3　T0、T1 的使用方法

T0、T1 各有两种功能（定时/计数）、4 种或 3 种工作模式，如何选择其功能和工作模式，是使用 T0、T1 编写程序需要首先解决的问题。

1. 选择定时和计数功能

对于选择定时和计数的功能比较容易，如果需要对单片机外部输入的脉冲进行计量，则选择计数功能（如统计产品数量、轮子转动周数（每周产生的脉冲数目一定）、液滴的数目等），否则选择定时功能（如定时启动/停止机器运转、定时打开/关闭阀门、产生方波、产生某种频率的声音等）。

2. 选择工作模式

对于定时器或计数器的工作模式的选择，推荐首选模式 2——8 位初值自动重装，不需要软件重新赋初值，并且定时或计数更准确。但因为模式 2 的 8 位计数较少，不能满足所有情况，所以需要先计算计数值 N，再确定合适的工作模式。

（1）计算计数值 N

1）计数情况。需要计的数 N 往往是给定的，如计 100 个数、200 个数等。

2）定时情况。在这种情况下往往给出的是定时的时间，根据定时器每个机器周期计 1 个数的规律，则计数值 N 与定时时间 t、机器周期 T_{MC}、晶振频率 f_{osc} 的关系如下：

$$t = N \times T_{MC}、\qquad \because T_{MC} = 12/f_{osc}$$

$$\therefore \qquad\qquad N = t / T_{MC} = t \times f_{osc} /12 \qquad\qquad （公式 6-3）$$

（2）确定工作模式

如果 N>256，则选择模式 1；否则选择模式 2，或者选择模式 3。

3. 计数初值 X 的计算

$$计数初值 X = 最大计数值 - 计数值 N \qquad （公式 6\text{-}4）$$

计数初值和工作模式有关，即与计数位数有关，模式 1 是 16 位定时器/计数器，最大计数值为 65536（2^{16}）；模式 2、3 是 8 位定时器/计数器，最大计数值为 256（2^8）。

4. 什么情况下选择模式 3

模式 3 是在系统既需要波特率发生器，又需要多个定时器/计数器，而且计数值都比较小（N≤256）的情况下使用。这时定时器/计数器 T1 作为波特率发生器，定时器/计数器 T0 分为两个 8 位定时器，或者分成的两个其中一个作 8 位定时器、另一个作 8 位计数器使用。

5. 使用 T0、T1 编程的方法步骤

① 计算计数值 N；

② 确定工作模式；

③ 计算定时或计数的初值 X；

④ 编写初始化程序：

设置 TMOD；设置 TLx 和 THx；需要时开 T0、T1 中断和总中断；设置 TRx 启动运行。

⑤ 编写 T0、T1 的应用程序。

前 3 项为编写初始化程序前的准备，称之为初始化准备。

6. 在运行中读取 TLx、THx 的方法

在 T0、T1 运行情况下，TLx 和 THx 中的值在变化，读的期间有可能进位，读出的数据不正确。正确的读取方法如下：

```
do
{    xh=THx;
     xl=TLx;
}while(xh!=THx);
```

程序中的 xl、xh 为已经定义过的无符号字符型变量。

例 6-1　对 89C52 单片机编程，使用定时器/计数器 T0 以模式 1 定时，以中断方式从 P1.0 引脚产生周期为 1000μs 的方波，设单片机的振荡频率为 12MHz。

分析：产生周期性的方波，只需定时半个周期，计数溢出后对输出引脚取反即可。因此，对于产生周期为 1000μs 的方波，需要将 T0 设置为定时功能，定时时间 t 为 500μs，每次中断后，对输出引脚 P1.0 的输出取反，就可以在 P1.0 引脚产生所需的方波。

根据定时器/计数器使用的方法步骤，初始化准备如下：

计算计数值 N：$N= t / T_{MC}= t \times f_{osc}/12=500 \times 12/12=500$

选择模式 1，因为 N>256

计算初值 X：$X=2^{16}-500=65036=0FE0CH$，即 TH0=0FEH，TL0=0CH

C 语言程序清单：

```
#include <reg52.h>
Sbit    P1_0=P1^0;
void main()
```

```
    {
        TMOD=0x01;                              //设置 T0 做定时器，工作在模式 1
        TL0=0x0c;
        TH0=0xfe;                               //设置定时器的初值
        ET0=1;                                  //开 T0 中断
        EA=1;                                   //开 CPU 中断
        TR0=1;                                  //启动定时器
        while(1);                               //等待中断
    }
    void time0_serv(void)    interrupt    1     //中断服务程序
    {
        TL0=0x0c;
        TH0=0xfe;                               //定时器重赋初值
        P1_0=~P1_0;                             //P1.0 取反，输出方波
    }
```

汇编语言程序清单：

```
        ORG     0000H
        LJMP    MAIN
        ORG     000BH                   ;T0 的中断入口地址
        LJMP    TIME0
MAIN:
        MOV     SP,#0DFH                ;设置堆栈指针
        MOV     TMOD,#01H               ;T0 做定时器，工作于模式 1
        MOV     TL0,#0CH                ;设置定时器的初值
        MOV     TH0,#0FEH
        SETB    ET0                     ;定时器 T0 开中断
        SETB    EA                      ;CPU 开中断
        SETB    TR0                     ;启动定时器 T0 开始定时
        SJMP    $                       ;等待定时器溢出中断
TIME0:                                  ;中断服务子程序
        MOV     TL0,#0CH                ;重装定时初值
        MOV     TH0,#0FEH
        CPL     P1.0                    ;P1.0 取反，输出方波
        RETI                            ;中断返回
        END
```

例 6-2　设单片机的振荡频率为 12MHz，用 T1 编程实现从 P1.0 输出频率为 2KHz 的方波。

分析：要求输出方波频率为 2KHz，则周期为 500μs，只需对 P1.0 每 250μs 取反一次即可，即定时时间 t 为 250μs。

根据定时器/计数器使用的方法步骤，初始化准备如下：

计算计数值 N：$N= t / T_{MC} = t \times f_{osc}/12 = 250 \times 12/12 = 250$

选择模式 2，因为 N<256

计算初值 X：$X=2^8-250=6$

（1）采用中断方式处理

C 语言程序清单：

```
# include <reg52.h>
sbit   P1_0=P1^0;
void main()
{
    TMOD=0x20;                        //选择定时器的工作模式
    TL1=0x06;
    TH1=0x06;                         //为定时器赋初值
    ET1=1;                            //开定时器 1 中断
    EA=1;                             //开 CPU 中断
    TR1=1;                            //启动定时器 1
    while(1);                         //等待中断
}
void time1_serv(void)    interrupt 3 //中断服务程序
{
    P1_0=~P1_0;
}
```

汇编语言程序清单：

```
        ORG      0000H
        LJMP     MAIN
        ORG      001BH              ;中断服务程序
        CPL      P1.0
        RETI
        ORG      0030H              ;主程序
MAIN:
        MOV      TMOD,#20H          ;选择定时器的工作模式
        MOV      TL1,#06H           ;为定时器赋初值
        MOV      TH1,#06H
        SETB     ET1                ;允许定时器 0 中断
        SETB     EA                 ;允许 CPU 中断
        SETB     TR1                ;启动定时器 0
        SJMP     $                  ;等待中断
        END
```

（2）采用查询方式处理

C 语言程序清单：

```
# include   <reg52.h>
sbit P1_0=P1^0;
void main()
{
    TMOD=0x20;
    TL1=0x06;
    TH1=0x06;
    TR1=1;
    while (1)
    {
        If(TF1)                        //查询计数溢出
```

```
                {    TF1=0;
                     P1_0=~P1_0;
                }
          }
    }
```

汇编语言程序清单：

```
         ORG      0000H
MAIN:
         MOV      TMOD,#20H
         MOV      TL1,#06H
         MOV      TH1,#06H
         SETB     TR1
LOOP:
         JNB      TF1,NEXT1            ;查询计数溢出
         CLR      TF1
         CPL      P1.0
NEXT1:
         SJMP     LOOP
         END
```

在实际应用中，基本上都是用定时器的中断方式产生方波，不会选择查询方式，本例的查询方式只是提示也可以使用查询方式而已。

6.3　定时器/计数器 T2

在 MCS-51 增强型单片机中增加了一个定时器/计数器 T2，T2 的功能比 T0、T1 更强，具有 16 位自动重装、捕获、可编程时钟输出和串行口波特率发生器功能。

伴随着 T2，相应地增加了 6 个 8 位的特殊功能寄存器：控制寄存器 T2CON、模式寄存器 T2MOD、16 位的计数部件寄存器 TL2 和 TH2、16 位的重装和捕获寄存器 RCAP2L 和 RCAP2H。

6.3.1　T2 的特殊功能寄存器

1.　控制寄存器 T2CON

特殊功能寄存器 T2CON 的地址为 C8H，可以按位寻址。复位后初值为 00H，其格式如图 6-10 所示，各位含义如下。

T2CON	D7	D6	D5	D4	D3	D2	D1	D0
（C8H）	TF2	EXF2	RCLK	TCLK	EXEN2	TR2	C/$\overline{\text{T2}}$	CP/$\overline{\text{RL2}}$

图 6-10　定时器/计数器 T2 控制寄存器 T2CON

① TF2：定时器/计数器 T2 的计数溢出中断标志位。

T2 计数溢出时，由硬件置位，请求中断，但必须由软件清 0。

当 RCLK 和 TCLK 其中至少有一位是 1，此时 T2 作为串行口的波特率发生器，T2 溢出不会使 TF2 置位。

② EXF2：定时器/计数器 T2 外部触发中断标志位。

当 EXEN2=1，且在 T2EX（P1.1）引脚出现负跳变引起捕获或重装载时，EXF2 由硬件置位，请求中断，如果 CPU 响应中断，执行 T2 中断服务程序，但该位不能由硬件清 0，必须由软件清 0。

当 DCEN=1 时，T2EX 不能引发中断。

③ RCLK：串行口接收时钟允许位。

④ TCLK：串行口发送时钟允许位。

RCLK=1 时，用 T2 溢出脉冲做串行口方式 1 或方式 3 的接收时钟。

TCLK=1 时，用 T2 溢出脉冲做串行口方式 1 或方式 3 的发送时钟。

当 RCLK 和 TCLK 其中至少有一位是 1，T2 为定时器功能，作为串行口的波特率发生器，此时 16 位初值（在 RCAP2L、RCAP2H 中）会自动重装。

⑤ EXEN2：定时器/计数器 T2 外部触发允许位。

当 EXEN2=1 时，如果 T2 未用作波特率发生器，则在 T2EX（P1.1）引脚上产生负跳变时，将触发"捕获"或"重装"操作；当 EXEN2=0 时，T2EX 引脚上的电平变化无效。

⑥ TR2：定时器/计数器 T2 启停控制位。

当 TR2=1 时，启动 T2 运行；TR2=0 时，停止 T2 运行。

⑦ C/$\overline{T2}$：T2 定时或计数功能选择位。

当 C/$\overline{T2}$=1 时，T2 作计数器使用，对外部事件计数（下降沿触发），至少两个机器周期完成一次计数；当 C/$\overline{T2}$=0 时，T2 作定时器使用，由内部时钟触发计数。

⑧ CP/$\overline{RL2}$：捕获和重装方式选择位。

如果设置 CP/$\overline{RL2}$=1、EXEN2=1，当 T2EX（P1.1）引脚有负跳变时，引发捕获操作；如果设置 CP/$\overline{RL2}$=0、EXEN2=1，当 T2EX 引脚有负跳变或者 T2 计数溢出时，引发自动重装操作。

2. T2 模式寄存器 T2MOD

T2MOD 寄存器用于定时器/计数器 T2 的输出和计数方向控制，不可位寻址，复位后为 ×××××00B，其格式如图 6-11 所示。

T2MOD	D7	D6	D5	D4	D3	D2	D1	D0
（C9H）	—	—	—	—	—	—	T2OE	DCEN

图 6-11　定时器/计数器 T2 控制寄存器 T2MOD

① T2MOD 的高 6 位：保留位，未定义。

② T2OE：定时器/计数器 T2 输出允许控制位。

当 T2OE=1 时，允许 T2（P1.0）引脚输出时钟信号。

③ DCEN：定时器/计数器 T2 计数方向控制位。

当 DCEN=0 时，T2 设置成向上（递增）计数。

当 DCEN=1 时，允许 T2 向上（递增）或向下（递减）计数，这时 T2EX 引脚控制计数方向。当 T2EX 输入逻辑"1"时，向上计数；当 T2EX 输入逻辑"0"时，则向下计数。

3. T2 计数寄存器 TL2、TH2

TL2 和 TH2 是定时器/计数器 T2 的低 8 位和高 8 位计数寄存器，与 TL0、TH0 类似，不再赘述。

4. 捕获和自动重装寄存器 RCAP2L 和 RCAP2H

RCAP2L 和 RCAP2H 是 T2 的低 8 位、高 8 位捕获和自动重装寄存器，组合在一起组成 16 位的寄存器。不能按位寻址，复位值为 0。

RCAP2L 和 RCAP2H 在 T2 自动重装定时、计数情况下，存放的是计数初值，在捕获情况下，存放的是捕获时的计数值。

6.3.2 T2 的工作方式

T2 有四种工作方式：16 位自动重装方式、捕获方式、可编程时钟输出方式，以及波特率发生器方式，如表 6-2 所示。

表 6-2 定时器/计数器 T2 的工作方式与设置方法

RCLK	TCLK	C/$\overline{\text{T2}}$	CP/$\overline{\text{RL2}}$	T2OE	工作方式
0	0	0 或 1	0	0	定时或计数 16 位自动重装
0	0	0 或 1	1	0	定时或计数捕获
0/1	0/1	0	0	1	时钟输出（T2EX 可作外中断） 若 RCLK+TCLK≥1，则同时作波特率发生器
至少 1 个为 1		0	0	0	波特率发生器（T2EX 可作外中断）

1. 16 位自动重装方式

当 CP/$\overline{\text{RL2}}$=0 且不用作波特率发生器时，T2 工作在 16 位自动重装方式，如图 6-12 所示。

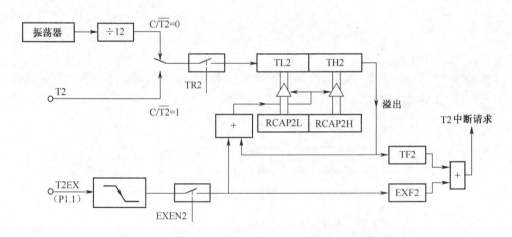

图 6-12 T2 自动重装方式结构

自动重装方式下，T2 可通过 C/$\overline{\text{T2}}$ 来选择作计数器或者定时器。并通过设置 DCEN 来确定计数方向为加 1 计数或者是减 1 计数。

（1）常用的递增计数

当 DCEN=0 时，T2 为常用的递增加 1 方式计数。当 TL2、TH2 计数到 0FFFFH 并溢出后，置位中断请求标志 TF2 并发出中断请求，同时将寄存器 RCAP2L 和 RCAP2H 中的 16 位计数初值自动重装到 TL2 和 TH2 中，进行新一轮的计数。

在该情况下，如果设置 EXEN2=1，则在 T2EX 引脚上产生负跳变时，将触发"重装"操作，并使 EXF2 置位触发中断；如果设置 EXEN2=0，则 T2EX 引脚上的电平变化无效。

（2）外部控制递增或递减计数

当 DCEN=1 时，T2 通过外部引脚 T2EX（P1.1）确定为递增还是递减计数。如果 T2EX 引脚为高电平，T2 加 1 计数，当计数到 0FFFFH 并溢出后，置位 TF2 并向 CPU 发出中断请求，同时将 RCAP2L 和 RCAP2H 中的 16 位初值，自动重装到 TL2 和 TH2 中，进行新一轮的计数。若 T2EX 引脚为低，T2 减 1 计数，当计数到 0 并溢出后，置位 TF2 并向 CPU 发出中断请求，同时将满数值 0FFFFH 自动重装到 TL2 和 TH2 中，进行新一轮的计数。

在这种情况下，无论是递增或者递减计数，只要 T2 溢出，都会对 EXF2 置 1，但不向 CPU 产生中断请求，EXF2 相当于 TL2、TH2 的进位或借位标志。

2. 捕获方式

当 CP/$\overline{RL2}$=1 且不用作波特率发生器时，T2 工作于捕获方式，如图 6-13 所示。

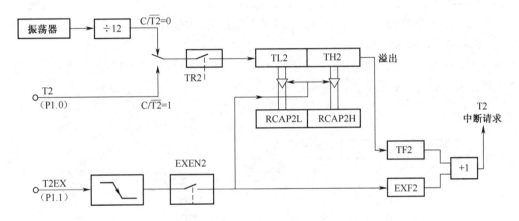

图 6-13　T2 捕获方式结构

T2 工作在捕获方式时，如果 EXEN2=1，当外部引脚 T2EX 输入电平发生负跳变时，就会将寄存器 TL2 和 TH2 的当前值"捕获"进寄存器 RCAP2L 和 RCAP2H 中，并将 EXF2 置位触发中断。若 EXEN2=0，T2EX 引脚上的电平变化无效，在这种情况下，T2 就是一个能够自动重装初值的定时器或计数器。

由图 6-13 可知，在捕获方式下，T2 可以用作定时器（设置 C/$\overline{T2}$=0）、也可以用作计数器（设置 C/$\overline{T2}$=1）。

3. 波特率发生器方式

当寄存器 T2CON 中的 C/$\overline{T2}$=0、RCLK 和 TCLK 中至少一位为 1 时，定时器/计数器 T2 可以作串行口的波特率发生器。此时，外部引脚 T2EX 对 T2 无效，可作为外部中断独立使用，如图 6-14 所示。

当定时器/计数器 T2 作波特率发生器使用时，波特率取决于它的溢出率。T2 的溢出信号经 16 分频后作为串行口方式 1 或 3 的发送/接收波特率，并且会使寄存器 RCAP2H、RCAP2L 中的 16 位计数初值自动重装，进行新一轮的计数，但 TF2 不会置位。

计数时钟信号可以来自内部或外部，当 C/$\overline{T2}$=0 时，工作于定时功能，计数脉冲来自内部，频率为 $f_{osc}/2$；当 C/$\overline{T2}$=1 时，工作于计数功能，计数脉冲来自于外部，通常会选择 C/$\overline{T2}$=0。接收和发送的波特率可以不一样。

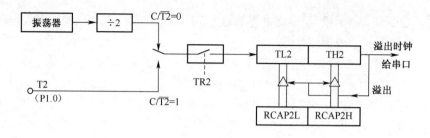

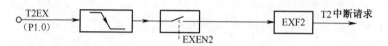

图 6-14　T2 波特率发生器方式结构

T2 提供给串行口方式 1 或方式 3 的波特率为：

$$波特率=f_{osc}/（32×（65536-（RCAP2H，RCAP2L）））\qquad（公式6-5）$$

4. 可编程时钟输出方式

当 T2OE=1 且 C/$\overline{\text{T2}}$=0 时，T2 引脚会输出一个占空比为 50% 的时钟信号（方波）。与波特率发生器类似，这时外部引脚 T2EX 对定时器 T2 无效，可作为外部中断独立使用，如图 6-15 所示。

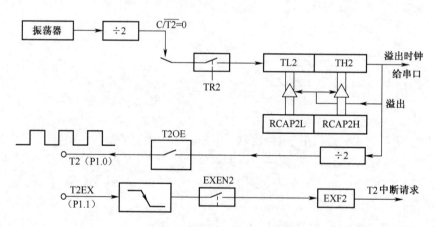

图 6-15　T2 时钟输出方式结构

T2 工作于时钟输出方式时，其计数溢出信号经 2 分频后由 T2 引脚输出，并且会使寄存器 RCAP2L、RCAP2H 中的 16 位计数初值自动重装，进行新一轮的计数，但 TF2 不会置位。T2 可同时工作于时钟输出方式和波特率发生器方式，此时溢出率一样。

T2 输出的时钟信号频率为：

$$f_{out}=f_{osc}/（4×（65536-（RCAP2H，RCAP2L）））\qquad（公式6-6）$$

说明：

① 从图 6-15 的 T2 时钟输出方式结构来看，在计数溢出输出部分，与 T2 波特率发生器结构一样，都可以给串行口提供溢出时钟，当波特率时钟与输出时钟的初值相同时，或者某一个要求不严格时，可以同时使用这两种功能，再设置 RCLK 和 TCLK 中至少一位为 1。

② 从图 6-15 的 T2 时钟输出方式结构来看，信号源只有内部时钟，但 C/$\overline{\text{T2}}$ 必须设置为 0，

否则会引起 P1.0 引脚上的输出与输入混乱。

在工作期间若要对 RCAP2H、RCAP2L、TH2、TL2 进行读写，需要清 TR2 使 T2 停下来。

例 6-3　对单片机编程，使用 T2 时钟输出方式，从 P1.0 输出周期为 1ms 的方波。设单片机的振荡频率为 12MHz。

分析：T2 的时钟输出方式可直接输出方波。输出方波周期为 1ms，则频率 f_{out} 为 1KHz。根据公式 6-6 可知，计数初值 $X=65536 - f_{osc}/(4 \times f_{out})=62536$。

C 语言程序清单：

```
# include <reg52.h>
void main()
{
    C_T2=0;                    //设置 T2 作定时器使用
    CP_RL2=0;                  //设置 T2 初值自动重装
    T2MOD=0x02;                //设置 T2 输出时钟
    TL2=62536%256;             //为定时器赋初值
    TH2=62536/256;
    RCAP2L=62536%256;          //重装寄存器赋初值
    RCAP2H=62536/256;
    TR2=1;                     //启动 T2
    while(1);                  //T2 在此处循环，保持运行状态
}
```

汇编语言程序清单：

```
T2MOD    EQU    0C9H              ;定义 T2 模式寄存器
TL2      EQU    0CCH              ;定义 T2 计数低 8 位寄存器
TH2      EQU    0CDH              ;定义 T2 计数高 8 位寄存器
RCAP2L   EQU    0CAH              ;定义重装低 8 位寄存器
RCAP2H   EQU    0CBH
CP_RL2   BIT    0C8H              ;定义 T2 捕获/重装控制位
C_T2     BIT    0C9H              ;定义 T2 计数/定时控制位
TR2      BIT    0CAH              ;定义 T2 运行控制位
MAIN:
         CLR    C_T2              ;设置 T2 作定时器
         CLR    CP_RL2            ;设置 T2 初值自动重装
         MOV    T2MOD,#02H        ;设置 T2 输出时钟
         MOV    TL2,#48H          ;为定时器赋初值
         MOV    TH2,#0F4H
         MOV    RCAP2L,#48H       ;重装寄存器赋初值
         MOV    RCAP2H,#0F4H
         SETB   TR2               ;启动 T2
         SJMP   $                 ;T2 在此处循环，保持运行状态
```

6.4　定时器/计数器应用举例

例 6-4　用 89C52 单片机设计一程序，测量脉冲信号的宽度。设单片机晶振频率为 12MHz。

分析：用 T0 或 T1 的定时功能，外部门引脚接被测量脉冲信号控制定时器运行，可以测量正脉冲的宽度。测量方法如图 6-16 所示，用 T0，设置 GATE 位为 1，在 P3.2 引脚为低电平

时设置 TR0=1，当 GATE 信号为高时自动启动计数，当 GATE 信号变低时自动结束计数，这时设置 TR0=0，读取计数值便可计算出脉冲宽度，单位为 μs，机器周期为 1μs。

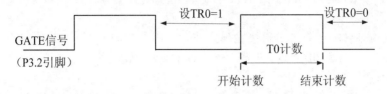

图 6-16 用定时器外部门控制测量脉冲宽度

C 语言程序清单：

```c
#include <reg52.h>
sbit P3_2=P3^2;
unsigned int_test( )
{
    TMOD=0x09;                 //设置 T0 以模式 1 定时，用外部门
    TL0=0x00;                  //设置初值为 0
    TH0=0x00;
    while(P3_2);               //引脚为高等待变低，测量下一个正脉冲
    TR0=1;                     //打开 T0 内部控制开关，由外部门控制运行
    while(!P3_2);              //检测脉冲是否来到
    while(P3_2);               //检测脉冲是否结束
    TR0= 0;                    //脉冲已经结束，关闭 T0 内部控制开关
    return    (TH0*256+TL0);   //返回计数值
}
```

汇编语言程序清单：

```
TEST:   MOV    TMOD,#09H        ;设置 T0 以模式 1 定时，用外部门
        MOV    TL0,#00H         ;设置初值为 0
        MOV    TH0,#00H
        JB     P3.2,$           ;引脚为高等待变低，测量下一个正脉冲
        SETB   TR0              ;打开 T0 内部控制开关，由外部门控制运行
        JNB    P3.2,$           ;检测脉冲是否来到
        JB     P3.2,$           ;检测脉冲是否结束
        CLR    TR0              ;脉冲已经结束，关闭 T0 内部控制开关
        MOV    R7,TL0           ;计数器 TL0 的值送 R7
        MOV    R6,TH0           ;计数器 TH0 的值送 R6
        RET
```

如果被测脉冲较宽，可以使用 T0 中断，在中断服务程序中记录中断的次数，每中断一次，计数值多 65536，这样就可以测量任意宽度的脉冲。

例 6-5 设某单片机系统使用定时器较多，T1 作串行口的波特率发生器，T2 作时钟信号输出产生多种较复杂的报警声；另外需要对产品包装进行计数，每计 120 件使阴极接在 P3.7 引脚的 LED 亮 2s，并且发出报警声音响 2s。试编写程序，实现对产品的计数和声光报警，不用考虑串行通信和声音的具体产生程序。设单片机的晶振频率 f_{osc}=6MHz。

分析：

（1）关于定时器及工作模式的选择

T1、T2 都已经被使用，仅剩下 T0，还需要计数和定时，可以考虑把 T0 设置为模式 3，

TL0 计数，TH0 定时。由于计数仅 120，虽然要求定时 2s，但可以用多次中断满足要求。

　　（2）关于声光报警的实现

　　当 TL0 计数 120 后产生中断，在中断服务程序中开声、光，开 TH0 运行开始计时。设置 TR2=1 便有声音信号输出，对 P3.7 输出 0 便使 LED 点亮。设置 TH0 计数 250，由于机器周期为 2μs，则定时 2s 需要的次数为

$$2000000/(250 \times 2)=4000$$

　　TH0 中断 4000 次后，设置 TR2=0 便关闭声音信号输出，对 P3.7 输出 1 便使 LED 熄灭。TL0 的计数初值为 256-120=136；TH0 的定时初值为 256-250=6。

C 语言程序清单：

```
# include    <reg52.h>
unsigned int num=0;                        //定义 TH0 中断次数变量
sbit P3_7=P3^7;                            //定义控制 LED 发光引脚
void main()                                //主函数
{
    ……
    TMOD=0x27;                             //设置 T0 以模式 3 计数，设置 T1 以模式 2 定时
    TL0=136;                               //设置 TL0 初值，计数
    TH0=6;                                 //设置 TH0 初值，定时
    ET0=1;                                 //开 T0 中断
    ET1=1;                                 //开 T1 中断
    EA=1;                                  //开总中断
    TR0=1;                                 //启动 T0 计数
    while(1);                              //停留于此，保存程序运行状态
}
void TL0_int(void)    interrupt 1          //TL0（T0）中断服务程序
{
    TL0=136;                               //定时器重赋初值
    P3_7=0;                                //开 LED
    TR1=1;                                 //启动定时器 TH0
    TR2=1;                                 //启动 T2 产生声音信号
}
void TH0_int(void)    interrupt 3          //TH0（T1）中断服务程序
{
    TH0=6;                                 //定时器重赋初值
    num++;                                 //中断次数加 1
    If(num>3999)
    {   P3_7=1;                            //关 LED
        TR1=0;                             //关闭 TH0
        TR2=0;                             //关声音
        num=0;                             //中断次数设置为 0
    }
}
```

汇编语言程序清单如下。

定义特殊功能寄存器：

```
T2MOD    EQU    0C9H                       ;定义 T2 模式寄存器
TL2      EQU    0CCH                       ;定义 T2 计数低 8 位寄存器
```

```
TH2         EQU     0CDH
RCAP2L      EQU     0CAH                    ;定义重装低 8 位寄存器
RCAP2H      EQU     0CBH
TR2         BIT     0CAH                    ;定义 T2 运行控制位
```

主程序：

```
            ORG     0000H
            LJMP    MAIN
            ORG     000BH
            LJMP    TL0_INT
            ORG     001BH
            LJMP    TH0_INT
```

MAIN:

```
            MOV     SP,#0DFH                ;设置堆栈指针
            ……
            MOV     TMOD,#27H               ;设置 T0 以模式 3 计数，设置 T1 以模式 2 定时
            MOV     TL0,#136                ;设置 TL0 初值，计数
            MOV     TH0,#6                  ;设置 TH0 初值，定时
            SETB    ET0                     ; T0 中断
            SETB    ET1                     ; T1 中断
            SETB    EA                      ;总中断
            SETB    TR0                     ;启动 T0 计数
            MOV     DPTR,#0                 ;作 TH0 中断计数
            SJMP    $
```

TL0 中断服务程序：

TL0_INT:

```
            MOV     TL0,#136                ;重新设置定时初值
            CPL     P3.7                    ;对 P1.0 口的输出信号取反
            SETB    TR1                     ;启动 TH0（T1）定时
            SETB    TR2                     ;启动 T2 产生声音信号
            RETI                            ;中断返回
```

T1 中断服务程序：

TH0_INT:

```
            PUSH    ACC
            MOV     TH0,#6                  ;重新设置定时初值
            INC     DPTR                    ;中断次数加 1
            MOV     A,#0A0H                 ;判断中断次数是否到 4000（=0FA0H）
            CJNE    A,DPL,TH0_NT1           ;低 8 位（=0A0H）不同跳转
            MOV     A,#0FH
            CJNE    A,DPH,TH0_NT1           ;高 8 位（=0FH）不同跳转
            SETB    P3.7                    ;关 LED
            CLR     TR1                     ;关闭 TH0
            CLR     TR2                     ;关声音
            MOV     DPTR,#0                 ;TH0 中断次数设置为 0
```

TH0_NT1:

```
            POP     ACC
            RETI                            ;中断返回
```

例6-6　对 89C52 单片机的定时器 T0 编程,设计一产生时分秒的时钟。设晶振频率为 12MHz。

设置 T0 为定时功能,定时 10ms 产生中断,中断 100 次为 1 秒,秒加 1,有了秒时间后,按照时钟的时分秒规律,对保存时分秒的变量进行相应的累加,便产生了时分秒时间。

本例用 6 位数码管显示出时间,其电路和模拟运行如图 6-17 所示。图中的排电阻 RESPACK8 为数码管各段的驱动限流电阻,可以设为 200Ω 左右,数码管的各位在实际中也需要驱动,如使用 74LS245,在 Proteus 中模拟可以省略。

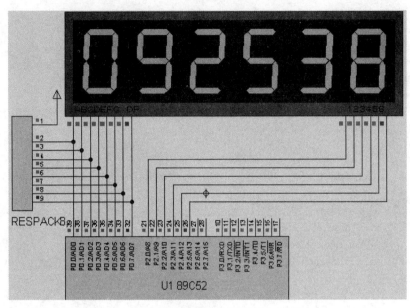

图 6-17　用 6 位数码管显示的单片机时钟电路

数码管显示在第 9 章才讲,这里并不要求掌握,可以先了解一下,主要是便于在 Proteus 中模拟运行。

根据定时器/计数器使用的方法步骤,初始化准备如下:

这里定时时间 t 为 10ms=10000μs

计算计数值 N: $N = t / T_{MC} = t \times f_{osc}/12 = 10000 \times 12/12 = 10000$

选择模式 1,因为 N>256

计算初值 X: $X = 2^{16} - N = 65536 - 10000 = 55536$

C 语言程序清单如下。

```
#include <reg52.h>
unsigned char code ledcode[]={0x3f,6,0x5b,0x4f,0x66,0x6d,0x7d,7,0x7f,0x6f};//显示 0~9 的代码,见第 9 章
#define codport P0                       //显示段码(显示代码)输出口
#define sitport P2                       //显示位码输出口
unsigned char data hou,min,sec,num,disbuf[]={0,0,10,0,0,10,0,0};   //hou 为小时、min 为分钟、sec 为秒、
                                         //num 为 T0 中断次数,disbuf 为显示的各位数
void display()                           //显示函数
{
    unsigned int j;                      //j 用于循环
    unsigned char i,scan;                //scan 为输出的控制显示位的位码,也叫扫描码
    scan=0x01;
    for(i=0;i<6;i++)
```

```
        {
                codport=0;                          //显示新内容前，先清屏，否则在 Proteus 中会显示错乱
                codport=ledcode[disbuf[i]];         //要显示的数送段码口
                sitport=~scan;                      //位码口低电平对应位有效，点亮
                scan=(scan<<1);                     //指向下一个数位
                for(j=0;j<500;j++);                 //延时
        }
}
void time0() interrupt 1                            //定时器 0 中断函数
{
        TL0=55536%256;                              //给 T0 赋初值
        TH0=55536/256;
        num=num+1;                                  //百分之一秒加 1
        if(num>99)
        {   num=0;
            sec=sec+1;                              //秒加 1
            if(sec>59)
            {   sec=0;
                min=min+1;                          //分加 1
                if(min>59)
                {   min=0;
                    hou=hou+1;                      //时加 1
                    if(hou>23)
                        hou=0;
                }
            }
            disbuf[0]=hou/10;                       //把时间转换成要显示的数字
            disbuf[1]=hou%10;
            disbuf[2]=min/10;
            disbuf[3]=min%10;
            disbuf[4]=sec/10;
            disbuf[5]=sec%10;
        }
}
void main()                                         //主函数
{
        TMOD=0x01;                                  //设置 T0 以模式 1 定时
        TL0=55536%256;                              //设置 T0 定时 10ms 初值
        TH0=55536/256;
        ET0=1;                                      //开 T0 中断
        EA=1;                                       //开总中断
        TR0=1;                                      //定时器 0 开运行
        while(1)                                    //循环，并随时处理各个中断
            display();                              //调用数码管进行扫描显示
}
```

例 6-7 某 89C52 单片机应用系统的晶振频率为 12MHz，通过编程实现以下计数器和频率计的功能：

（1）从 T1 输入脉冲计数，实现计数器功能；

（2）用 T0 定时 1s，计算脉冲信号的频率，实现频率计的功能。

通过接在 P3.7 引脚的按钮选择计数器和频率计功能。

分析：用 T0 定时 10ms，中断 100 次为 1s。如果是计数器功能，每中断一次读一次 T1 的计数值，计数值不累加，计数溢出后再从 0 开始计，则最大数是 65535。如果是频率计功能，则 1s 读一次 T1 计数值，其值就是频率，理论上最大频率值是 500000。其值都在数码管上显示出来。

在 Proteus 画的电路图如图 6-18 所示，所截的图为计数器功能，最高位 C 表示计数。

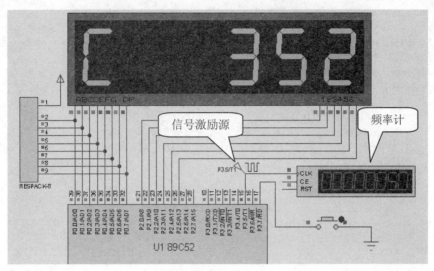

图 6-18　频率计

C 语言程序清单：

```
#include <reg52.h>
unsigned char code ledcode[]={0x3f,6,0x5b,0x4f,0x66,0x6d,0x7d,7,0x7f,0x6f,0,0x39};
                                //0~9 的显示代码、0 为不显示、0x39 为 C 的显示代码
#define codport P0              //显示段码（显示代码）输出口
#define sitport P2              //显示位码输出口
unsigned char data disbuf[6];   //disbuf 为显示的各位数，第 0 个元素为高位数
unsigned char data num=0, hhh=0;  //num 为 T0 的中断次数，hhh 为 T1 的中断次数
unsigned long data freq;        //存放读取的计数值
void display()                  //显示函数
{
    unsigned long data j;       //j 用于循环延时
    unsigned char data i,scan;  //scan 为输出的控制显示位的位码，也叫扫描码
    scan=0x01;
    for(i=0;i<6;i++)
    {
        codport=0;              //显示新内容前，先清屏，否则在 Proteus 中会显示错乱
        codport=ledcode[disbuf[i]];  //要显示的数送段码口
        sitport=~scan;         //位码口低电平对应位有效，点亮
        scan=(scan<<1);         //指向下一个数位
        for(j=0;j<500;j++);     //延时
    }
}
void calculat()                 //将 freq 各位分离存于显示数组 disbuf 各元素
{   unsigned char data i;

    for(i=0;i<5;i++)            //让高位的 0 不显示
        disbuf[i]=10;
```

```
            disbuf[i]=0;                    //最低位写 0，防止 freq 为 0
            while(freq)                     //将 freq 各位分离存于显示数组各元素
            {    disbuf[i]=freq%10;
                 freq=freq/10;
                 i--;
            }
        }
        void t0_int() interrupt 1            //定时器 0 中断函数，定时 10ms
        {                                    //中断 100 次完成 1s 定时，及频率转显示码
            TL0=55536&0xff;
            TH0=55536/256;
            num++;                           //百分秒计数
            if(num>99)                       //计到 1s，得到频率，重新开始统计，并转为显示码
            {    TR1=0;
                 freq=hhh*65536+TH1*256+TL1;
                 TH1=0x00;
                 TL1=0x00;
                 TR1=1;
                 hhh=0;
                 num=0;
                 calculat();
            }
        }
        void t1_int() interrupt 3            //定时器 1 中断函数，在 1s 中计数超过 65536 产生溢出中断
        {
            hhh++;                           //计数溢出次数加 1
        }
        void main()                          //主函数
        {    unsigned char data xl,xh;

            TMOD=0x51;                       //设置 T0 模式 1 定时，T1 模式 1 计数
            TL0=55536%256;                   //T0 定时 10ms 赋初值
            TH0=55536/256;
            TL1=0x00;                        //T1 计数赋初值
            TH1=0x00;
            ET0=1;                           //开 T0 中断
            ET1=1;                           //开 T1 中断
            EA=1;                            //开 CPU 中断
            TR0=0;                           //暂时不启动 T0 定时
            TR1=1;                           //启动 T1 计数
            while(1)
            {    display();
                 if(P3_7==0)
                 {    flag=~flag;
                      if(flag)               //使用频率计功能
                          TR0=1;             //启动 T0 定时 1s 读数
                      else                   //使用计数器功能
                          TR0=0;             //关闭 T0 定时
                      display();             //起延时去抖动作用
                      display();
                      display();
                 }
                 if(flag==0)                 //使用计数器功能
                 {    do                     //使能够正确读取计数值
                      {    xh=TH1;
```

```
            xl=TL1;
        }while(xh!=TH1);
        freq=xh*256+xl;
        calculat();
        disbuf[0]=11;
    }
  }
}
```

思考题与习题

1．89C52 单片机内部有几个定时器/计数器，分别有几种工作方式？

2．单片机的定时器/计时器用作定时器时，其定时时间和哪些因素有关？作计数器时，对外界计数频率有何限制？

3．单片机的 T0、T1 四种工作模式各有什么特点？

4．根据 T0 模式 1 结构图，分析门控位 GATE 取不同值时，启动定时器的过程。

5．简述定时器/计数器的溢出标志位 TF0 或 TF1 置 1/清 0 的过程。

6．设 89C52 单片机的 f_{osc}=6MHz，计算 T0 以不同工作方式工作时，最大的定时时间。

7．设 89C52 单片机的 f_{osc}=12MHz，用 T0 定时 150μs，计算需要计数的值，并分别计算采用模式 1 和模式 2 时的定时初值。选择何种模式工作合适？

8．对 89C52 单片机的定时器/计数器 T1 编程，使其同时产生两种不同频率的方波，从 P3.6 输出频率为 200Hz 的方波，从 P3.7 输出频率为 100Hz 的方波。设晶振频率 12MHz。

9．对 89C52 单片机的定时器/计数器 T0 编程，使其从 P3.0 输出频率为 5kHz、占空比为 2:3 的方波。设晶振频率 12MHz。

10．使用 89C52 单片机设计一款可控制输出频率分别为 0.5kHz、1kHz、2kHz、4kHz 的方波发生器。设晶振频率为 12MHz。提示：例如可以使用 P1.0～P1.3 引脚上的按钮选择输出频率，方波从 P1.7 输出。

11．在 Proteus 下画电路图，使用 89C52 单片机的 P0、P2 口和定时器/计数器 T0，设计一个可模拟发出从低音"sou(5)"到高音"sou(5)"的 15 个按键的电子琴，产生声音的方波信号从 P1.0 引脚输出。用 Keil C 编程实现其功能，将其编译后的代码下载到单片机中运行，单击按钮演奏音乐。C 调各音频率为：220、247、247、262、294、330、349、392、440、494、523、588、660、698、784。提示：按钮的设计可以参考例 5-3 的开关电路。

12．将上题中的 T0 换成 T2，用 T2 的时钟输出功能，并修改程序，实现相同功能。

13．在例 6-6 的基础上添加调整时、分功能。其方法为：在单片机的 P3 口加上 4 个按钮，在程序中加上调时功能，4 个按钮分别对应调整时十位、时个位、分十位、分个位，每按一次键，对应位加 1。

14．设计一个倒计时的计时器，最小计数单位是秒，最大计到 24 小时，有设置、开始等功能，用 Proteus 仿真实现它。

15．用 T2 的时钟输出方式产生频率为 500Hz 的方波，设晶振频率 12MHz。

第 7 章　MCS-51 单片机的串行口

串行口是单片机内部的重要组成部分之一，是组成单片机集散系统或单片机与微机信息交互的重要通信机构。

本章主要讲述串行通信基础知识、89C52 单片机串行口结构、串行口工作方式以及单片机与 PC 机通信的接口电路。

7.1　串行通信基础知识

7.1.1　数据通信

计算机与外界的信息交换称为通信。基本的通信方法有并行通信和串行通信两种。

1. 并行通信

单位信息（通常指一个字节）的各位数据同时传送的通信方法称为并行通信。89C52 单片机的并行通信依靠并行 I/O 接口实现。如图 7-1 所示，CPU 在执行如 MOV　P1，#DATA 的指令时，将 8 位数据写入 P1 口，并经 P1 口的 8 个引脚将 8 位数据并行输出到外部设备。同样，CPU 也可以执行如 MOV　A，P1 的指令，将外部设备送到 P1 口引脚上的 8 位数据并行地读入累加器 A。并行通信的最大优点是信息传输速度快，缺点是单位信息有多少位就需要多少根传送信号线。因此，并行通信在短距离通信时有明显的优势，适用于近距离的通信，对长距离通信来说，由于需要传送信号线太多，采用并行通信就不经济了。

2. 串行通信

单位信息的各位数据被分时一位一位依次顺序传送的通信方式称为串行通信，如图 7-2 所示。串行通信可通过串行接口来实现。串行通信的突出优点是：仅需要一对传输线传输信息，对远距离通信来说，就大大降低了线路成本。其缺点是：传送速度比并行传输慢，假设并行传送 n 位数据所需要时间为 T，则串行传送的时间至少需要 n×T，实际上总是大于 n×T。通信技术中，输出又称为发送（Transmiting），输入又称为接收（Receiving），串行通信速度慢，但使用传输线少，适应长距离通信。

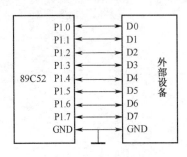

图 7-1　并行通信示意图

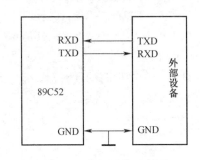

图 7-2　串行通信示意图

7.1.2　异步通信和同步通信

串行通信有两种基本通信方式，即异步通信和同步通信。

1. 异步通信

异步通信中，传送的数据可以是一个字符代码或一个字节数据，数据以帧的形式一帧一帧传送。一帧数据由四个部分组成：起始位、数据位、奇偶校验位和停止位。异步通信起始位用 "0" 表示数据传送的开始，然后从数据低位到高位逐位传送数据，接下来是奇偶校验位（可以省略不用），最后为停止位，用 "1" 表示一帧数据结束，如图 7-3 所示。

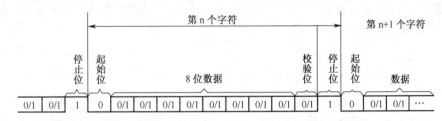

图 7-3　异步通信的一帧数据格式

起始位信号只占用一位，用来通知接收设备一个待接收的数据开始到达，线路上在不传送数据时，应保持为 1。接收端不断检测线路的状态，若在连续收到 1 以后，又收到一个 0，就知道发来一个新数据，开始接收。字符的起始位还可被用作同步接收端的时钟，以保证以后的接收能正确进行。

起始位后面是数据位，它可以是 5 位、6 位、7 位或 8 位，一般情况下是 8 位（D0~D7）。奇偶校验位（D8）只占用一位，在数据传送中也可以规定不用奇偶校验位，这一位可以省去。或者把它用作地址数据帧标志（在多机通信中），来确定这一帧中的数据所代表信息的性质，如规定 D8=1 表示该帧信息传送的是地址，D8=0 表示传送的是数据。

停止位用来表示一个传送字符的结束，它一定是高电平，停止位可以是 1 位、1.5 位或 2 位，接收端接收到停止位后，就知道这一字符已传送完毕。同时，也为接收下一字符作准备，只要再次接收到 0，就是新的数据的起始位。若停止位后不是紧接着接收下一个字符，则使线路电平保持高电平，两帧信息之间可以无间隔，也可以有间隔，且间隔时间可以任意改变，间隔用空闲位 "1" 来填充。图 7-3 表示一个字符紧接一个字符传送的情况，上一个字符的停止位和下一个字符的起始位是紧邻的。若一个字符传输结束后，暂时没有字符传送，即两个字符间有空闲，则在停止位之后插入空闲位，空闲位与停止位相同，即空闲位为 1，线路处于等待状态。存在空闲位是异步通信的特征之一。

例如：ASCII 编码，字符数据为 7 位，传送时，加一个奇偶校验位、一个起始位、一个停止位，则一帧共十位。

2. 同步通信

在同步通信中，每一数据块发送开始时，先发送一个或两个同步字符，使发送与接收取得同步，然后再顺序发送数据。数据块的各个字符间取消起始位和停止位，所以通信速度得以提高，如图 7-4 所示。同步通信时，如果发送的数据块之间有间隔时间，则发送同步字符填充。

同步字符可以由用户约定，也可以用 ASCII 码中规定的 SYNC 同步代码，即 16H。同步字符的插入可以是单同步字符方式或双同步字符方式，图 7-4 为双同步字符方式。在同步传送时，要求用时钟来实现发送端与接收端之间的同步。为了保证接收正确无误，发送方除了传送数据外，还要同时传送时钟信号。同步传送可以提高传输速率，但对硬件要求比较高。

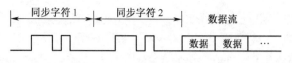

图 7-4 同步通信数据帧格式

89C52 串行 I/O 接口的基本工作过程是按异步通信方式进行的：发送时，将 CPU 送来的并行数据转换成一定帧格式的串行数据，从引脚 TXD 上按规定的波特串逐位输出，接收时，监视引脚 RXD，一旦出现起始位"0"，就将外设送来的一定格式的串行数据接收并转换成并行数据，等传 CPU 读入。

7.1.3 波特率

在串行通信中，对数据传送速度有一定要求。在一帧信息中，每一位的传送时间（位宽）是固定的，用位传送时间 Td 表示。Td 的倒数称为波特率（Baud Rate），波特率表示每秒传送的位数，单位为 b/s（记作波特），也经常表示为 bps。

例如：数据传送速率为每秒钟 10 个字符，若每个字符的一帧为 11 位，则传送波持率为；

$$11b/字符×10 字符/s=110b/s$$

而位传送时间 Td=9.1ms。

异步通信的传送速率一般在 50～19200b/s 之间，常用于计算机到终端和打印机之间的通信、直通电报以及无线通信的数据传送等。

7.1.4 通信方向

根据信息的传送方向，串行通信通常有三种：单工、半双工和全双工。

如果用一对传输线只允许单方向传送数据，这种传送方式称为单工传送方式，如图 7-5（a）所示。如果用一对传输线允许向两个方向中的任一方向传送数据，但两个方向上的数据传送不能同时进行，这种传送方式称为半双工（Half Duplex）传送方式，如图 7-5（b）所示。如果用两对传输线连接在发送器和接收器上，每对传输线只负担一个方向的数据传送，发送和接收能同时进行，这种传送方式称为全双工（Full Duplex）传送方式，如图 7-5（c）所示，它要求两端的通信设备都具有完整和独立的发送和接收能力。

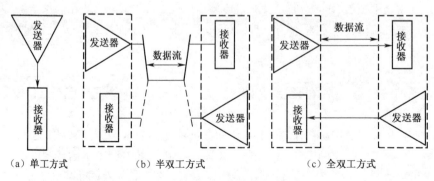

（a）单工方式   （b）半双工方式   （c）全双工方式

图 7-5 串行通信传输方式

7.1.5　串行通信接口种类

根据串行通信格式及约定（如同步方式、通信速率、数据块格式等）不同，形成了许多串行通信接口标准，如常见 UART（串行异步通信接口）、USB（通用串行总线接口）、I^2C 总线、SPI 总线、485 总线、CAN 总线接口等。

7.2　串行口结构及控制

7.2.1　MCS-51 单片机串行口结构

89C52 单片机的串行口电路结构示意图如图 7-6 所示，图中为单片机串行口工作在方式 1、方式 3 并且使用 T1 作为波特率发生器的内部结构。89C52 通过引脚 RXD（P3.0，串行数据接收端）和引脚 TXD（P3.1，串行数据发送端）与外界进行通信，单片机内部的全双工串行接口部分，包含有串行发送器和接收器，有两个物理上独立的缓冲器，即发送缓冲器和接收缓冲器 SBUF。发送缓冲器只能写入发送的数据，但不能读出；接收缓冲器只能读出接收的数据，但不能写入。因此，在逻辑上两者占用同一个地址，分别通过读写操作完成；在物理结构上两者相互独立，可同时收、发数据，实现全双工传送。

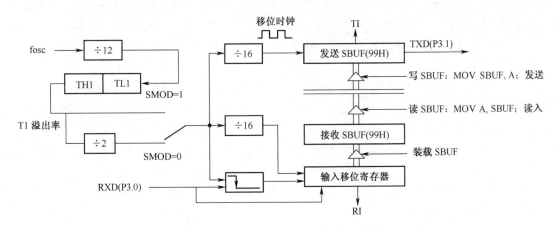

图 7-6　串行口方式 1、3 内部结构示意简图

串行发送与接收的速率与移位时钟同步。89C52 可用定时器 T1 或 T2 作为串行通信的波特率发生器，图中使用 T1，T1 溢出率经 2 分频或不分频（取决于电源控制寄存器 PCON 的最高位 SMOD）后又经 16 分频作为串行发送或接收的移位脉冲。移位脉冲的速率即是波特率。

从图中可看出，接收器是双缓冲结构，在前一个字节从接收缓冲器 SBUF 读出之前，第二个字节即开始被接收（串行输入至移位寄存器），但是，在第二个字节接收完毕而前一个字节 CPU 未读取时，会丢失前一个字节。

串行口的发送和接收都是以特殊功能寄存器 SBUF 的名义进行读/写的。当向 SBUF 发"写"命令时（执行"MOV SBUF,A"指令），即是向发送缓冲器 SBUF 装载并开始由 TXD 引脚向外发送一帧数据，发送完便使发送中断标志位 TI=1。

7.2.2 串行口特殊功能寄存器

1. 控制状态寄存器 SCON

特殊功能寄存器 SCON 是串行口的控制状态寄存器，用于定义串行通信口的工作方式和反映串行口状态，其字节地址为 98H，复位值为 0000 0000B，可位寻址格式如图 7-7 所示。

SCON	D7	D6	D5	D4	D3	D2	D1	D0
(98H)	SM0	SM1	SM2	REN	TB8	RB8	TI	RI

图 7-7　串行口控制寄存器 SCON

SM0 和 SM1（SCON.7、SCON.6）：串行口工作方式选择位。不同组合用于确定串行口的 4 种工作方式，见表 7-1。

表 7-1　SM0、SM1 组合及工作方式

SM0	SM1	工作方式	功能说明	波特率
0	0	方式 0	同步移位寄存器	$f_{osc}/12$
0	1	方式 1	8 位数据 UART	可变（T1 溢出率/32 或/16）
1	0	方式 2	9 位数据 UART	$f_{osc}/64$ 或 $f_{osc}/32$
1	1	方式 3	9 位数据 UART	可变（T1 溢出率/32 或/16）

SM2（SCON.5）：多机通信控制位，在方式 2 或 3 中使用。

若置 SM2=1，则允许多机通信。多机通信协议规定，第 9 位数据（D8）为 1，说明本帧数据为地址帧；若第 9 位为 0，则本帧为数据帧。当一片 89C52（主机）与多片 89C51（从机）通信时，所有从机的 SM2 位都置 1。主机首先发送的一帧数据为地址，即某从机机号，其中第 9 位为 1，所有的从机接收到数据后，将其中第 9 位装入 RB8。各个从机根据收到的第 9 位数据（RB8 中）的值来决定从机可否再接收主机的信息。若（RB8）=0，说明是数据帧，则使接收中断标志位 RI=0，信息丢失；若（RB8）=1，说明是地址帧，数据装入 SBUF 并置 RI=1，中断所有从机，被寻址的目标从机清除 SM2，以接收主机发来的一帧数据。其他从机仍然保持 SM2=1。

若 SM2=0，即不属于多机通信情况，则接收一帧数据后，不管第 9 位数据是 0 还是 1，都置 RI，接收到的数据装入 SBUF 中。

根据 SM2 这个功能，可实现多个 89C52 应用系统的串行通信。

在方式 1 时，若 SM2=1，则只有接收到有效停止位时，RI 才置 1，以便接收下一帧数据。在方式 0 时，SM2 必须是 0。

REN（SCON.4）：允许接收控制位，由软件置 1 或清 0。

当 REN=1 时，允许接收，相当于串行接收的开关；

当 REN=0 时，禁止接收。

在串行通信接收控制过程中，如果满足 RI=0 和 REN=1（允许接收）的条件，就允许接收，一帧数据就装载入接收 SBUF 中。

TB8（SCON.3）：发送数据的第 9 位（D8）装入 TB8 中。在方式 2 或方式 3 中，根据发送数据的需要由软件置位或复位。在许多通信协议中可用作奇偶校验位，也可在多机通信中作为发送地址帧或数据帧的标志位。在多机通信中，TB8=1，说明该帧数据为地址字节；TB8=0，

说明该帧数据为数据字节。在方式 0 或方式 1 中，该位未用。

RB8（SCON.2）：接收数据的第 9 位。在方式 2 或方式 3 中，接收到的第 9 位数据放在 RB8 位。它或是约定的奇/偶校验位，或是约定的地址/数据标识位。在方式 2 和方式 3 多机通信中，若 SM2=1，如果 RB8=1，则说明收到的数据为地址帧。

在方式 1 中，若 SM2=0（即不是多机通信情况），则 RB8 中存放的是已接收到的停止位。在方式 0 中，该位未用。

TI（SCON.1）：发送中断标志，在一帧数据发送完时被置位。在方式 0 串行发送第 8 位结束或其他方式串行发送到停止位的开始时由硬件置位，可用软件查询。它同时也申请中断。TI 置位意味着向 CPU 提供"发送缓冲器 SBUF 已空"的信息，CPU 可以准备发送下一帧数据。串行口发送中断被响应后，TI 不会自动清 0，必须由软件清 0。

RI（SCON.0）：接收中断标志，在接收到一帧有效数据后由硬件置位。在方式 0 中，第 8 位数据发送结束时，由硬件置位；在其他 3 种方式中，当接收到停止位中间时由硬件置位。

RI=1，申请中断，表示一帧数据接收结束，并已装入接收 SBUF 中，要求 CPU 取走数据。CPU 响应中断，取走数据。RI 也必须由软件清 0，清除中断申请，并准备接收下一帧数据。

串行发送中断标志 TI 和接收中断标志 RI 是同一个中断源，CPU 事先不知道是发送中断标志 TI 还是接收中断标志 RI 产生的中断请求，所以，在全双工通信时，必须由软件来判别。

2. 波特率倍频控制位 SMOD

电源控制寄存器 PCON 中只有 SMOD 位与串行口工作有关，如图 7-8 所示。

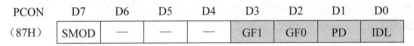

PCON	D7	D6	D5	D4	D3	D2	D1	D0
（87H）	SMOD	—	—	—	GF1	GF0	PD	IDL

图 7-8　电源控制寄存器 PCON

SMOD（PCON.7）：波特率倍增位。当串行口工作于方式 1、方式 2 和方式 3 时，波特率和 2^{SMOD} 成正比，即当 SMOD=1 时，串行口波特率加倍。复位值为 0000 0000B。PCON 寄存器不能进行位寻址。

其他位与串行口工作无关，详见第 2 章。设置波特率加倍时，可采用这样的指令"ORL PCON,#80H"，C 语言表示 PCON|=0x80。

7.2.3　波特率设计

在串行通信中，收发双方对发送或接收的数据速率有一定的约定，通过软件对单片机串行口编程可约定 4 种工作方式。其中，方式 0 和方式 2 的波特率是固定的，方式 1 和方式 3 的波特率是由定时器 T1 的溢出率来决定的。在增强型单片机中，也可以使用 T2 作波特率发生器。

串行口的 4 种工作方式对应着 3 种波特率，由于输入的移位时钟来源不同，各种方式的波特率计算公式也不同。

1. 方式 0 的波特率

方式 0 时，发送或接收一位数据的移位时钟脉冲由 S6（即第 6 个状态周期，第 12 个节拍）给出，即每个机器周期产生一个移位时钟，发送或接收一位数据。因此，波特率固定为振荡频率的 1/12。并不受 PCON 寄存器中 SMOD 位的影响。

$$方式 0 的波特率 = f_{osc}/12 \qquad （公式 7-1）$$

2. 方式 2 的波特率

串行口方式 2 波特率的产生与方式 0 不同，即输入的时钟源不同。控制接收与发送的移位时钟由振荡频率 f_{osc} 的第二节拍 P2 时钟（$f_{osc}/2$）给出，所以，方式 2 波特率取决于 PCON 中 SMOD 位的值：当 SMOD=0 时，波特率为 f_{osc} 的 1/64；当 SMOD=1 时，则波特率为 f_{osc} 的 1/32。即

$$方式 2 的波特率 = \frac{2^{SMOD}}{64} \times f_{osc} \qquad （公式 7-2）$$

3. 方式 1 和方式 3 的波特率

（1）T1 作波特率发生器

对于基本型单片机，方式 1 和方式 3 的波特率由定时器 T1 的溢出率决定；对于增强型单片机，复位后，寄存器 T2CON 的位 TCLK=0 和 RCLK=0，方式 1 和方式 3 的移位时钟脉冲由定时器 T1 的溢出率决定。串行口方式 1 和方式 3 的波特率由定时器 T1 的溢出率与 SMOD 值同时决定。即

$$串行口方式 1、方式 3 的波特率 = \frac{2^{SMOD}}{32} \times （T1 溢出率）$$

式中：T1 溢出率取决于 T1 的计数速率（计数速率 $= f_{osc}/12$）和 T1 预置的值，于是

$$串行口方式 1、方式 3 的波特率 = \frac{2^{SMOD}}{32} \times \frac{f_{osc}}{12} / （2^n - 初值）$$

T1 工作于模式 0 时，n=13；T1 工作于模式 1 时，n=16；T1 工作于模式 2 时，n=8。在最典型应用中，定时器 T1 选用定时器模式 2（自动重装初值定时器），TMOD 的高半字节为 0010B，设定时器的初值为 X，它的波特率由下式给出：

$$串行口方式 1、方式 3 的波特率 = \frac{2^{SMOD}}{32} \times \frac{f_{osc}}{12} / （256 - X） \qquad （公式 7-3）$$

于是，可以得出 T1 模式 2 的初始值 X：

$$X = 256 - \frac{f_{osc} \times （SMOD + 1）}{384 \times 波特率} \qquad （公式 7-4）$$

表 7-2 列出了串行口常用波特率及其初值。

表 7-2   串行口以方式 1、3 工作时常用波特率与相关参数的关系

标准波特率 （b/s）	实际波特率 （b/s）	f_{osc}(MHz)	SMOD	定时器 T1		
				$C/\overline{T}$	模式	初值
	62500	12	1	0	2	FFH
	31250	12	1	0	2	FEH
	20833	12	1	0	2	FDH
	12500	12	1	0	2	FBH
	6250	12	1	0	2	F6H
57600	57600	11.0592	1	0	2	FFH
28800	28800	11.0592	1	0	2	FEH
19200	19200	11.0592	1	0	2	FDH
9600	9600	11.0592	0	0	2	FDH
4800	4800	11.0592	0	0	2	FAH

（2）T2 作波特率发生器

在增强型单片机中，除了可以使用 T1 作为波特率发生器外，还可以使用 T2 作为波特率发生器。当寄存器 T2CON 的位 TCLK=1 和（或）RCLK=1 时，允许串行口从 T2 获得发送和（或）接收的波特率。

定时器 2 的波特率发生器模式，与自动重装模式相似，当 TH2 溢出时，波特率发生器模式使 T2 寄存器重新装载来自寄存器 RCAP2H 和 RCAP2L 的 16 位的值，寄存器 RCAP2H 和 RCAP2L 的值由软件预置。波特率由下面的 T2 溢出率决定：

串行口方式 1、方式 3 的波特率=T2 溢出率/16

定时器 2 作波特率发生器时，它的操作不同于定时器。作定时器时，它会在每个机器周期递增；作波特率发生器时，它会在每个状态周期递增。这样，波特率公式如下：

$$串行口方式 1、方式 3 的波特率=\frac{振荡频率}{32\times(65536-(RCAP2H，RCAP2L))} \qquad （公式 7-5）$$

此处：（RCAP2H，RCAP2L）=RCAP2H 和 RCAP2L 的内容，为 16 位无符号整数。波特率与 SMOD 无关。

表 7-3 列出了常用的波特率和如何使用定时器 2 得到这些波特率，当晶振采用 12MHz 时，9.6Kb/s 以上的波特率误差较大，表中给出 19.2Kb/s 在 T2 相邻两个取值时的实际波特率。

表 7-3　由定时器 T2 产生的常用波特率

标准波特率（b/s）	实际波特率（b/s）	f_{osc}（MHz）	定时器 T2	
			RCAP2H	RCAP2L
57600	57600	11.0592	FF	FA
38400	38400	11.0592	FF	F7
28800	28800	11.0592	FF	F4
19200	19200	11.0592	FF	EE
9600	9600	11.0592	FF	DC
4800	4800	11.0592	FF	B8
19200	19737	12	FF	ED
	18750	12	FF	EC
9600	9615	12	FF	D9
4800	4808	12	FF	B2
2400	2404	12	FF	64

例 7-1　89C52 单片机时钟振荡频率为 11.0592MHz，选用定时器 T1 工作模式 2 作为波特率发生器，波特率为 2400b/s，求初值。

解：设置波特率控制位（SMOD）=0，由公式 7-4 可得

$$X=256-\frac{11.0592\times10^6\times(0+1)}{384\times2400}=244=F4H$$

所以，（TH1）=（TL1）=F4H。

系统晶体振荡频率选择 11.0592MHz 就是为了使初值为整数，从而产生精确的波特率。如果串行通信选用很低的波特率，则可将定时器 T1 置于模式 0 或模式 1，即 13 位或 16 位定时方式；但在这种情况下，T1 溢出时，须用中断服务程序重装初值。中断响应时间和执行指令

时间会使波特率产生一定的误差，可用改变初值的办法加以调整。

7.3 串行口工作方式

7.3.1 串行口方式 0

方式 0 为同步移位寄存器输入/输出方式，常用于扩展 I/O 口。串行数据通过 RXD 输入或输出，而 TXD 用于输出移位时钟，作为外接部件的同步信号。图 7-9（a）为发送电路，图 7-10（a）为接收电路。

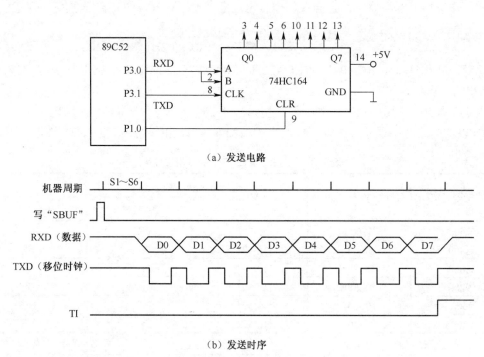

（a）发送电路

（b）发送时序

图 7-9 方式 0 发送电路及时序

这种方式不适用于两个 89C52 之间的直接数据通信，但可以通过外接移位寄存器来实现单片机的接口扩展。例如，74HC164 可用于扩展并行输出口，74HC165 可用于扩展并行输入口。在这种方式下，收/发的数据为 8 位，低位在前，无起始位、奇偶校验位及停止位，波特率是固定的。

1. 方式 0 发送

在方式 0 发送过程中，当执行一条将数据写入发送缓冲器 SBUF（99H）的指令时，串行口把 SBUF 中 8 位数据以 $f_{osc}/12$ 的波特率从 RXD（P3.0）脚输出，发送完毕置中断标志 TI=1。方式 0 发送时序如图 7-9（b）所示。写 SBUF 指令在 S6P1 处产生一个正脉冲，在下一个机器周期的 S6P2 处，数据的最低位输出到 RXD（P3.0）脚上；再在下一个机器周期的 S3、S4 和 S5 输出移位时钟为低电平时，在 S6 及下一个机器周期的 S1 和 S2 为高电平，就这样将 8 位数据由低位至高位一位一位顺序通过 RXD 线输出，并在 TXD 脚上输出 $f_{osc}/12$ 的移位时钟。在"写 SBUF"有效后的第 10 个机器周期的 S1P1 将发送中断标志 TI 置位。图中 74HC164 是

CMOS "串入/并出"移位寄存器。

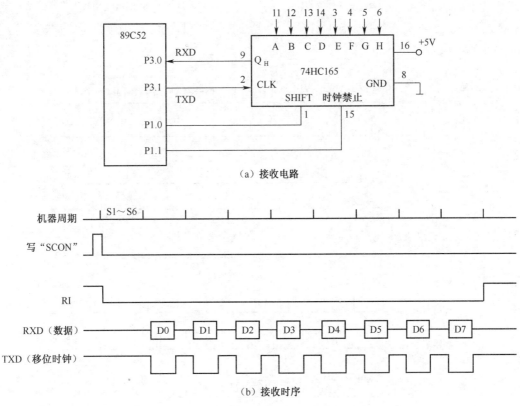

（a）接收电路

（b）接收时序

图 7-10　方式 0 接收电路及时序

2. 方式 0 接收

在方式 0 接收时，用软件置 REN=1（同时，RI=0），即开始接收。接收时序如图 7-10（b）所示。当使 SCON 中的 REN=1（RI=0）时，产生一个正的脉冲，在下一个机器周期的 S3P1～S5P2，从 TXD（P3.1）脚上输出低电平的移位时钟，在此机器周期的 S5P2 对 P3.0 脚采样，并在本机器周期的 S6P2 通过串行口内的输入移位寄存器将采样值移位接收。在同一个机器周期的 S6P1 到下一个机器周期的 S2P2，输出移位时钟为高电平。于是，将数据字节从低位至高位接收下来并装入 SBUF。在启动接收过程（即写 SCON，清 RI 位），将 SCON 中的 RI 清 0 之后的第 10 个机器周期的 S1P1 将 RI 置位。这一帧数据接收完毕，可进行下一帧接收。图 7-10（a）中，74HC165 是 CMOS "并入/串出"移位寄存器，Q_H 端为 74HC165 的串行输出端，经 P3.0 输入至 89C52。

7.3.2　串行口方式 1

方式 1 真正用于串行发送或接收，为 10 位通用异步接口。TXD 与 RXD 分别用于发送与接收数据。收发一帧数据的格式为 1 位起始位、8 位数据位（低位在前）、1 位停止位，共 10 位。在接收时，停止位进入 SCON 的 RB8，此方式的传送波特率可调。

串行口方式 1 的发送与接收时序如图 7-11（a）和（b）所示。

1. 方式 1 发送

方式 1 发送时，数据从引脚 TXD（P3.1）端输出。当 CPU 执行数据写入发送缓冲器 SBUF

的命令时，就启动了发送器开始发送。发送时的定时信号，也就是发送移位时钟（TX时钟，其频率为发送的波特率），在该时钟的作用下，每一个脉冲从TXD（P3.1）引脚输出一个数据位；8位数据位全部发送完后，置位TI，并申请中断置TXD为1作为停止位，再经一个时钟周期，$\overline{SEND}$失效。

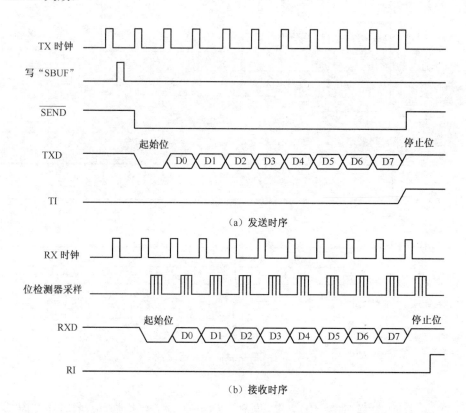

图7-11　方式1发送和接收时序

2. 方式1接收

方式1接收时，数据从引脚RXD（P3.0）引脚输入。接收是在SCON寄存器中REN位置1的前提下，并检测到起始位（RXD上出现1→0的跳变，即起始位）而开始的。

接收时，定时信号有两种（如图7-11（b）所示）：一种是接收移位时钟（RX时钟），它的频率和传送波特率相同，也是由定时器T1的溢出信号经过16分频或32分频而得到的；另一种是位检测器采样时钟，它的频率是RX时钟的16倍，亦即在一位数据期间有16个采样脉冲进行采样。

为了接收准确无误，在正式接收数据之前，还必须判定这个1→0跳变是否是由干扰引起的。为此，在该位中间的第7、第8及第9个采样时钟连续对RXD采样3次，取其中两次相同的值进行判断。这样能较好地消除干扰的影响。当确认是真正的起始位（0）后，就开始接收一帧数据。当一帧数据接收完毕后，必须同时满足以下两个条件，这次接收才真正有效。

- RI=0，即上一帧数据接收完成时，RI=1发出的中断请求已被响应，SBUF中数据已被取走。由软件使RI=0，以便提供"接收SBUF已空"的信息。
- SM2=0或收到的停止位为1（方式1时，停止位进入RB8），则将接收到的数据装入串行口的SBUF和RB8（RB8装入停止位），并置位RI；如果不满足，接收到的数据不能装入 SBUF，这意味着该帧数据将会丢失。

值得注意的是，在整个接收过程中，保证 REN=1 是一个先决条件。只有当 REN=1 时，才能对 RXD 进行检测和进行移位接收数据。

7.3.3　串行口方式 2 和方式 3

串行口工作在方式 2 和方式 3 均为每帧 11 位异步通信格式，由 TXD 和 RXD 发送与接收，两种方式操作是完全一样的，不同的只是特波率。每帧 11 位，即 1 位起始位、8 位数据位（低位在前）、1 位可编程的第 9 数据位和 1 位停止位。发送时，第 9 数据位 TB8 可以设置为 1 或 0，也可将奇偶位装入 TB8，从而进行奇偶校验；接收时，第 9 数据位进入 SCON 的 RB8。方式 2 和方式 3 的发送与接收时序如图 7-12 所示，其操作与方式 1 类似。

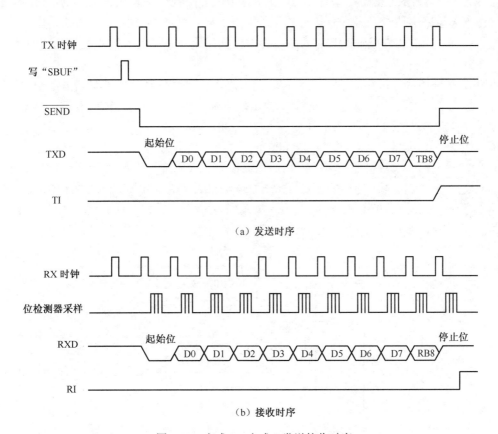

（a）发送时序

（b）接收时序

图 7-12　方式 2、方式 3 发送接收时序

发送前，先根据通信协议由软件设置 TB8（如作奇偶校验位或地址/数据标志位），然后将要发送的数据写入 SBUF，即可启动发送过程。串行口能自动把 TB8 取出，并装入到第 9 位数据位的位置，再逐一发送出去。发送完毕，使 TI=1。

接收时，使 SCON 中的 REN=1，允许接收。当检测到 RXD（P3.0）端有 1→0 的跳变（起始位）时，开始接收 9 位数据，送入移位寄存器（9 位）。当满足 RI=0 且 SM2=0，或接收到的第 9 位数据为 1 时，前 8 位数据送入 SBUF，附加的第 9 位数据送入 SCON 中的 RB8，置 RI 为 1；否则，此次接收无效，也不置位 RI。

7.4　串行口应用举例

7.4.1　串行口方式 0 应用

89C52 单片机串行口在方式 0 时是同步操作。外接串入/并出或并入/串出器件，可实现 I/O 口的扩展。

串行口方式 0 的数据传送可以采用中断方式，也可以采用查询方式。无论哪种方式，都要借助于 TI 或 RI 标志。在串行口发送时，或者靠 TI 置位后引起中断申请，在中断服务程序中发送下一组数据；或者通过查询 TI 的值，只要 TI 为 0 就继续查询，直到 TI 为 1 后结束查询，进入下一个字符的发送。在串行口接收时，由 RI 引起中断或对 RI 查询来决定何时接收下一个字符。无论采用什么方式，在开始串行通信前，都要先对 SCON 寄存器初始化，进行工作方式的设置。在方式 0 发送时，SCON 寄存器的初始化只是简单地把 00H 送入 SCON 就可以了，在方式 0 接收时，只要使 REN=1 就可以了。

用方式 0 外加移位寄存器来扩展 8 位输出口时，要求移位寄存器带有输出控制，否则串行移位过程也会反映到并行输出口。另外，输出口最好再接一个寄存器或锁存器，以免在输出门关闭时（STB=0）输出又发生变化。

用方式 0 加上并入/串出移位寄存器可扩展一个 8 位并行输入口。移位寄存器必须带有预置/移位的控制端，由单片机的一个输出端口加以控制，以实现先由 8 位输入口置数到移位寄存器，然后再串行移位从单片机的串行口输入到接收缓冲器，最后再读入到 CPU 中。

例 7-2　用 89C52 串行口外接 74HC164 串入/并出移位寄存器扩展 8 位并行输出口，8 位并行输出口的每位都接一个发光二极管，要求 8 位发光二极管循环点亮，如图 7-13 所示。

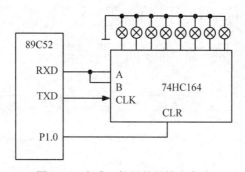

图 7-13　方式 0 扩展并行输出电路

解：数据的输出通过 RXD 发送，移位时钟通过 TXD 送出，74HC164 用于串/并转换。
C 语言程序清单：

```c
#include<reg52.h>
sbit P1_0=P1^0;
void main()
{
    unsigned char i;
    SCON=0x00;                          //串行口方式 0 初始化
    ES=1;
```

```
        EA=1;
        while(1)
        {    for(i=0;i<8;i++)
            {    P1_0=0;                    //关闭并行输出
                 SBUF=1<<i;
                 delay();                   //延时函数，读者自行添加
            }
        }
}
void s_srv() interrupt 4                    //中断服务程序
{
        TI=0;
        P1_0=1;                             //打开并行输出
}
```

汇编语言程序清单：

```
        ORG     0000H
        LJMP    MAIN
        ORG     0023H
        LJMP    S_SRV                ;串行口中断服务程序
MAIN:
        MOV     SCON,#00H            ;串行口方式 0 初始化
        SETB    ES
        SETB    EA
        MOV     A,#1
LOOP:
        CLR     P1.0                 ;关闭并行输出
        MOV     SBUF,A               ;开始串行输出
        ACALL   DELAY
        RL      A
        SJMP    LOOP                 ;等待中断
S_SRV:  CLR     TI
        SETB    P1.0
        RETI
        END
```

例 7-3 用 89C52 串行口外接 74HC165 并出/串入移位寄存器扩展 8 位并行输入口，8 位并行输入口的每位都接一个拨动开关，要求读入开关量的值，如图 7-14 所示。

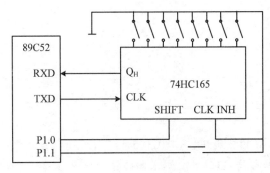

图 7-14　方式 0 扩展并行输入电路

解：数据的输入通过 RXD 接收，移位时钟通过 TXD 送出，时钟禁止端接地，使时钟有

效，P1.1 接一按键，当按键按下时输入一次数据，数据接收采用查询方式。

C 语言程序清单：

```
#include<reg52.h>
sbit LOAD165=P1^0;
sbit KEY=P1^1;
void main()
{
    SCON=0;                      //设置串口工作于方式 0，不允许接收
    RI=1;                        //先不输入
    while(1)
    {   if(KEY==0)               //按键按下
        {   delay(15);           //延时 15ms 去抖，自行完成
            if(KEY==0)
            {   while(KEY==0);   //等待按键释放
                LOAD165=0;       //装入并行数据
                LOAD165=1;       //锁存，允许串行移位
                REN=1;           //接收允许
                RI=0;            //这时才开始输入
                while(RI==0);    //等待输入完成
                P2=SBUF;         //将读到的数据从 P2 输出
                REN=0;
            }
        }
    }
}
```

汇编语言程序清单：

```
        ORG     0000H
MAIN:
        MOV     SCON,#00H        ;串行口方式 0 初始化
        SETB    RI
LOOP:   JB      P1.1,LOOP
        ACALL   DELAY
        JB      P1.1,LOOP
        JNB     P1.1,$
        CLR     P1.0
        SETB    P1.0
        SETB    REN
        CLR     RI
        JNB     RI,$
        MOV     P2,SBUF
        CLR     REN
        SJMP    LOOP
        END
```

注意：在串行口方式 0 的应用中，74HC165 和 74HC164 不能用在同一个串行口中，因为对于 74HC164 来说，数据自 RXD 送出，如果同时系统中存在 74HC165，那么 74HC165 的 Q_H 端（数据输出端）也会同时送出数据，从而不能将正确的数据送入 74HC164，也就是说 74HC164 不能正常工作。除非使用多串口单片机或使用 I/O 线直接操作，将 74HC165 和 74HC164 分开。

7.4.2　串行口方式 1、方式 3 应用

串行口方式 1 与方式 3 很近似，波特率设置一样，不同之处在于方式 3 比方式 1 多了一个数据附加位。方式 2 与方式 3 基本一样，只是波特率设置不同。

本节内容以串行口方式 3 为例，介绍单片机串行口全双工传输方式。

例 7-4　对 89C52 单片机编程，将片内 RAM 50H～5FH 中的数据，用串行口方式 3 以中断方式发送给另一台机器，并用第 9 个数据位作奇偶校验，设晶振为 11.0592MHz，波特率为 4800b/s。

解：用 TB8 作奇偶校验位，在数据写入发送缓冲器之前，先将数据的奇偶位 P 写入 TB8，在接收方，第 9 位数据作奇偶校验用。

C 语言程序清单：

```
#include<reg52.h>
unsigned char i=0;
unsigned char data array[16] _at_ 0x50;        //发送缓冲区
void main()
{
    SCON=0xc0;                                  //串行口初始化
    TMOD=0x20;                                  //定时器初始化
    TH1=0xfa;
    TL1=0xfa;
    TR1=1;
    ES=1;                                       //中断初始化
    EA=1;
    ACC=array[i];                               //发送第一个数据送累加器，目的取 P 位
    TB8=P;
    SBUF=ACC;                                   //发送一个数据
    while(1);                                   //等待中断
}
void server() interrupt 4                       //串行口中断服务程序
{
    TI=0;                                       //清发送中断标志
    ACC=array[++i];                             //取下一个数据
    TB8=P;
    SBUF=ACC;
    if(i>14)
        ES=0;                                   //发送完毕，禁止串行口中断
}
```

汇编语言程序清单：

```
        ORG     0000H
        LJMP    MAIN                ;上电，转主程序
        ORG     0023H
        LJMP    SERVER              ;转中断服务程序
MAIN:
        MOV     SP,#0DFH            ;设置堆栈指针
        MOV     SCON,#0C0H          ;串行口方式 3 初始化
```

```
        MOV     TMOD,#20H                    ;定时器 1 工作在方式 2
        MOV     TL1,#0FAH
        MOV     TH1,#0FAH
        SETB    TR1
        SETB    ES                           ;允许串行口中断
        SETB    EA                           ;CPU 开中断
        MOV     R0,#50H
        MOV     R7,#0FH
        MOV     A,@R0
        MOV     C,P
        MOV     TB8,C                        ;送奇偶标志位到 TB8
        MOV     SBUF,A                       ;发送第一个数据
        SJMP    $
SERVER: CLR     TI                           ;清除发送中断标志
        INC     R0                           ;修改数据地址
        MOV     A,@R0
        MOV     C,P
        MOV     TB8,C
        MOV     SBUF,A                       ;发送下一个数据
        DJNZ    R7,ENDT                      ;判断数据块是否发送完，未完，
        CLR     ES                           ;中断返回，否则，禁止串行口中断
ENDT:   RETI                                 ;中断返回
        END
```

例 7-5　编写一个接收程序，将接收的 16 字节数据送入片内 RAM 50H～5FH 单元中。设第 9 个数据位作奇偶校验位，晶振为 11.0592MHz，波特率为 4800b/s。

解：RB8 作奇偶校验位，接收时，取出该位进行核对，用查询方式接收。

C 语言程序清单：

```
#include<reg52.h>
unsigned char i;
unsigned char data array[16] _at_ 0x50;        //接收缓冲区
void main()
{
    SCON=0xd0;                                 //串行口初始化，允许接收
    TMOD=0x20;
    TL1=0xfa;
    TH1=0xfa;
    TR1=1;
    for(i=0;i<16;i++)                          //循环接收 16 个数据
    {   while(!RI);                            //等待一次接收完成
        RI=0;
        ACC=SBUF;                              //读取数据送给累加器 ACC 产生奇偶校验位 P
        if(RB8==P)                             //校验正确
            array[i]=ACC;
        else                                   //校验不正确
        {   F0=1;
            break;
    }   }
```

```
        while(1);
    }
```
汇编语言程序清单：

```
            ORG         0000H
    MAIN:   MOV         SCON,#0D0H          ;串行口方式 3 初始化，允许接收
            MOV         TMOD,#20H           ;定时器 1 初始化
            MOV         TL1,#0FAH
            MOV         TH1,#0FAH
            SETB        TR1
            MOV         R0,#50H             ;首地址送 R0
            MOV         R7,#10H             ;数据长度送 R7
    WAIT:   JNB         RI,$                ;等待接收完成
            CLR         RI                  ;清中断标志
            MOV         A,SBUF              ;读数到累加器
            JNB         P,PNP               ;P=0，转 PNP
            JNB         RB8,ERROR           ;P=1，RB8=0，转出错处理
            SJMP        RIGHT
    PNP:    JB          RB8,ERROR           ;P=0，RB8=1，转出错处理
    RIGHT:  MOV         @R0,A               ;存数
            INC         R0                  ;修改地址指针
            DJNZ        R7,WAIT             ;未接收完，继续
            CLR         F0                  ;置正确接收完毕标志 F0=0
            RET
    ERROR:  SETB        F0                  ;置错误接收标志 F0=1
            RET
            END
```

例 7-6　用第 9 个数据位作奇偶校验位，编制串行口方式 3 的全双工通信程序，设双机将各自键盘的按键值发送给对方，接收正确后放入缓冲区（可用于显示或其他处理），晶振为 11.0592MHz，波特率为 9600b/s。

解：因为是全双工方式，通信双方的程序一样。

C 语言程序清单：

```
#include<reg52.h>
unsigned char k;
unsigned char buffer;
void main()
{
        SCON=0xd0;                          //串行口初始化，允许接收
        TMOD=0x20;                          //定时器初始化
        TL1=0xfd;
        TH1=0xfd;
        TR1=1;
        EA=1;                               //中断初始化
        ES=1;
        while(1)
        {
            k=key();                        //读取按键（参看第 9 章），有键按下返回键值
```

```
            if(k!=-1)                        //无键按下返回-1
            {    ACC=k;                       //将键值送累加器，取 P 位
                 TB8=P;                       //送 TB8
                 SBUF=ACC;                    //发送
            }
            display();                        //显示程序
        }
}
void serial_server() interrupt 4             //中断服务程序
{
        if(TI)                               //发送引起，清发送中断标志
            TI=0;
        else                                 //否则，接收引起
        {    RI=0;
            ACC=SBUF;                         //读取接收数据
            if(RB8==P)                        //奇偶校验正确，存入缓冲区
                 buffer=ACC;
        }
}
```

汇编语言程序清单：

```
            ORG       0000H
            LJMP      MAIN              ;跳转到主程序
            ORG       0023H
            LJMP      S_SERV            ;跳转到串行口中断服务程序
MAIN:       MOV       SP,#0DFH          ;设置堆栈指针，把堆栈放在 RAM 高端
            MOV       SCON,#0D0H        ;串行口初始化，方式 3，允许接收
            MOV       TMOD,#20H         ;定时器初始化，定时器 1 工作于方式 2
            MOV       TH1,#0FDH
            MOV       TL1,#0FDH         ;定时器 1 赋初值
            SETB      TR1               ;启动定时器 1
            SETB      EA
            SETB      ES                ;中断初始化
LOOP:       LCALL     KEY               ;读取按键（参看第 9 章），有键按下返回键值，
            CJNE      A,#0FFH,SEND      ;无键按下返回 0FFH，有键按下转发送
NEXT:       LCALL     DISPLAY           ;调用显示
            LJMP      LOOP              ;循环
SEND:       MOV       C,P
            MOV       TB8,C
            MOV       SBUF,A            ;带校验位发送
            SJMP      LOOP              ;循环

S_SERV:     JBC       RI,RECV           ;接收产生中断转接收处理
            CLR       TI                ;发送结束产生中断，清中断标志，中断返回
            RETI
RECV:       MOV       A,SBUF            ;接收处理，取接收值送 A
            JB        P,ONE             ;校验位为 1，转
            JB        RB8,I_END         ;接收附加数据位为 1，校验错，转中断返回
```

```
        SJMP    RIGHT              ;校验正确，正确处理
ONE:    JNB     RB8,I_END          ;校验错，转中断返回
RIGHT:  MOV     BUFFER,A           ;取接收数据送显示缓冲区
I_END:  RETI                       ;中断返回
        END
```

7.5　单片机与 PC 机通信接口电路

利用 PC 机配置的异步通信适配器，可以很方便地完成 PC 机与 89C52 单片机的数据通信。PC 机与 89C52 单片机最简单的连接是零调制 3 线经济型，这是进行全双工通信所必需的最少数目的线路。

由于 89C52 单片机输入、输出电平为 TTL 电平，而 PC 机配置的是 RS-232C 标准串行接口，二者的电气规范不一致，TTL 电平用+5V 表示数字 1，用 0V 表示数字 0；而 RS-232C 标准电平用-3～-15V 表示数字 1，用+3～+15V 表示数字 0。因此，要实现 PC 机与单片机的数据通信，必须进行电平转换。现在多采用 MAX232 芯片实现 89C52 单片机与 PC 机通信的信号转换。

7.5.1　接口芯片 MAX232 简介

MAX232 芯片是 MAXIM 公司生产的、包含两路接收器和驱动器的 IC 芯片，适用于各种 EIA-232C（早期称为 RS-232C）和 V.28/V.24 的通信接口。

MAX232 芯片内部有一个电源电压变换器，可以把输入的+5V 电源电压变换成为 RS-232C 输出电平所需的±10V 电压。所以，采用此芯片接口的串行通信系统只需单一的+5V 电源就可以了。对于没有±12V 电源的场合，其适应性更强。加之其价格适中，硬件接口简单，所以被广泛采用。

MAX232 芯片的引脚结构如图 7-15 所示。其典型工作电路如图 7-16 所示。

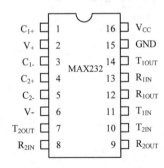

图 7-15　MAX232 芯片引脚

图 7-16 中上半部分电容 C_1、C_2、C_3、C_4 及 V_+、V_- 是电源变换电路部分。

在实际应用中，器件对电源噪声很敏感。因此，V_{CC} 必须要对地加去耦电容 C_5，其值为 0.1μF。电容 C_1、C_2、C_3 和 C_4 取同样数值的钽电解电容 1.0μF/16V，用以提高抗干扰能力。在连接时必须尽量靠近器件。

MAX233 是与 MAX232 功能相同的芯片，不需要外接电容，使用起来更方便，但 MAX233 的价格要略高一点。

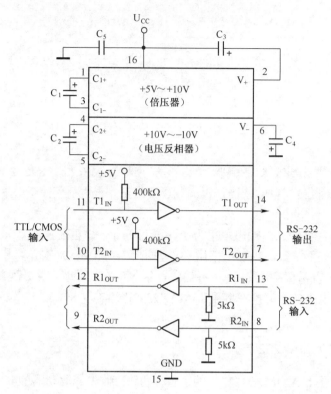

图 7-16　MAX232 典型工作电路图

下半部分为发送和接收部分。实际应用中，$T1_{IN}$ 和 $T2_{IN}$ 可直接接 TTL/CMOS 电平的 89C52 单片机的串行发送端 TXD；$R1_{OUT}$ 和 $R2_{OUT}$ 可直接接 TTL/CMOS 电平的 89C52 单片机的串行接收端 RXD；$T1_{OUT}$ 和 $T2_{OUT}$ 可直接接 PC 机的 RS-232 串口的接收端 RXD；$R1_{IN}$ 和 $R2_{IN}$ 直接接 PC 机的 RS-232 串口的发送端 TXD。

7.5.2　单片机与 PC 机串行通信接口电路

现从 MAX232 芯片中两路发送接收中任选一路作为接口，电路如图 7-17 所示。

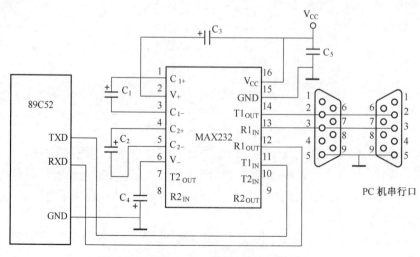

图 7-17　采用 MAX232 接口的串行通信电路

应注意其发送、接收的引脚要对应。在 PC 机的 9 针串行口中，2 脚为 RXD，3 脚为 TXD，5 脚为接地脚。如果是 $T1_{IN}$ 接单片机的发送端 TXD，则 PC 机的 RS-232 的接收端 RXD 一定要对应接 $T1_{OUT}$ 引脚。同时，$R1_{OUT}$ 接单片机的 RXD 引脚，PC 机的 RS-232 的发送端 TXD 对应接 $R1_{IN}$ 引脚。

思考题与习题

1．串行异步通信和同步通信有何不同？各有哪些特点？

2．串行通信的通信方向有哪几种？

3．89C52 单片机的串行口由哪些功能部件组成？各有什么作用？

4．简述 89C52 单片机串行口接收和发送数据的过程。

5．89C52 单片机串行口有几种工作方式？有几种帧格式？各工作方式的波特率如何确定？

6．89C52 的串行口工作方式 0 有何特点？主要用在什么地方？

7．简述 89C52 单片机多机通信的原理。

8．已知某 89C52 单片机串行口以每分钟传送 3600 个字符的速度传输数据，若以方式 3 传送其波特率是多少？如果以方式 1 传送其波特率会是多少？

9．89C52 中 SCON 的 SM2、TB8、RB8 有何作用？

10．在 89C52 单片机应用中，为什么定时器 T1 用作串行口波特率发生器时，常选用工作模式 2？若已知系统时钟频率和通信用波特率，如何计算 T1 的初值？

11．在 89C52 单片机应用中，若定时器 T1 设置成模式 2 作波特率发生器，已知 f_{osc}=6MHz，求可能产生的最高和最低的波特率。设误差不超过 50%。

12．设 89C52 单片机的晶振为 11.0592MHz，串行口工作于方式 1 做数据收发，波特率为 9600b/s。完成以下串行通信的初始化工作。

（1）写出 T1 以模式 2 定时作为波特率发生器的模式字；

（2）计算 T1 的计数初值；

（3）写出串行口控制寄存器的控制字；

（4）写出初始化程序段（包括定时器和串行口）。

13．对 89C52 单片机编写程序，使串行口以方式 1 查询方式自收自发（接收和发送都需要查询），波特率为 4800b/s。设单片机的晶振为 11.0592MHz。

14．使用 89C52 串行口以工作方式 1 进行串行通信，假定波特率为 9600b/s，单片机晶振频率为 11.0592MHz。请编写通信程序，以中断方式接收数据，查询方式发送数据。设发送的数据在无符号字符型数组 SendBuffer 中，接收的数据保存到另一无符号字符型数组 ReceiveBuffer 中，发送只需给出相应的函数。

15．使用 89C52 串行口以工作方式 3 进行串行通信，假定波特率为 9600b/s，单片机晶振频率为 11.0592MHz。请编写全双工通信程序，以中断方式接收和发送数据，并对数据进行奇偶校验。设发送的 50 个数据在片外数据区，地址从 0x0010 开始的区域，接收的数据保存在从 0x80 开始的区域，接收到'S'后结束。

第8章 单片机系统扩展接口技术

I/O 接口是单片机与外部设备、外部存储器,以及其他单片机/计算机连接的桥梁,是单片机应用系统中非常重要的部分。本章主要介绍接口的基本概念,并行 I/O 口的扩展(包括用简单门电路扩展和使用专用可编程芯片扩展),数据存储器的扩展(包括通过并行口扩展 SRAM 和通过 I^{2}C 方式扩展 EEPROM)。本章是单片机应用系统接口的基础。

8.1 接口的基本概念

8.1.1 单片机应用系统构成

一般的单片机应用系统如图 8-1 所示,中间是单片机(包括外部的存储器),最左边是被检测的设备,最右边是被控制的设备,单片机与被检测设备和被控制设备之间是接口设备,就是人们常说的输入、输出设备,接口设备常常简称为接口。我们把接口设备分为三类:人机交互设备(键盘、显示器、打印机等),模拟量设备(传感器、A/D 转换器、D/A 转换器),数字量、开关量设备(并行口、各种串行口、计数器、各种继电器等)。

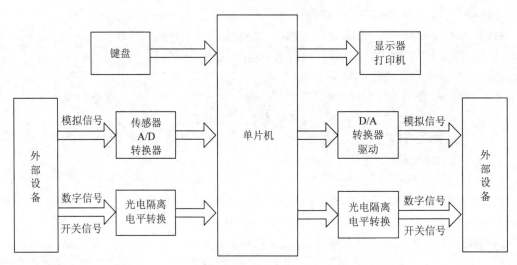

图 8-1 单片机一般应用系统构成

如果单片机应用系统没有右边的被控制设备,则系统成为一测量设备或测量仪器。常见的测量对象有压力、温度、湿度、流量、电压、电流、速度、加速度、脉冲计数、各种设备的状态等。在实际中,有不少应用只需要测量几种信号,如压力、温度等模拟量信号,设备状态、脉冲计数等数字量或开关量信号。

如果单片机应用系统没有左边的被测量设备,则系统成为一控制设备。常见的控制对象有温度、压力、流量、电压、电流、速度、声音、设备开启/关闭、电机运行(通过变频器、脉宽调制、频率等方法)等。在实际中,有不少应用只需要控制几种对象,如压力、温度等模拟量对象，设备开启/关闭、电机运行、声音等数字量或开关量对象。

如果单片机应用系统右边的被控制设备和左边的被测量设备是同一个设备，则系统成为一闭环控制系统。闭环系统不仅硬件部分复杂，而且控制程序也要复杂得多。但只要掌握了基本的测量/控制设备及应用编程方法，然后再进一步提高编程能力，逐步就能做闭环系统。

从图 8-1 的单片机应用系统和上面的描述可以看出，接口在应用系统中所占的比重很大，并且非常重要。从本章开始，用三章内容讲单片机的接口技术，内容分别是系统扩展接口技术（包含数字量输入、输出）、人机交互接口技术、模拟量和开关量接口技术，通过这些内容的学习，为单片机应用开发打下基础。

8.1.2　接口的概念

各种外部设备的信号在电平、信息格式、工作速度、时序上都和 CPU（单片机）有很大的差别，因此不能直接和 CPU（单片机）相连。例如：模拟设备需要把信息转换成数字信号，才能输入单片机；同样，单片机需要把数字格式的控制信号，转换成模拟信号才能控制模拟设备；外部设备的电平也要转换成单片机的工作电平；低速设备需要缓冲，才能和 CPU（单片机）交换数据等。在这种情况下，需要一些中间电路，完成电平转换、格式转换、数据缓冲等功能才能和 CPU（单片机）连接。这些使 CPU 和设备之间能够完成数据交换的中间电路就叫做 I/O 接口，简称接口，也叫做接口适配器。不仅是硬件电路，还包括软件程序。

8.1.3　接口的基本功能

接口用于实现 CPU 和外部设备之间的连接，单片机接口的主要功能如下：

1）信号与信息格式转换功能。某些外部设备所提供的信号及信息格式与单片机的内部总线不兼容，因此部分接口需要具备相应的转换功能，如 A/D、D/A 转换、串/并、并/串转换、电平转换等。

2）数据缓冲功能。CPU 与外部设备在工作速度上往往不匹配，因此接口需要有数据缓冲功能，避免因速度不一致而造成数据丢失。

3）接受命令功能。接口要能够接受来自于 CPU 的命令以完成特定的操作。

4）提供状态信息功能。多数接口能够收集外部设备以及接口自身的状态信息并存储，以供 CPU 查询。

5）中断功能。能够以中断方式工作的接口中具有中断电路，可以产生中断请求信号。

8.1.4　接口的结构

接口的结构和接口的功能是对应的，一般包括读写控制逻辑、数据缓冲器、数据寄存器、控制寄存器和状态寄存器等部分。

读写控制逻辑连接来自于 CPU 的读写控制信号、地址信号和片选信号。读写控制逻辑控制对接口内部寄存器的选择和读写操作；对控制寄存器存放的控制代码进行译码并执行；控制接口内部各组成部分工作；负责和外部设备进行联络。

数据缓冲器连接系统的数据总线。在读写控制逻辑的控制下接收数据总线上的数据，并转发到对应的寄存器；或把寄存器里的内容发往数据总线。

数据寄存器存放输入/输出的数据。可以分为输入数据寄存器和输出数据寄存器。

控制寄存器用于存放 CPU 发来的控制代码。

状态寄存器用于存放接口和外部设备的状态信息，以供 CPU 查询。

这些寄存器都有地址，CPU 可以像访问存储器一样去访问这些寄存器。对这些寄存器读写就实现了 CPU 对接口的控制。

这些寄存器根据需要可以有不同的配置，可以只有一个，也可以有多个。接口的结构如图 8-2 所示。

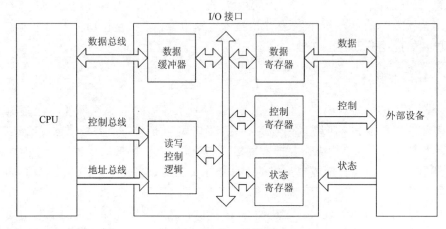

图 8-2　接口的结构

8.1.5　端口及编址

1. 端口

除了单片机内部集成的 I/O 接口，接口通常是以芯片的形式出现。有些简单的外部设备会和接口集成在一起。单片机外围可以连接多个接口芯片，每个接口芯片内部通常又会有多个寄存器。如何区分这些芯片和芯片内部的寄存器？方法就是给它们分配地址。每个芯片内部可被访问的寄存器，我们称之为端口。每一个端口都要分配一个地址，以实现对芯片内部不同寄存器的选择。这个地址就叫做端口地址，通常也叫接口地址。

在并行总线扩展系统中，端口地址是通过硬布线完成的，一旦完成了布线，端口地址也就确定了下来。端口地址是由两部分组成的，端口地址的高位是片选，即实现对芯片的选择；端口地址的低位完成对芯片内部寄存器的选择。

2. 片选

芯片的选择有两种方法：线选法和译码法。

1）线选法。所谓线选法，就是直接以系统的地址线作为芯片的片选信号，为此只需把用到的地址线与芯片的片选端直接相连即可。

2）译码法。所谓译码法，就是使用地址译码器对系统的片外地址进行译码，以其译码输出作为存储器芯片的片选信号。

译码法可以有效利用地址总线，生成更多片选信号。但结构复杂，需要连接地址译码器。74LS138 是一种常用的地址译码器芯片，其引脚如图 8-3 所示。

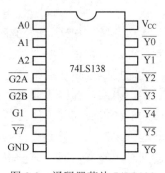

图 8-3　译码器芯片 74LS138

其中，G1、$\overline{G2A}$、$\overline{G2B}$ 为控制端。只有当 G1 为"1"，且 $\overline{G2A}$、$\overline{G2B}$ 均为"0"时，译码器才能进行译码输出。否则译码器的 8 个输出端全为高阻状态。译码输入端与输出端之间的译码关系如表 8-1 所示。

表 8-1　74LS138 的译码关系

A2~A0 编码	000	001	010	011	100	101	110	111
输出有效位	$\overline{Y0}$	$\overline{Y1}$	$\overline{Y2}$	$\overline{Y3}$	$\overline{Y4}$	$\overline{Y5}$	$\overline{Y6}$	$\overline{Y7}$

3. 芯片内部寄存器的选择

地址总线的低位连接到芯片，由芯片内部的地址译码电路和读写控制逻辑共同完成对芯片内部寄存器的选择。

需要注意的是： 在并行总线扩展系统中，端口地址由系统的地址总线生成。如果没有连接所有的地址线，那么在访问端口时，未用到的地址线置 0 置 1 都可以，即多个地址指向同一端口。

8.2　用并行方式扩展数据存储器

8.2.1　MCS-51 单片机三总线结构

单片机内部集成了很多资源，但是在实际应用系统中往往不够用，这时候就要进行系统扩展，以连接更多的设备和资源，以满足需求。系统扩展一般是通过扩展系统并行三总线来实现的，如图 8-4 所示。

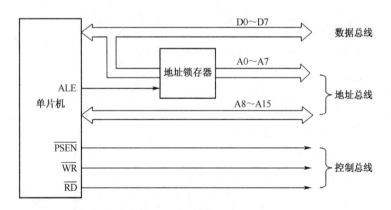

图 8-4　单片机扩展并行三总线

51 单片机由于引脚数量的限制，数据总线和地址总线是复用的，而且由 I/O 端口线兼用。为了能把复用的数据总线和地址总线分离出来以便同外部的芯片正确地连接，需要在单片机的外部增加地址锁存器，将分时输出的低 8 位地址信号锁存。常用地址锁存器 74HC573，其信号及其与单片机 P0 口的连接如图 8-5 所示。

74HC573 是有输出三态门的 8 位锁存器。当 G（使能端）为高电平时，锁存器的数据输出端 Q 的状态与数据输入端 D 相同（透明的）。当 G 端从高电平返回到低电平时（下降沿后），输入端的数据就被锁存在锁存器中，数据输入端 D 的变化不再影响 Q 端输出。

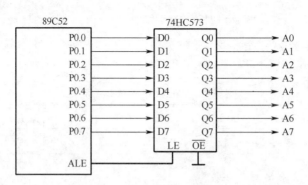

图 8-5   地址总线扩展电路

8.2.2 常用的数据存储器

数据存储器即随机存取存储器（Random Access Memory，RAM），用于存放可随时修改的数据信息。与只读存储器（Read Only Memory，ROM）不同，RAM 可以进行读、写两种操作。RAM 为易失性存储器，断电后所存信息立即消失。

按其工作方式，RAM 又分为静态随机存取存储器（SRAM）和动态随机存取存储器（DRAM）两种。静态 RAM 只要电源加上，所存信息就能可靠保存；而动态 RAM 则需要刷新。单片机使用的主要是静态 RAM。

MCS-51 系列单片机的数据存储器与程序存储器的地址空间是互相独立的，其片外数据存储器的空间可达 64KB，而片内数据存储器的空间只有 128B 或 256B。如果片内的数据存储器不够用时，则需进行数据存储器的扩展。

在单片机系统中，扩展数据存储器多用静态 SRAM 芯片。

1. 常用的静态 SRAM 芯片

常见的静态 SRAM 芯片有 6264（8K×8 位）、62256（32K×8 位）、628128（128K×8 位）等。其中静态 SRAM 芯片 6264 如图 8-6 所示。

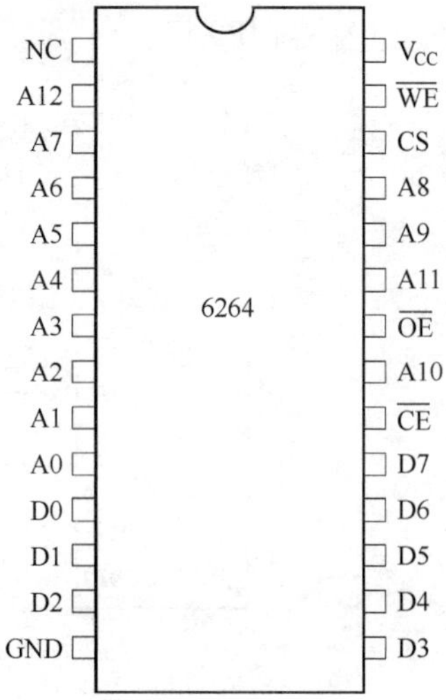

6264 引脚含义如下：

A0～A12：地址信号引脚。

D0～D7：数据信号引脚。

$\overline{\text{CE}}$、CS：片选信号引脚，必须同时有效。

$\overline{\text{WE}}$：写允许信号引脚。

$\overline{\text{OE}}$：读允许信号引脚。

NC：空脚。

图 8-6   静态 SRAM 芯片 6264

2. 扩展存储器所需芯片数目的确定

若所选存储器芯片字长与单片机字长一致，则只需扩展容量。所需芯片数目按下式确定：

$$芯片数目 = 系统扩展容量 / 存储器芯片容量 \tag{公式 8-1}$$

若所选存储器芯片字长与单片机字长不一致，则不仅需扩展容量，还需字扩展。所需芯片数目按下式确定：

$$芯片数目 = （系统扩展容量 / 存储器芯片容量）×（系统字长 / 存储器芯片字长） \tag{公式 8-2}$$

8.2.3　单片机访问片外 RAM 的操作时序

1. 片外 RAM 读操作时序

片外 RAM 读操作时序如图 8-7 所示。

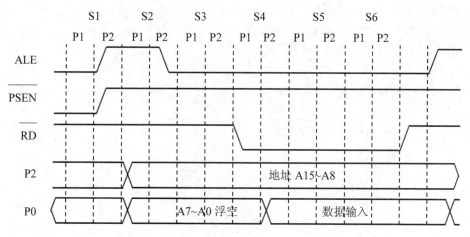

图 8-7　MCS-51 单片机访问片外 RAM 读时序

在 S1 状态 P2 节拍，ALE 信号由低变高，读周期开始。在 S2 状态，单片机把地址的低 8 位从 P0 口输出，地址的高 8 位从 P2 口输出。

在 S2 状态 P2 节拍，ALE 信号由高变低，把低 8 位地址锁存到外部的锁存器里，而高 8 位地址一直由 P2 口输出。

在 S3 状态，P0 口浮空，外部锁存器输出低 8 位地址。

在 S4 状态，$\overline{RD}$ 有效，片外 RAM 经过延迟后，把数据放在总线上，通过 P0 口输入单片机。当 $\overline{RD}$ 返回高电平后，P0 口浮空，读周期结束。

2. 片外 RAM 写操作时序

片外 RAM 写操作时序如图 8-8 所示。

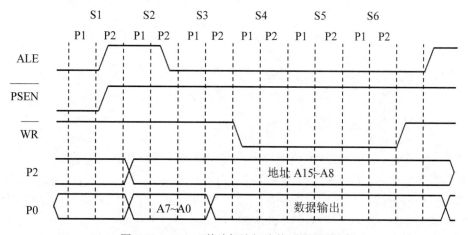

图 8-8　MCS-51 单片机访问片外 RAM 写时序

写操作时序与读操作时序，基本过程类似。不同之处主要在于 S3 状态 P2 节拍，由单片机通过 P0 口输出数据。在 S4 状态，$\overline{WR}$ 有效后，由片外 RAM 从总线上读取数据。

8.2.4　扩展数据存储器

存储器扩展往往需要多个存储器芯片，这些存储器芯片直接并联在扩展的系统总线上。其中低位地址线直接和每一个芯片的地址引脚相连，高位地址线作为片选信号线使用。如果空闲的高位地址线较多，可以使用线选法连接；否则需要用译码器进行译码法连接。

下面以静态 SRAM 芯片 6264 扩展 16KB 片外数据存储器为例，介绍一下 89C52 单片机系统的并行存储器扩展，连线如图 8-9 所示。

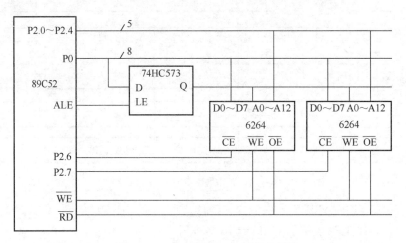

图 8-9　6264 扩展 24KB 数据存储器

根据公式 8-1 可得：芯片数目=16KB/8KB=2 片。6264 需要 13 位地址，由 P0 提供低 8 位地址，P2.0～P2.4 提供高 5 位地址。P2 口空出的口线较多，因此可选用线选法进行片选，两个芯片分别由 P2.6、P2.7 作为片选。

其地址范围分别为 10x0,0000,0000,0000B～10x1,1111,1111,1111B 和 01x0,0000,0000,0000B～01x1,1111,1111,1111B。"x" 表示可以取 0 或 1，若取 1，用十六进制数表示为：A000H～BFFFH 和 6000H～7FFFH。

8.3　用简单芯片扩展并行 I/O 口

并行总线系统扩展可以方便地连接较多的并行接口芯片，但有些时候，我们仅希望多使用少量并口，在这种情况下，可以采用一些简单的门电路芯片来扩展 I/O 口。

8.3.1　扩展 I/O 口常用的门电路芯片

在很多应用系统中常采用 74 系列集成电路芯片进行并行数据输入/输出。

如果需要单向并行数据传输可以选用单向总线驱动器 74HC244，该芯片还带有三态控制，能实现总线缓冲和隔离；如果需要双向并行数据传输可以选用双向总线驱动器 74HC245。74HC245 也是三态的，有一个方向控制端 DIR。DIR=1 时输出（$A_n \rightarrow B_n$），DIR=0 时输入（$A_n \leftarrow B_n$），如图 8-10 所示。

总线驱动器对于单片机的 I/O 口只相当于增加了一个 TTL 负载，因此驱动器除了对后级电路驱动外，还能对负载的波动变化起隔离作用。在对 TTL 负载驱动时，只需考虑驱动电流的大小；在对 MOS 负载驱动时，MOS 负载的输入电流很小，更多地要考虑对分布电容的电流驱动。

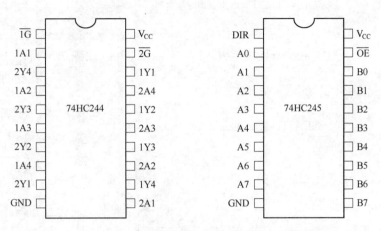

图 8-10　单向缓冲总线驱动器 74HC244 和双向缓冲总线驱动器 74HC245

对于扩展并行输出口，如果需要锁存以实现异步收发可选用锁存器芯片 74HC573，见图 8-5。输出允许引脚 $\overline{\text{OE}}$ 接单片机 P2 口的某个高位地址线以实现片选，锁存控制引脚 LE 接单片机取反后的写控制信号 $\overline{\text{WR}}$ 控制芯片输出和锁存数据。

8.3.2　简单扩展 I/O 口举例

例 8-1　利用 74 系列芯片对单片机应用系统做并行 I/O 口扩展，实现从单片机 P0 口读入 8 位开关状态，并将其状态值从 P0 口输出，控制 8 位发光二极管发光显示开关状态。

如图 8-11 所示，可通过 74HC573 和 74HC244 芯片实现单片机一个并口同时输入、输出。当对片外存储区 0x7fff 进行读写操作时，产生的写、读选通信号 $\overline{\text{WR}}$ 和 $\overline{\text{RD}}$ 分别控制 74HC573 和 74HC244 的输出、输入，P2.7 实现两个芯片的片选。读操作时，$\overline{\text{WR}} =1$，$\overline{\text{RD}} =0$，通过 74HC244 读入开关状态，写操作时，$\overline{\text{WR}} =0$，$\overline{\text{RD}} =1$，把开关状态通过 74HC573 输出驱动发光二极管发光。发光二极管是低电平点亮，刚好与输入状态的开关闭合对应。

C 语言程序如下：

```
unsigned char xdata pt1 _at_ 0x7fff;          //定义设备变量，端口地址是 0x7fff，P2.7 低电平
void main()
{
    unsigned char data tmp1;
    unsigned char data tmp2=0xff;
    while(1)                                   //循环
    {
        tmp1=pt1;                              //从 P0 口输入数据
        if (tmp1!=tmp2)                        //判断输入数据是否有改变
        {
            tmp2=tmp1;                         //保存新数据
            pt1=tmp1;                          //从 P0 口输出数据
        }
    }
}
```

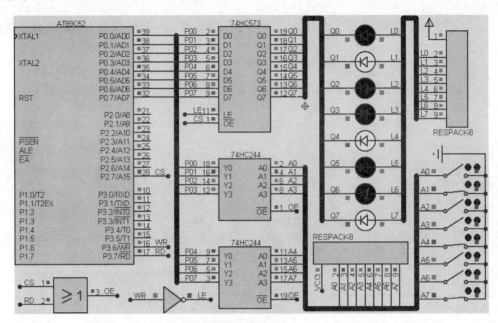

图 8-11   使用 74HC244 和 74HC573 扩展并口

8.4   用可编程芯片扩展并行 I/O 口

8255A 是一种通用的可编程并行 I/O 接口芯片，它拥有三个并行 I/O 口，可通过编程设置多种工作方式。通过 8255A 可以方便、快速地扩展并行 I/O 接口。8255A 可用在开关电路、键盘、打印机、A/D 和 D/A 接口等电路中。

8.4.1   8255A 的结构

8255A 主要由总线缓冲、读写控制逻辑、A 组与 B 组控制逻辑，以及 A 口、B 口、C 口等部分组成，如图 8-12 所示。

1. 数据总线缓冲器

这是一个双向三态的 8 位数据缓冲器，它是 8255A 与计算机系统数据总线的接口。输入输出的数据、单片机输出的控制字以及单片机输入的状态信息都是通过这个缓冲器传送的。

2. 读/写控制逻辑

用来控制把单片机输出的控制字或数据送至相应端口，也由它来控制把状态信息或输入数据通过相应的端口送到单片机。

3. 数据端口

三个数据端口 A、B、C 分成 A、B 两组。PA 和 PC4～PC7 属于 A 组；PC0～PC3 和 PB 属于 B 组。

端口 A：包含一个 8 位数据输入锁存器、一个 8 位数据输出锁存器和缓冲器。

端口 B：包含一个 8 位数据输入缓冲器、一个 8 位数据输出锁存器和缓冲器。

端口 C：包含一个 8 位数据输入缓冲器、一个 8 位数据输出锁存器和缓冲器。

4. A 组和 B 组控制部件

A 组控制电路控制 A 口和 C 口上半部，B 组控制电路控制 B 口和 C 口下半部。

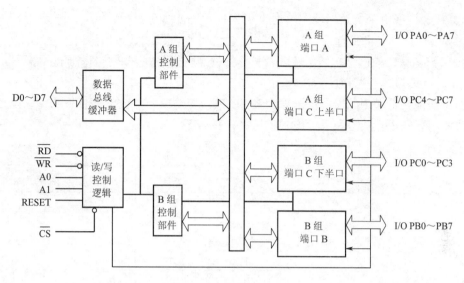

图 8-12　8255A 内部结构

8.4.2　8255A 的引脚定义

8255A 的引脚信号如图 8-13 所示，可以分为两组：一组是面向单片机的信号，一组是面向外设的信号。

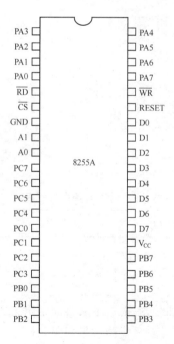

图 8-13　8255A 引脚信号

1. 面向单片机的引脚信号及功能

D0～D7：8 位，双向，三态数据线，用来与系统数据总线相连。

RESET：复位信号，高电平有效，输入，用来清除 8255A 的内部寄存器，并置 A 口、B口、C 口均为输入方式。

$\overline{\text{CS}}$：片选，低电平有效，输入，用来决定芯片是否被选中。

$\overline{\text{RD}}$：读信号，低电平有效，输入，控制 8255A 将数据或状态信息送给 CPU。

$\overline{\text{WR}}$：写信号，低电平有效，输入，控制 CPU 将数据或控制信息送到 8255A。

A1，A0：端口地址选择信号，输入。

8255A 内部共有 4 个端口：A 口、B 口、C 口和控制口，由 $\overline{\text{CS}}$、$\overline{\text{RD}}$、$\overline{\text{WR}}$ 以及 A1、A0 五个信号的组合来进行端口和读写方式的选择，见表 8-2。

表 8-2　8255A 端口的选择与操作

A1	A0	$\overline{\text{CS}}$	$\overline{\text{RD}}$	$\overline{\text{WR}}$	操作
0	0	0	1	0	写端口 A
0	1	0	1	0	写端口 B
1	0	0	1	0	写端口 C
1	1	0	1	0	写控制寄存器
0	0	0	0	1	读端口 A
0	1	0	0	1	读端口 B
1	0	0	0	1	读端口 C
1	1	0	0	1	读控制寄存器

2. 面向外设的引脚信号及功能

PA0～PA7：A 组数据信号，用来连接外设。

PB0～PB7：B 组数据信号，用来连接外设。

PC0～PC7：C 组数据信号，用来连接外设或作为控制信号。

8.4.3　8255A 的控制字

单片机对 8255A 的控制是通过对控制寄存器写入控制字来实现的。8255A 的控制字有两个，一个是工作方式控制字，另一个是端口 C 置 1/清 0 控制字。两个控制字是通过同一个端口写入的，通过控制字的最高位 D7（特征位）来区分。8255A 控制字端口的地址是由 $\overline{\text{CS}}$、A1、A0 三个信号决定的。8255A 端口地址见表 8-3。

表 8-3　8255A 端口地址定义

$\overline{\text{CS}}$	A1	A0	端口	端口性质
0	0	0	PA	数据口
0	0	1	PB	数据口
0	1	0	PC	数据口，通信控制/状态口
0	1	1	CW	控制字端口

1. 工作方式控制字

8255A 有三种工作方式，用户可以通过编程来设置。

方式 0：简单输入/输出方式，端口 A、B、C 三个均可。

方式 1：选通输入/输出－中断方式，端口 A、B 两个均可。

方式 2：双向输入输出－中断方式，只有端口 A 才有。

工作方式控制字就是对 8255A 的 3 个数据端口的工作方式及功能进行指定，即进行初始化，初始工作要在使用 8255A 之前做。8255A 的工作方式控制字各位含义见表 8-4。

表 8-4　8255A 工作方式控制字定义

D7	D6	D5	D4	D3	D2	D1	D0
D7=1 特征位	PA 口方式：00=方式 0，01=方式 1　1x=方式 2		PA 口：0 输出　1 输入	PC4～PC7：0=输出　1=输入	PB 口方式：0=方式 0　1=方式 1	PB 口：0=输出　1=输入	PC0～PC3 0=输出　1=输入
	A 组控制				B 组控制		

工作方式控制字最高位是特征位，一定要写 1，其余各位应根据设计的要求填写 1 或 0。

2. 端口 C 按位输出控制字

8255A 的端口 C 具有按位输出功能。即端口 C 的 8 位中的任一位，都可通过设置控制寄存器输出 1 或输出 0，而端口 C 中其他位的状态不变。注意 8255A 的端口 C 置 1/清 0 控制字的最高位 D7（特征位）应为 0。8255A 的端口 C 置 1/清 0 控制字各位含义见表 8-5。

表 8-5　8255A 端口 C 置 1/清 0 控制字定义

D7	D6	D5	D4	D3	D2	D1	D0
D7=0 特征位	未用			位选择：000=PC0　001=PC1　……　111=PC7			1 为置 1　0 为清 0

8255A 的端口 C 置 1/清 0 控制字不会影响端口的工作方式。

8.4.4　8255A 的工作方式

8255A 的方式 0 较为简单，方式 1 和方式 2 较为复杂。8255A 工作在方式 1 和方式 2 时，PA 和 PB 用来传送数据，PC 用来充当它们的联络控制信号和应答信号。实际中方式 1 和方式 2 使用得很少，略去不讲。

方式 0 是一种简单的输入/输出方式，没有应答联络信号，两个 8 位端口（PA、PB）和两个 4 位端口（PC），每一个都可由程序设置作为输入或输出。输出有锁存，输入没有锁存。

3 个 8 位口都设置为输出口，其控制字为：1000 0000B=80H，C 语言值为 0x80。

3 个 8 位口都设置为输入口，其控制字为：1001 1011B=9BH，C 语言值为 0x9b。

PA、PB 为输出，PC 为输入，其控制字：1000 1001B=89H，C 语言值为 0x89。

PA、PB 为输入，PC 为输出，其控制字为：1001 0010B=92H，C 语言值为 0x92。

8.4.5　8255A 的应用举例

例 8-2　使用 8255A 的 PA、PC 口接 16 个发光二极管显示流水灯，如图 8-14 所示。其中用单片机的 P2.7 作为 8255A 的片选信号，P2.5、P2.6 作为 8255A 的端口地址选择信号。

低 13 位地址没有使用可取任意值，取为 1，根据表 8-3，可确定 PA、PB、PC 和控制端口 P2.7、P2.6、P2.5 的取值，从而确定 PA、PB、PC 和控制端口的地址分别为 0x1fff、0x3fff、0x5fff、

0x7fff。图 8-14 中的 LED 阴极接 8255A，8255A 输出低电平 LED 点亮。电路中，8255A 输出应该加驱动，可以使用 74HC244、74HC245 等，为了使电路不至于过大而未画出。

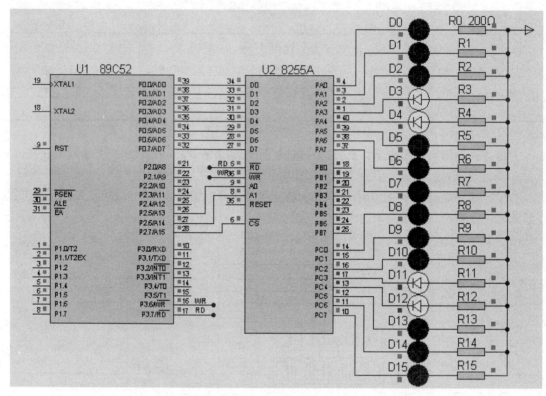

图 8-14　用 8255A 扩展并行口输出显示流水灯

C 语言程序如下：

```
#include <reg52.h>
#include <intrins.h>
unsigned char xdata PA _at_ 0x1fff;          //定义设备变量 PA 口地址为 0x1fff
unsigned char xdata PC _at_ 0x5fff;          //定义设备变量 PC 口地址为 0x5fff
unsigned char xdata CW _at_ 0x7fff;          //定义设备变量 CW 口地址为 0x7fff

void delay10ms(unsigned char x)              //延时 10ms 函数（设振荡频率为 12MHz）
{
    unsigned int i;
    while(x--)
        for(i=0;i<830;i++);                  //试验得出需要内循环 830 次
}

void main()                                  //主函数
{
    unsigned int data tmp0,tmp1;
    CW =0x80;                                //写控制字，三个口均设置为输出
    tmp0=0x303;                              //PA 口和 PC 口都同时点亮 2 个 LED
    while(1)                                  //死循环
    {    tmp1=~tmp0;                         //取反，用于输出显示
```

```
    PA=tmp1&0xff;              //从 8255A 的 PA 口输出低 8 位
    PC=tmp1/0x100;             //从 8255A 的 PC 口输出高 8 位
    delay();                   //延时
    tmp0=_irol_(tmp0,1);       //调用循环左移函数，循环左移 1 位
  }
}
```

8.5　用串行方式扩展数据存储器

串行总线系统扩展技术是新一代单片机技术发展的一个显著特点。相对于并行总线接口，串行总线接口有着占用 I/O 口线少（一般 2～4 根），编程相对简单，易于实现应用系统软硬件的模块化、标准化。随着串行总线接口技术（SPI、I^2C 等）和各种串行接口芯片的发展，串行总线接口技术越来越受到人们的推崇。

I^2C 是常见的串行通信协议，现在已经广泛地应用于 IC 之间的通信中。并且不少单片机已经整合了 I^2C 的接口。像 89C52 等不支持 I^2C 的单片机，也可以通过编程，用 I/O 引脚模拟 I^2C 通信协议扩展 I^2C 接口。

8.5.1　I^2C 总线及操作

I^2C（Inter-Integrated Circuit，集成电路间串行传输总线）是一种由 Philips 公司开发的两线式串行总线，用于连接各种集成电路芯片、微控制器及其外围设备。它以 1 根串行数据线（SDA）和 1 根串行时钟线（SCL）实现了双工的同步数据传输。具有接口线少、控制方式简单、器件封装形式小、通信速率较高等优点。

1. I^2C 总线的特点

I^2C 总线最主要的优点是其简单性和有效性。由于接口直接集成在组件之上，因此 I^2C 总线占用的空间非常小，减少了电路板的空间和芯片管脚的数量，降低了互联成本。总线的长度可高达 25 英尺（6.35 米），并且能够以 10Kb/s 的最大传输速率支持 40 个组件。

I^2C 总线的另一个优点是它支持多主控（Multimastering），其中任何能够进行发送和接收的设备（节点）都可以成为主控器。一个主控器能够控制信号的传输和时钟频率。当然，在任何时间点上只能有一个主控器。如图 8-15 所示。

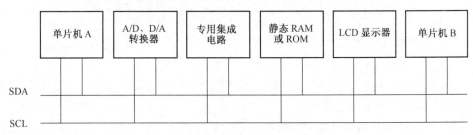

图 8-15　典型 I^2C 总线系统示意图

I^2C 总线是由数据线 SDA 和时钟 SCL 构成的串行总线，可发送和接收数据。在单片机与被控 IC 之间、IC 与 IC 之间进行双向传送，最高传送速率 100kb/s，驱动能力 400pF。每个连接在 I^2C 总线上的电路或模块称之为一个节点，各个节点均并联在这条总线上，每个节点都有唯一的地址，在信息的传输过程中，I^2C 总线上并接的每一个节点既是主控器（或被控器），

又是发送器（或接收器），这取决于它要完成的功能。

各节点供电可以不同，但需共地，SDA 和 SCL 需分别接上拉电阻。

I²C 总线支持多主和主从两种工作模式。在多主方式中，通过硬件和软件的仲裁，主控器取得总线控制权。在主从方式中，从器件地址包括器件编号地址和引脚地址两部分，器件编号地址由 I²C 总线委员会分配，引脚地址由外界电平的高低决定。当器件内部有连续的子地址空间时，对这些空间进行连续读写，子地址会自动加 1。

单片机发出的控制信号分为地址码和控制量两部分，地址码用来选址，即接通需要控制的电路，确定控制的种类；控制量决定该调整的类别（如对比度、亮度等）及需要调整的量。这样，各控制电路虽然挂在同一条总线上，却彼此独立，互不相关。

2. I²C 总线的时序

I²C 总线在传送数据过程中有 4 种类型信号：开始信号、结束信号、数据信号和应答信号。

1）开始信号：SCL 为高电平时，SDA 由高电平向低电平跳变，开始传送数据。

2）结束信号：SCL 为低电平时，SDA 由低电平向高电平跳变，结束传送数据。

3）数据信号：其格式为每个时钟传送 1 位数据，在时钟的低电平由发送方发出数据电平信号，高电平时接收方读取数据线上的数据。8 位数据信号构成数据字节或地址字节。

4）应答信号：接收数据的 IC 在接收到 8bit 数据（包括命令）后，在第 9 个时钟，向发送数据的 IC 发出低电平脉冲，作应答信号，表示已收到数据，如图 8-16 所示。应答信号与数据信号格式一样。

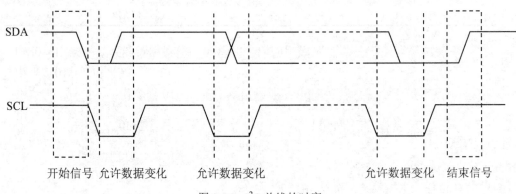

图 8-16 I²C 总线的时序

单片机向受控单元发出一个信号后，等待受控单元发出一个应答信号，单片机接收到应答信号后，根据实际情况作出是否继续传递信号的判断。若未收到应答信号，就判断为受控单元出现故障。

不论主控器是向被控器发送还是读取信息，开始信号和结束信号都由主控器发出。

3. I²C 总线的数据传输过程

I²C 总线以开始信号为启动信号，接着传输的是寻址字节和数据字节，数据字节是没有限制的，但每个字节后必须跟随一个应答位（0），全部数据传输完毕后，以结束信号结尾。

I²C 总线上传输的数据和地址字节均为 8 位，且高位在前，低位在后。

数据传输时，主机先发送启动信号和时钟信号，随后发送寻址字节来寻址被控器件，并规定数据传送方向。I²C 总线的寻址字节格式如图 8-17 所示，高 7 位为从器件地址，最低位为数据方向。从器件地址包括器件类型编号和引脚地址两部分，器件类型编号为器件识别码，由

I^2C 总线委员会分配，引脚地址（D3~D1 位），应该与器件的引脚 A2~A0 电平一致。

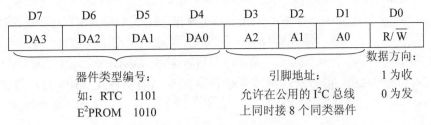

图 8-17　I^2C 总线的寻址字节格式

当主机发送寻址字节时，总线上所有器件都将其中的高 7 位地址与自己的比较，若相同，则该器件根据读/写位确定是从发送器还是从接收器。

若为从接收器，在寻址字节之后，主控发送器通过 SDA 线向从接收器发送信息，信息发送完毕后发送终止信号，以结束传送过程。

若为从发送器，在寻址字节之后，主控接收器通过 SDA 线接收被控发送器的发送信息。

每传输一位数据都有一个时钟脉冲相对应。时钟脉冲不必是相同周期的，它的时钟间隔可以不同。

总线备用时（"非忙"状态），SDA 和 SCL 都为"1"。只有当总线处于"非忙"状态时，数据传输才能被初始化。

关闭 I^2C 总线（等待状态）时，使 SCL 箝位在低电平。SCL 的"线与"特性：SCL 为低电平时，SDA 上数据就被停止传送。

当接收器接收到一个字节后无法立即接收下一个字节时，便向 SCL 线输出低电平而箝住 SCL（SCL=0），迫使 SDA 线处于等待状态，直到接收器准备好接收新的字节时，再释放时钟线 SCL（SCL=1），使 SDA 上的数据传输得以继续进行。

如图 8-18 中的 A 处，当接收器在 A 点接收完主控器发来的一个字节时，需要处理接收中断而无法继续接收，则被控器便可箝住 SCL 线为低电平，使主控发送器处于等待状态，直到被控器处理完接收中断后，再释放 SCL 线。

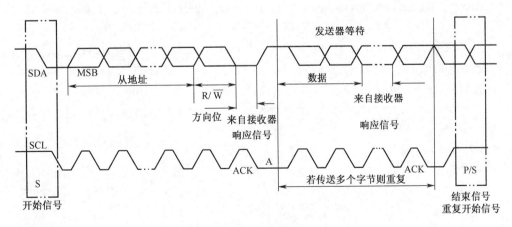

图 8-18　I^2C 总线的数据传送字节格式

数据传输时，发送器每发完一个字节，都要求接收方发回一个应答信号（0）。应答信号的时钟仍由主控器在 SCL 上产生。主控发送器必须在被控接收器发送应答信号前，预先释放对 SDA 线的控制（SDA=1），以便主控器对 SDA 线上应答信号的检测。

主控器发送时，被控器接收完每个字节需发回应答信号，主控器据此进行下一字节的发送。如果被控器由于某种原因无法继续接收 SDA 上数据时，可向 SDA 输出一个非应答信号（1），主控器据此便产生一个 Stop 来终止 SDA 线上的数据传输。

主控器接收时，也应给被控器发应答信号。当主控器接收被控器送来的最后一个数据时，必须给被控器发一个非应答信号（1），令被控器释放 SDA 线，以便主控器可以发送 Stop 信号来结束数据的传输，如图 8-19 所示。

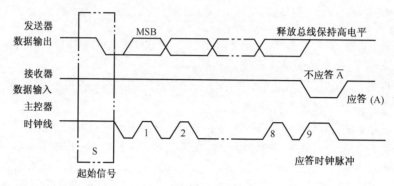

图 8-19　I²C 总线的应答信号

4. I²C 的数据格式

1）主控器写数据。主机向被寻址的从机写入 n 个数据字节。整个过程均为主机发送，从机接收，数据的方向位 R/W=0。应答位 ACK 由从机发送，当主机产生结束信号后，数据传输停止。格式如下：

S	SLA $\overline{W}$	A	Data 1	A	Data 2	A	…	Data n-1	A	Data n	A/$\overline{A}$	P

S 为开始信号，P 为结束信号，A 为应答信号，$\overline{A}$ 为非应答信号，SLA $\overline{W}$ 为寻址字节（写），Data 1～Data n 为被传送的 n 个数据。

▨ 为主控器发送，被控器接收。　　□ 为被控器发送，主控器接收。

2）主控器读数据。主机从被寻址的从机读出 n 个数据字节。寻址字节为主机发送、从机接收，方向位 R/W=1，n 个数据字节均为从机发送、主机接收。主机接收完全部数据后发非应答位（1），表明读操作结束。格式如下：

S	SLA R	A	Data 1	A	Data 2	A	…	Data n-1	A	Data n	$\overline{A}$	P

SLA R 为寻址字节读。

3）主控器读/写数据。主机在一段时间内为读操作，在另一段时间内为写操作。在一次数据传输过程中需要改变数据的传送方向。由于读/写方向有变化，开始信号和寻址字节都会重复一次，但读/写方向（R/W）相反。格式如下：

S	SLA R	A	Data 1	A	Data 2	A	…	Data n	A	Sr	SLA $\overline{W}$	A
DATA 1	A	DATA2	A	…	DATA n-1	A	DATA n	A/$\overline{A}$	P			

Sr 为重复开始信号，Data 1～Data n 为主控器的读数据，DATA 1～DATA n 为主控器的写数据。

8.5.2　I^2C 总线扩展存储器

例 8-3　对单片机编程，模拟 I^2C 操作对 EEPROM 芯片 24C04A（8bit×256×2，512 字节）进行写、读，对前面的 128 字节写入 0～128。

24C04A 的 SDA 引脚是 I^2C 数据信号引脚；SCK 引脚是 I^2C 时钟信号引脚；A1、A2 引脚是芯片选择引脚，当系统中存在多个 24C04A 时实现片选；WP 引脚是对高 256 字节的写保护。

在 Proteus 中画出的电路如图 8-20 所示。图中左上角为显示的 24C04A 内的数据，可以通过 Proteus 的 Debug 菜单的 I2C Memory Internal Memory 选项查看 24C04A 内的数据。

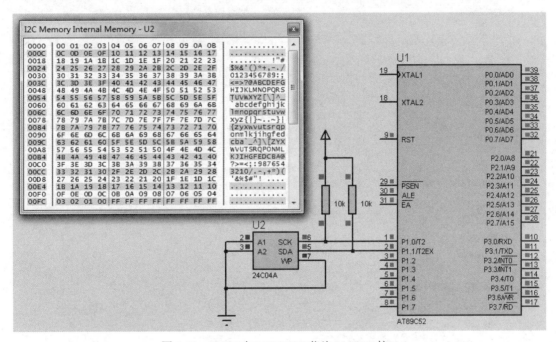

图 8-20　89C52 与 EEPROM 芯片 24C04A 接口

按照 I^2C 总线的操作方法，C 语言程序如下。

```
#include<reg52.h>                    //包含 52 系列寄存器定义的头文件
#include<intrins.h>                  //包含空操作函数定义的头文件
sbit SCL=P1^0;                       //I²C 时钟线
sbit SDA=P1^1;                       //I²C 数据线
void start()                         //定义起始信号产生函数
{
    SDA=1;
    SCL=1;
    _nop_();
    _nop_();
    SDA=0;
    _nop_();
    _nop_();
    SCL=0;
```

```
    }
    void stop()                              //定义停止信号产生函数
    {
        SDA=0;
        SCL=0;
        _nop_();
        _nop_();
        SCL=1;
        _nop_();
        _nop_();
        SDA=1;
    }
    void rack()                              //定义应答检测函数
    {
        SCL=1;
        _nop_();
        _nop_();
        SCL=0;
    }
    void nack()                              //定义不应答信号函数
    {
        SDA=1;
        SCL=1;
        _nop_();
        _nop_();
        SCL=0;
        SDA=1;
    }
    void wbyte(unsigned char tmp)            //写字节函数
    {
        unsigned char i;
        for(i=0;i<8;i++)
        {   tmp<<=1;                         //左移一位，移出位在 CY
            SDA=CY;                          //移出位发送
            SCL=1;
            _nop_();
            _nop_();
            SCL=0;
        }
        rack();
    }
    void wdata(unsigned char addr,unsigned char dat)   //24C04A 写数据函数（格式为先地址，后数据）
    {
        unsigned char i;
        start();
        wbyte(0xa0);                         //器件寻址
        wbyte(addr);                         //24C04A 内部地址
        wbyte(dat);                          //写数据
```

```
        stop();
        for(i=0;i<255;i++);                  //每写一个数据，都要延时一段时间
        for(i=0;i<255;i++);
}
unsigned char rbyte()                        //读字节函数
{
        unsigned char i,d;
        for(i=0;i<8;i++)
        {      SCL=1;
               d<<=1;
               d=d|SDA;
               SCL=0;
        }
        return d;
}
unsigned char rdata(unsigned char addr)      //读 24C04A
{
        unsigned char d;
        start();
        wbyte(0xa0);                         //器件寻址
        wbyte(addr);                         //24C04A 内部地址
        start();
        wbyte(0xa1);                         //读命令
        d=rbyte();                           //读数据
        nack();
        stop();
        return d;
}
void main()                                  //主函数
{
        unsigned char i,d;
        for(i=0;i<128;i++)                   //向 24C04A 前 128 字节写 0～127
               wdata(i,i);
        for(i=0;i<128;i++)                   //把 24C04A 前 128 字节读出并从 255 地址倒着写入
        {      d=rdata(i);
               wdata(255-i,i);
        }
        while(1);
}
```

思考题与习题

1. 什么是接口？接口的功能有哪些？
2. 简述接口的组成结构。
3. 什么是端口？简述端口编址的方法。
4. 8255A 的功能是什么？

5. 简述 8255A 的内部结构。

6. 简述 8255A 的控制字和用法。

7. 8255A 有哪些工作方式？这些工作方式有什么不同？

8. 简述 I^2C 时序的特点。

9. 6 根地址线最多可产生多少个地址？11 根地址线最多可产生多少个地址？

10. 假定一个存储器有 4096 个存储单元，其首地址为 0，则末地址为多少？

11. 用 2K×4 位的数据存储器芯片扩展 4K×8 位的数据存储器需要多少片？地址总线是多少位？画出连线图。

12. 在 Proteus 中绘制单片机应用系统，参考图 8-11，用两片 74HC573 芯片扩展 89C52 的输出端口，实现 16 个发光二极管做流水灯显示（每次亮 1 个、2 个），用 Keil C 编程实现该功能，并把编译好的代码下载到单片机中模拟运行。提示：两个 74HC573 的 $\overline{OE}$ 引脚分别接单片机的 P2.6、P2.7 引脚，两个 74HC573 的端口地址分别是 0xbfff 和 0x7fff。

13. 在 Proteus 中绘制单片机应用系统，用 8255A 的 PA 口接 8 个开关，控制 PB 口接的对应的 8 只发光二极管点亮、熄灭。

14. 在 Proteus 中绘制单片机应用系统，用 8255A 的 PA、PB、PC 接 24 只发光二极管以 1s 为周期交替闪烁。

15. 在 Proteus 中绘制单片机应用系统，参考例 8-4，编程模拟 I^2C 把 EEPROM 芯片 24C04A 的 20H～40H 写为 0x55。

16. 在 Proteus 中绘制单片机应用系统，参考例 8-4，编程模拟 I^2C 从 24C04A 的 30H～50H 中读数据写入数组 BUF。

第9章 单片机应用系统接口技术

单片机的应用系统中，键盘、显示器、模拟信号设备、开关信号设备等都是常用的设备。本章主要讨论人机交互设备矩阵键盘、数码管显示器、LCD 显示器接口技术，以并行、串行方式接口的 D/A、A/D 数字与模拟量转换接口技术，以及常见的开关量输出接口技术。通过本章学习，为单片机应用开发打下基础。

9.1 键盘接口技术

单片机应用系统通常都需要进行人－机对话，包括人对应用系统的状态干预与数据输入等，所以应用系统大多数都设有键盘。

9.1.1 键盘基本问题

键盘是一组按键的集合，它是最常用的单片机输入设备。操作人员可以通过键盘输入数据或命令，实现简单的人－机通信。按键是一种常开型按钮开关。平时（常态时）按键的两个触点处于断开状态，按下键时它们才闭合（短路）。键盘分编码键盘和非编码键盘。键盘上闭合键的识别由专用的硬件译码器实现，并产生键编号或键值的称为编码键盘，如 BCD 码键盘、ASCII 码键盘等；靠应用程序识别的称为非编码键盘。

在单片机组成的测控系统及智能化仪器中，用得最多的是非编码键盘。本节讨论非编码键盘的原理、接口技术和程序设计。

键盘中每个按键都是一个常开开关电路，如图 9-1 所示。

当按键 K 未被按下时，P1.0 输入为高电平；当 K 闭合时，P1.0 输入为低电平。通常按键所用的开关为机械弹性开关，当机械触点断开、闭合时，电压信号波形如图 9-2 所示。由于机械触点的弹性作用，一个按键开关在闭合时不会马上稳定地接通，在断开时也不会一下子断开。因而在闭合及断开的瞬间均伴随有一连串的抖动，如图 9-2 所示。抖动时间的长短由按键的机械特性决定，一般为 5～10ms。这是一个很重要的时间参数，在很多场合都要用到。

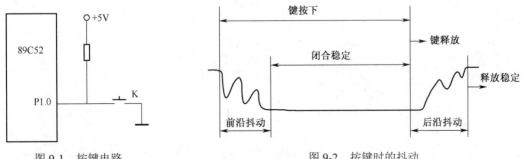

图 9-1　按键电路　　　　　　　　　　　图 9-2　按键时的抖动

按键稳定闭合时间的长短则是由操作人员的按键动作决定的，一般为零点几秒。

键抖动会引起一次按键被误读多次。为了确保 CPU 对键的一次闭合仅做一次处理，必须去除键抖动。在键闭合稳定时，读取键的状态，并且必须判别；在键释放稳定后，再作处理。按键的抖动，可用硬件或软件两种方法消除。

如果按键较多，常用软件方法去抖动，即检测出键闭合后执行一个延时程序，产生 12～20ms 的延时，让前沿抖动消失后，再一次检测键的状态，如果仍保持闭合状态电平，则确认为真正有键按下。当确认有键按下或检测到按键释放后，才能转入该键的处理程序。

9.1.2 独立式键盘结构及处理程序

键盘结构可以根据按键数目的多少分为独立式和行列式（矩阵式）两类，独立式键盘适用于按键数目较少的场合，结构和处理程序比较简单。独立式按键是指各按键相互独立地接通一条输入数据线，如图 9-3 所示。这是最简单的键盘结构，该电路为查询方式电路。

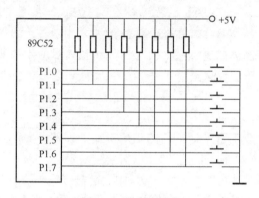

图 9-3　独立式键盘

当任何一个键按下时，与之相连的输入数据线即可读入数据 0，即低电平，而没有按下时读入 1，即高电平。要判别是否有键按下，用单片机的位处理指令十分方便。

这种键盘结构的优点是电路简单；缺点是当键数较多时，要占用较多的 I/O 线。

图 9-3 所示查询方式键盘的处理程序比较简单。实际应用当中，P1 口内有上拉电阻，图中电阻可以省去。

例 9-1　设计一个独立式按键的键盘接口，并编写键扫描程序，电路原理图如图 9-3 所示，键号从上到下分别为 0～7。

C 语言程序清单：

```c
#include<reg52.h>
void key()                          //键盘识别函数
{
    unsigned char k;
    P1=0xff;                        //输入时 P1 口置全 1
    k=P1;                           //读取按键状态
    if(k==0xff)                     //无键按下，返回
        return;
    delay20ms();                    //有键按下，延时去抖
    k=P1;
    if(k==0xff)                     //确认键按下，抖动引起，返回
        return;
    while(P1!=0xff);                //等待键释放
```

```
switch(k)
{    case:0xfe
     ⋮                                    //0 号键按下时执行程序段
     break;
     case:0xfd
     ⋮                                    //1 号键按下时执行程序段
     break;
     ⋮                                    //2～6 号键程序省略，读者可自行添上
     case:0x7f
     ⋮                                    //7 号键按下时执行程序段
     break;
}    }
```

由程序可以看出，各按键由软件设置了优先级，优先级顺序依次为 0～7。

9.1.3　行列式键盘结构及处理程序

行列式键盘适用于按键数目较多的场合，其结构排列成行列矩阵形式，如图 9-4 所示。按键的常用识别方法有扫描法和反转法两种。

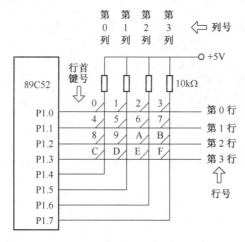

图 9-4　4×4 矩阵键盘接口

行列式键盘的水平线（行线）与垂直线（列线）的交叉处不让直接连通，而是通过一个按键来连通。利用这种行列矩阵结构只需 N 条行线和 M 条列线，即可组成具有 N×M 个按键的键盘。

在这种行列矩阵式非编码键盘的单片机系统中，键盘处理程序首先执行有无键按下的程序段，当确认有按键按下后，下一步就要识别哪一个按键被按下。对键的识别常用逐行扫描查询法或行列反转法。

1. 行扫描法识别按键

（1）行扫描法原理

以图 9-4 所示的 4×4 键盘为例，首先判别键盘中有无键按下，由单片机 I/O 口向键盘输出全扫描字，然后读入列线状态来判断。方法是：向行线（图中水平线）输出全扫描字 00H，把全部行线置为低电平，然后将列线的电平状态读入。如果有按键按下，总会有一根列线电平被拉至低电平，从而使列输入不全为 1。

判断键盘中哪一个键被按下是通过将行线逐行置低电平后，检查列输入状态实现的。方法是：依次给行线送低电平，然后查所有列线状态。如果全为1，则所按下的键不在此行；如果不全为1，则所按下的键必在此行，而且是在与零电平列线相交的交点上的那个键。

找到所按下按键的行列位置后，对按键进行编码，即求得按键键值，如图9-4所示。

在此指出，按键的位置码（即第几行第几列）并不等于按键的实际定义键值，因此还须进行转换。这可以借助查表或其他方法完成。这一过程称为键值译码，得到的是按键的顺序编号，然后再根据按键的编号（即0号键、1号键、2号键、……、F号键）来执行相应的功能子程序，完成按键键帽上所定义的实际按键功能。

按键扫描的工作过程如下：

① 判断键盘中是否有键按下；

② 延时去抖；

③ 进行行扫描，判断哪一行有键按下；

④ 对有键按下的行逐列查找，判断是哪一列的键按下；

⑤ 将按键的行、列位置码转换为键值（键的顺序号）0、1、2…、F。

（2）键盘扫描识别程序

C语言程序清单：

```
#include<reg52.h>
unsigned char key()               //键盘识别函数。有键按下返回键值0～15，无键按下返回0xff
{
    unsigned char row,col=0,k=0xff;       //定义行、列、返回值变量
    P1=0xf0;
    if((P1&0xf0)==0xf0)
        return k;                 //无键按下，返回
    delay20ms();                  //延时去抖
    if((P1&0xf0)==0xf0)
        return k;                 //抖动引起，返回
    for(row=0;row<4;row++)        //行扫描
    {
        P1=~(1<<row);             //扫描值送P1
        k=P1&0xf0;
        if(k!=0xf0)               //列线不全为1，所按键在该行
        {   while(k&(1<<(col+4)))
                col++;            //查找为0列号
            k=row*4+col;          //键值等于行号*4+列号
            P1=0xf0;
            while((P1&0xf0)!=0xf0);    //等待键释放
            break;
        }   }
    return k;                     //返回键值
}
```

2. 行列反转法识别按键

（1）行列反转法原理

行列反转法接口电路和扫描法的接口电路一样。需要注意的是，图9-4所使用的IO口为P1口，内部有上拉电阻，因此列线的上拉电阻可以不用，如果使用P0口，则需要在行线和列

线上都加上拉电阻。

行列反转法的按键识别过程如下：

① 判断是否有键按下、去抖的过程和行扫描法一样；

② 行为输出，列为输入，从行线输出全扫描字 0，读取列线值；

③ 行列反转，列为输出，行为输入，将上一步读取到的列线输入值从列线输出，读取行线值；

④ 根据输出的列线值和读取到的行线值就可以确定按下键所在的位置，通过查表确定键值。

（2）行列反转法识别子程序

仅给出 C 语言程序代码：

```c
#include<reg52.h>
unsigned char key()                      //键盘识别函数
{
    unsigned char code keycode[]={ 0xee,0xde,0xbe,0x7e,
                                   0xed,0xdd,0xbd,0x7d,
                                   0xeb,0xdb,0xbb,0x7b,
                                   0xe7,0xd7,0xb7,0x77
                                 };       //键盘表，定义16个按键的行列组合值
    unsigned char row,col,k=0xff,i;       //定义行、列、返回值、控制循环变量
    P1=0xf0;
    if((P1&0xf0)==0xf0)
        return   k;                       //无键按下，返回-1
    delay20ms();                          //延时去抖
    if((P1&0xf0)==0xf0)
        return   k;                       //抖动引起，返回-1
    P1=0xf0;
    col=P1&0xf0;                          //行输出全0，读取列值
    P1=col|0x0f;
    row=P1&0x0f;                          //列值输出，读取行值
    for(i=0;i<16;i++)
    {   if((row|col)==keycode[i])         //查找行列组合值在键盘表中位置
        {   k=i;                          //找到，该位置即为键值，否则，返回0xff
            break;                        //对重复键，该方法处理为无键按下
        }   }
    P1=0xf0;
    while((P1&0xf0)!=0xf0);               //等待键释放，返回键值
    return   k;
}
```

3. 中断方式识别按键

为了提高 CPU 的效率，可以采用中断扫描工作方式，即只有在键盘有键按下时才产生中断申请，CPU 响应中断，进入中断服务程序进行键盘扫描，并做相应处理。也可以采用定时扫描方式，即系统每隔一定时间进行键盘扫描，并做相应处理。

中断扫描工作方式的键盘接口如图 9-5 所示。该键盘直接由 89C52 P1 口的高、低字节构成 4×4 行列式键盘。键盘的行线与 P1 口的低 4 位相接，键盘的列线接到 P1 口的高 4 位。因此，P1.0～P1.3 作行输出线，P1.4～P1.7 作列输入线。对 P1.0～P1.3 各行输出 0，当有键按下时，$\overline{INT0}$ 端为低电平，向 CPU 发出中断申请，在中断服务程序调用上面的按键识别程序，

得到按下键的键值。

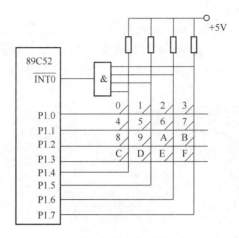

图 9-5　中断方式键盘接口

9.2　LED 显示器及接口技术

单片机应用系统中使用的显示器主要有发光二极管显示器，简称 LED（Light Emitting Diode）；液晶显示器，简称 LCD（Liquid Crystal Display）。本节主要讲述 LED 显示器的工作原理及接口。

9.2.1　LED 显示器结构及原理

单片机中通常使用 7 段 LED 构成字型"8"，另外，还有一个小数点发光二极管，以显示数字、符号及小数点。这种显示器有共阴极和共阳极两种，如图 9-6 所示。发光二极管的阳极连在一起的（公共端 K0）称为共阳极显示器，阴极连在一起的（公共端 K0）称为共阴极显示器。一位显示器由 8 个发光二极管组成，其中，7 个发光二极管构成字型"8"的各个笔划（段）a～g，另一个小数点为 dp 发光二极管。当在某段发光二极管上施加一定的正向电压时，该段笔划即亮；不加电压则暗。为了保护各段 LED 不被损坏，须外加限流电阻。

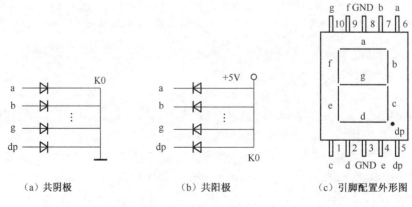

（a）共阴极　　　　　　（b）共阳极　　　　　　（c）引脚配置外形图

图 9-6　LED 7 段显示器

以共阴极 LED 为例,如图 9-6(a)所示,各 LED 公共阴极 K0 接地。若向各控制端 a、b、…、g、dp 顺次送入 11100001 信号,则该显示器显示"7."字型。

除上述 7 段"8"字型显示器以外,还有 14 段"米"字型显示器和发光二极管排成 m×n 个点矩阵的显示器。其工作原理都相同,只是需要更多的 I/O 口线控制。

共阴极与共阳极 7 段 LED 显示数字 0~F、"-"符号及"灭"的编码(a 段为最低位,dp 点为最高位)如表 9-1 所列。

表 9-1 共阴极和共阳极 7 段 LED 显示字型编码表

显示字符	0	1	2	3	4	5	6	7	8
共阴极段码	3F	06	5B	4F	66	6D	7D	07	7F
共阳极段码	C0	F9	A4	B0	99	92	82	F8	80
显示字符	9	A	B	C	D	E	F	-	熄灭
共阴极段码	6F	77	7C	39	5E	79	71	40	00
共阳极段码	90	88	83	C6	A1	86	8E	BF	FF

注:以上为 8 段,8 段最高位为小数点段。表中为小数点不点亮段码。

9.2.2 LED 显示器的显示方式

LED 显示器有静态显示和动态显示两种方式。

1. LED 静态显示方式

静态显示就是当显示器显示某个字符时,相应的段(发光二极管)恒定地导通或截止,直到显示另一个字符为止。例如,7 段显示器的 a、b、c 段恒定导通。其余段和小数点恒定截止时显示 7;当显示字符 8 时,显示器的 a、b、c、d、e、f、g 段恒定导通,dp 截止。

LED 显示器工作于静态显示方式时,各位的共阴极(公共端 K0)接地;若为共阳极(公共端 K0),则接+5V 电源。每位的段选线(a~dp)分别与一个 8 位锁存器的输出口相连,显示器中的各位相互独立,而且各位的显示字符一经确定,相应锁存的输出将维持不变。正因为如此,静态显示器的亮度较高。这种显示方式编程容易,管理也较简单,但占用 I/O 口线资源较多。因此,在显示位数较多的情况下,一般都采用动态显示方式。

2. LED 动态显示方式

在多位 LED 显示时,为了简化电路,降低成本,将所有位的段选线并联在一起,由一个 8 位 I/O 口控制。而共阴(或共阳)极公共端 K 分别由相应的 I/O 线控制,实现各位的分时选通。如图 9-7 所示为 6 位共阴极 LED 动态显示接口电路。

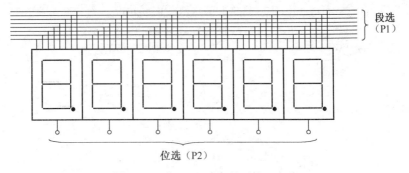

图 9-7 6 位 LED 动态显示接口电路

　　由于 6 位 LED 所有段选线皆由 P1 口控制，因此，在每一瞬间，6 位 LED 会显示相同的字符。要想每位显示不同的字符，就必须采用扫描方法轮流点亮各位 LED，即在每一瞬间只使某一位显示字符。在此瞬间，P1 口输出相应字符段选码（字型码），而 P2 口在该显示位送入选通电平（因为 LED 为共阴，故应送低电平），以保证该位显示相应字符。如此轮流，使每位分时显示该位应显示的字符。段选码、位选码每送入一次后延时 1ms，因人眼的视觉暂留时间为 0.1s（100ms），所以每位显示的间隔不要超过 20ms，并保持延时一段时间，以造成视觉暂留效果，给人看上去每个数码管总在亮，这种方式称为软件扫描显示。

9.2.3　LED 显示器与单片机的接口

　　图 9-8 所示为 89C52 P1 口和 P2 口控制的 6 位共阴极 LED 动态显示接口电路。图中，P1 口输出段选码，P2 口输出位选码，位选码占用输出口的线数决定于显示器位数，比如 6 位就要占 6 条。74LS245 是双向 8 位缓冲器驱动器，在此分别作为段选和位选驱动器。

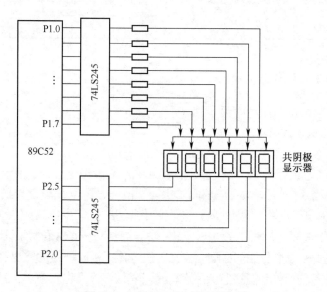

图 9-8　6 位 LED 动态显示接口

　　逐位轮流点亮各个 LED，每一位保持 1ms 以上，在 10～40ms 之内再一次点亮，重复不止。这样，利用人的视觉暂留，好像 6 位 LED 同时点亮一样。

　　C 语言程序清单：

```c
#include<reg52.h>
unsigned char code LED[]={0x3f,0x06,0x5b,0x4f,0x66,0x6d,0x7d,0x07,0x7f,
                          0x6f,0x77,0x7c,0x39,0x5e,0x79,0x71,0x40,0x00};
unsigned char dispbuf[6];                //定义字型码和显示缓冲区
void disp()
{
    unsigned char i;
    for(i=0;i<6;i++)                     //6 位显示
    {
        P1=LED[dispbuf[i]];              //段码送 P1 口
        P2=~(0x20>>i);                   //位码送 P2 口
```

```
        delay1ms();                              //延时 1ms
    }
}
```

9.3　LCD 显示器及接口技术

液晶显示器（LCD）具有功耗低、体积小、重量轻、超薄等许多其他显示器无法比拟的优点，近几年来被广泛应用于单片机控制的智能仪器、仪表和低功耗电子产品中。LCD 可分为段位式 LCD、字符型 LCD 和点阵式 LCD。本节以 Protues 仿真软件中 LM016L 为例，讲述字符型 LCD 显示器原理及接口应用。关于点阵式 LCD，可以参考相关资料。

LM016L 显示的内容为 16×2，即可以显示两行，每行 16 个字符，和字符型 LCD1602 产品完全一样。为了模拟方便起见，下面均以 LM016L 为例讨论。目前市面上的字符型液晶屏大多采用 HD44780 控制器，因此，基于 HD44780 写的控制程序可以很方便地应用于市面上大部分的字符型液晶显示器。

9.3.1　LM016L 的引脚信号

LM016L 的引脚信号见图 9-9，各引脚功能如下。

图 9-9　LM016L 应用电路

V_{SS}：电源地接入端。

V_{DD}：5V 电源正极接入端。

V_{EE}：对比度调整电压接入端。通过一个接 5V 电源和地的 10kΩ 的电位器调节。

RS：指令、数据寄存器选择信号，输入。1 表示选择数据寄存器，DB0～DB7 输入的应该为数据（显示字符的代码）；0 表示选择指令寄存器，DB0～DB7 输入的应为指令。

R/W：读写控制信号，输入。1 表示从 LCD 读取状态信息（包括光标地址）；0 表示向 LCD 写入指令（包括显示地址）或显示的数据。

E：使能信号，输入。1→0 的下降沿执行指令。

DB0～DB7：双向 8 位数据线。

另外还有两个背光电源引脚。A：背光电源正极接入端；K：背光电源负极接入端。

9.3.2 操作指令

LM016L 液晶模块内部的控制器共有 11 条控制指令，如表 9-2 所示。

表 9-2 LM016L 控制命令表

序号	指　　令	RS	R/W	D7	D6	D5	D4	D3	D2	D1	D0
1	清显示	0	0	0	0	0	0	0	0	0	1
2	光标复位	0	0	0	0	0	0	0	0	1	*
3	置输入模式	0	0	0	0	0	0	0	1	I/D	S
4	显示开/关控制	0	0	0	0	0	0	1	D	C	B
5	光标或字符移位	0	0	0	0	0	1	S/C	R/L	*	*
6	置功能	0	0	0	0	1	DL	N	F	*	*
7	置字符发生存储器地址	0	0	0	1	字符发生存储器地址 CGRAM					
8	置数据存储器地址	0	0	1	显示数据存储器地址 DDRAM						
9	读忙标志或地址	0	1	BF	计数器地址						
10	写数到 CGRAM 或 DDRAM	1	0	要写的数据内容							
11	从 CGRAM 或 DDRAM 读数	1	1	读出的数据内容							

LM016L 液晶模块的读写操作、屏幕和光标的操作都是通过指令编程来实现的（说明：1 为高电平、0 为低电平）。

指令 1：清显示，指令码 01H，光标复位到地址 00H 位置。

指令 2：光标复位，光标返回到地址 00H。

指令 3：光标和显示模式设置。I/D：光标移动方向，高电平右移，低电平左移。S：屏幕上所有文字左右移动控制，高电平移动，低电平不移动。

指令 4：显示开关控制。D：控制整体显示的开与关，高电平表示开显示，低电平表示关显示。C：控制光标的开与关，高电平表示有光标，低电平表示无光标。B：控制光标是否闪烁，高电平闪烁，低电平不闪烁。

指令 5：光标或字符移位。S/C：高电平时移动显示的文字，低电平时移动光标。

指令 6：功能设置命令。DL：高电平时为 4 位总线，低电平时为 8 位总线。N：低电平时单行显示，高电平时双行显示。F：低电平时显示 5×7 的点阵字符，高电平时显示 5×10 的点阵字符。

指令 7：字符发生器 RAM 地址设置。

指令 8：DDRAM 地址设置。

指令 9：读忙信号和光标地址。BF：忙标志位，高电平表示忙，此时模块不能接收命令或者数据，低电平表示不忙。

指令 10：写数据。

指令 11：读数据。

9.3.3　数据存储器

HD44780 内置了 DDRAM、CGROM 和 CGRAM。

1. 显示数据存储器 DDRAM

DDRAM 就是显示数据 RAM，用来寄存待显示的字符代码。见指令 8，使用 7 位表示，共 80H 个地址，LM016L 共有两行，每行 16 个字符，所以只使用了 32 个地址，其地址和屏幕的对应关系如表 9-3 所示。

表 9-3　DDRAM 地址与屏幕行列关系

	显示位置	1	2	3	4	...	15	16
DDRAM 地址	第一行	00H	01H	02H	03H	...	0EH	0FH
	第二行	40H	41H	42H	43H	...	4EH	4FH

在指令 8 中，D7 位为 1，所以要想在 DDRAM 的 00H 地址处显示数据（即第一行第一列），则必须将 00H 加上 80H，即 80H，若要在 DDRAM 的 41H（即第二行第二列）处显示数据，则必须将 41H 加上 80H 即 C1H，依次类推。

2. 常用字符点阵码存储器 CGROM

CGROM 是液晶模块内部的字符发生存储器，即字符库。LM016L 内部已经存储了 160 个不同的点阵字符图形，这些字符有：阿拉伯数字、英文字母的大小写、常用的符号和日文假名等，每一个字符都有一个固定的代码，比如大写的英文字母 "A" 的代码是 01000001B（41H），显示时模块把地址 41H 中的点阵字符图形显示出来，我们就能看到字母 "A"。因为 LM016L 识别的是 ASCII 码，所以可以用 ASCII 码直接赋值，在单片机编程中还可以用字符型常量或变量赋值，如 "A"。当我们把字符的 ASCII 码送入 DDRAM 相应地址时，就在 LCD 的相应位置显示该字符。

3. 自定义字符点阵码存储器 CGRAM

CGRAM 是用户自定义字符发生存储器，用来存放用户自定义字符的点阵信息，该存储器共有 6 位地址，64 个存储单元（不同厂家的产品数量不同），每个字符使用 8 个单元存储存放点阵，所以该区域可以存放 8 个字符的内容，和 CGROM 中的字符统一编码，字符码为 0～7。当把该编码送入 DDRAM 某个地址时，就在 LCD 的相应位置显示出自定义的字符。

设置自定义字符点阵码的方法是：先用写命令函数写向 CGRAM 写的地址（由表 9-2 中的指令 7 可知，地址为 40H～7fH），然后用写数据函数，向 CGRAM 写字符点阵码的各个字节（点阵字节取的方法是按行从上到下，左边为低位数）。

9.3.4　基本操作函数

```
#include<reg52.h>
#define   LCDDATA   P2             //LM016L 的数据线
sbit RS =P3^5;                      //LM016L 的数据/指令选择控制线
sbit RW =P3^6;                      //LM016L 的读写控制线
sbit EN =P3^7;                      //LM016L 的使能控制线
void LcdDelay(unsigned int n)       //延时函数
{     unsigned int i;
```

```
        while(n--)
        for(i=2;i>0;i--);
}
void LcdWriteCommand(unsigned char com)          //LM016L 写命令函数
{    RS=0;                                        //选择指令寄存器
     RW=0;                                        //选择写
     LCDDATA=com;                                 //把命令字送入数据口
     LcdDelay(5);                                 //延时，让 LM016L 准备接收数据
     EN=1;                                        //使能线电平变化，命令送入 LM016L 的 8 位数据口
     EN=0;
}
void LcdWriteData(unsigned char dat)             //LM016L 写数据函数
{    RS=1;                                        //选择数据寄存器
     RW=0;                                        //选择写
     LCDDATA=dat;                                 //把要显示的数据送入数据口
     LcdDelay(5);                                 //延时，让 LM016L 准备接收数据
     EN=1;                                        //使能线电平变化，数据送入 LM016L 的 8 位数据口
     EN=0;
}
void LcdInit()                                   //LM016L 初始化函数
{    LcdWriteCommand(0x38);                       //8 位数据，双列，5×7 字形
     LcdWriteCommand(0x0c);                       //开启显示屏，关光标，光标不闪烁
     LcdWriteCommand(0x06);                       //显示地址递增，即每写一数据，显示位置后移一位
     LcdWriteCommand(0x01);                       //清屏
}
```

例 9-2 参考例 6-6 的时钟程序，进一步编写 LM016L 的显示程序，将 89C52 单片机的 T0 产生的时分秒时钟信息在 LM016L 上显示出来。设单片机的晶振频率为 12MHz。

用 Proteus 绘制的电路图如图 9-9 所示，LM016L 的数据线 D0～D7 接单片机的 P2 口，3 个控制信号 RS、WR、EN 分别接 P30～P32，3 个电源线可以缺省不用连接。拟定第一行显示时间，第二行显示一个字符串信息，以示范数据和字符的显示方法。

C 语言程序清单如下：

（1）包含的头文件和变量定义

```
#include <reg52.h>
#define   LCDDATA   P2                           //LM016L 的数据线
unsigned char data string[]="I love Computer!";
unsigned char data disbuf[]="Time:   15:35:42 ";
                        //时间写的位置：时为 7、8 位，分为 10、11 位，秒为 13、14 位
unsigned char hou=15,min=32,sec=36,num=0;        //时分秒变量和中断次数控制
sbit RS =   P3^0;                                //LM016L 的数据/指令选择控制线
sbit RW =   P3^1;                                //LM016L 的读写控制线
sbit EN =   P3^2;                                //LM016L 的使能控制线
```

（2）LCD 操作函数

使用 9.3.4 节中的全部操作函数，不再列出。

（3）T0 中断服务函数

```
void time0() interrupt 1                         //定时器 0 中断函数
{    unsigned char i;                            //设晶振频率为 12MHz，每 10ms 中断一次
```

```
        TL0=55536%256;                    //给 T0 赋初值
        TH0=55536/256;
        num=num+1;                        //百分之一秒加 1
        if(num>99)
        {    num=0;
            sec=sec+1;                     //秒加 1
            if(sec>59)
            {    sec=0;
                min=min+1;                 //分加 1
                if(min>59)
                {    min=0;
                    hou=hou+1;             //时加 1
                    if(hou>23)
                        hou=0;
                }
            }
            disbuf[7]=hou/10+0x30;         //将时间写到显示数组中
            disbuf[8]=hou%10+0x30;         //加 0x30 是把时间转换成 ASCII 码
            disbuf[10]=min/10+0x30;
            disbuf[11]=min%10+0x30;
            disbuf[13]=sec/10+0x30;
            disbuf[14]=sec%10+0x30;
            LcdWriteCommand(0x80);         //设置显示的位置，在 LCD 第一行上显示
            for(i=0;i<16;i++)
                LcdWriteData(disbuf[i]);   //在 LCD 第一行显示时间
        }
}
```

（4）主函数

```
void main()                               //主函数
{    unsigned char i;

    TMOD=0x01;                            //设置 T0 以模式 1 定时
    TL0=55536%256;                        //设置 T0 定时 10ms 初值
    TH0=55536/256;
    ET0=1;                                //开 T0 中断
    EA=1;                                 //开总中断
    TR0=1;                                //定时器 0 开运行
    LcdInit();                            //初始化 LCD
    LcdDelay(100);
    LcdWriteCommand(0x80);
    for(i=0;i<16;i++)
        LcdWriteData(disbuf[i]);          //在 LCD 第一行上显示时间
    LcdWriteCommand(0xC0);
    for(i=0;i<16;i++)
        LcdWriteData(string[i]);          //在 LCD 第二行上显示
    while(1);                             //循环，并随时处理 T0 中断
}
```

9.4 D/A 转换器及接口技术

9.4.1 并行接口 D/A 转换器 DAC0832 及接口技术

1. DAC0832 的主要特性

DAC0832 是美国国家半导体公司的芯片，具有两级数据输入寄存器的 8 位单片 D/A 转换器，它能直接与单片机 89C52 相连接，采用两级缓冲方式，可以在输出的同时，采集下一个数据，从而提高转换速度，能够在多个转换器同时工作时，实现多通道 D/A 的同步转换输出。

主要的特性参数如下：

- 分辨率为 8 位
- 只需在满量程下调整其线性度
- 可与所有的单片机或微处理器直接接口
- 转换时间为 1μs
- 可双缓冲、单缓冲或直通数据输入
- 功耗低，约为 200mW
- 输入信号电平与 TTL 兼容
- 单电源供电（+5～+15V）

2. DAC0832 的引脚与结构

DAC0832 的引脚如图 9-10（a）所示。其原理结构如图 9-10（b）所示，由 8 位锁存器、8 位 D/A 转换寄存器和 8 位 D/A 转换器构成。DAC0832 各引脚的功能如下。

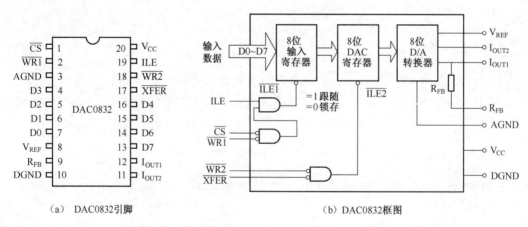

（a）DAC0832引脚　　　　　　（b）DAC0832框图

图 9-10 DAC0832 结构

D0～D7：数字量输入信号。

ILE：数据锁存允许信号，输入，高电平有效。

$\overline{CS}$：输入寄存器选择信号，低电平有效。

$\overline{WR1}$：输入寄存器的"写"选通信号，输入，低电平有效。

$\overline{WR2}$：DA 转换寄存器的"写"选通信号，输入，低电平有效。

$\overline{\text{XFER}}$：数据传送信号，输入，低电平有效。

V_{REF}：基准电压输入端。

R_{FB}：反馈信号输入端，芯片内已有反馈电阻。

I_{OUT1} 和 I_{OUT2}：电流输出信号。I_{OUT1} 与 I_{OUT2} 的和为常数，随 DAC 寄存器的内容线性变化。一般在单极性输出时，I_{OUT2} 接地。

V_{CC}：电源正极接入端。

D_{GND}：数字地，电源负极接入端。

A_{GND}：模拟信号地。

D/A 转换芯片输入的是数字量，输出为模拟电流，模拟信号很容易受到电源和数字信号等干扰而引起波动。为提高输出的稳定性和减小误差，模拟信号部分必须采用高精度基准电源 V_{REF} 和独立的地线，一般把数字地和模拟地分开。模拟地是模拟信号及基准电源的参考地，其余信号的参考地，包括工作电源地、数据、地址、控制信号等公共端地都是数字地。

3. DAC0832 与单片机的接口

（1）单缓冲方式接口。

若应用系统中只有一路 D/A 转换或虽然是多路转换，但并不要求同步输出时，则采用单缓冲器方式接口，如图 9-11 所示。

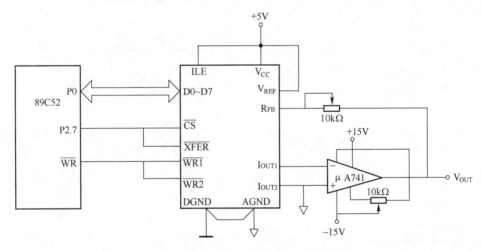

图 9-11　DAC0832 单缓冲方式接口

将 ILE 接 +5V，寄存器选择信号 $\overline{\text{CS}}$ 及数据传送信号 $\overline{\text{XFER}}$ 都与地址选择线相连（图中为 P2.7），两级寄存器的写信号都由 89C52 的 $\overline{\text{WR}}$ 端控制。当地址线选通 DAC0832 后，只要输出控制信号，DAC0832 就能一步完成数字量的输入锁存和 D/A 转换输出。由于 DAC0832 具有数字量的输入锁存功能，故数字量可以直接从 89C52 的 P0 口送入。

C 语言程序清单：

```
#include<reg52.h>                        //头文件声明及端口地址定义
unsigned char xdata DAC0832 _at_ 0x7fff;  //定义设备变量DAC0832，端口地址是0x7fff；
        ...
DAC0832=data1;                           //data1为输出模拟量的数字值
```

汇编语言程序清单：

```
MOV      DPTR,#7FFFH                     ;地址只需P2.7为0，其余为地址无关位，此处取1
```

```
MOV        A,#DATA1                                        ;待输出模拟量的数字值送 A
MOVX       @DPTR,A
```

（2）双缓冲同步方式接口

对于多路 D/A 转换接口，要求同步进行 D/A 转换输出时，必须采用双缓冲器同步方式接法。DAC0832 采用这种接法时，数字量的输入锁存和 D/A 转换输出是分两步完成的，即 CPU 的数据总线分时地向各路 D/A 转换器输入要转换的数字量并锁存在各自的输入寄存器中，然后 CPU 对所有的 D/A 转换器发出控制信号，使各个 D/A 转换器输入寄存器中的数据同时打入 DAC 寄存器，实现同步转换输出。

图 9-12 是一个二路同步输出的 D/A 转换接口电路。89C52 的 P2.5 和 P2.6 分别选择两路 D/A 转换器的输入寄存器，控制输入锁存；P2.7 连到两路 D/A 转换器的 $\overline{\text{XFER}}$ 端控制同步转换输出；$\overline{\text{WR}}$ 与所有的 $\overline{\text{WR1}}$、$\overline{\text{WR2}}$ 端相连，在执行 MOVX 指令时，89C52 自动输出 $\overline{\text{WR}}$ 信号。

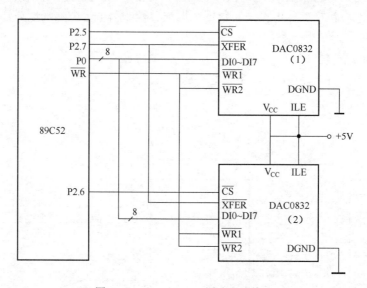

图 9-12　DAC0832 双缓冲方式接口

C 语言程序清单：

```
#include<reg52.h>
unsigned char xdata DAC0832_1  _at_ 0xdfff;    //定义设备变量 DAC0832_1（输入端口）
unsigned char xdata DAC0832_2  _at_ 0xbfff;    //定义设备变量 DAC0832_2（输入端口）
unsigned char xdata DAC_ALL    _at_ 0x7fff;    //定义设备变量 DAC_ALL（两路同步输出口）

//在需要模拟量同步输出时
DAC0832_1=data1;                               //data1 为第一片 0832 输出模拟量的数字值
DAC0832_2=data2;                               //data2 为第二片 0832 输出模拟量的数字值
DAC_ALL=0;                                     //此处 0 没有意义，目的是使 XFER 同时有效
```

4. DAC0832 应用举例

例 9-3　参考图 9-11 电路，对单片机编程，使 DAC0832 输出如图 9-13 所示的阶梯波信号。

阶梯波是在一定的时间内每隔一段时间输出的幅值递增一个恒定值。如图 9-13 所示，每隔 1ms 输出增长一个定值，经 10ms 后循环。图 9-11 电路中的 DAC0832 为单缓冲方式。具体的程序如下。

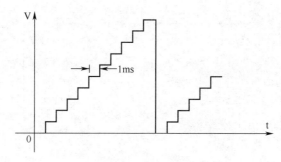

图 9-13　阶梯波波形

```
#include<reg52.h>
unsigned char xdata DAC0832  _at_   0x7fff;        //定义设备变量 DAC0832，端口地址为 0x7fff
void main()
{
      unsigned char i;
      while(1)
      {    for(i=0;i<10;i++)
           {
                 DAC0832=i*n;                        //n 是为了使波形有一定高度，取值 1～25
                 delay(1);                           //延时 1ms，delay()从略
           }
      }
}
```

9.4.2　串行接口 D/A 转换器 TLC5615 及接口技术

目前数/模转换器从接口上可分为两大类：并行接口数/模转换器和串行接口数/模转换器。并行接口转换器的引脚多，体积大，占用单片机的口线多；而串行数/模转换器的体积小，占用单片机的口线少。为减小线路板的面积，减少占用单片机的口线，越来越多地采用串行数/模转换器，例如 TI 公司的 TLC5615。

1. TLC5615 的主要特性

TLC5615 是 3 线 SPI 接口的数/模转换器。其输出为电压型，最大输出电压是基准电压值的两倍。带有上电复位功能，上电时把 DAC 寄存器复位至全 0。TLC5615 的性价比较高，市场售价比较低。TLC5615 的特性如下：

- 10 位 CMOS 电压输出
- 5V 单电源工作
- 与单片机 3 线 SPI 串行接口
- 最大输出电压是基准电压的 2 倍
- 输出电压具有和基准电压相同的极性
- 建立时间 12.5μs
- 内部上电复位
- 低功耗，最高为 1.75 mW
- 引脚与 MAX515 兼容

2. TLC5615 的引脚信号

TLC5615 的引脚排列如图 9-14，其引脚功能如下：

DIN：串行数据输入引脚。

SCLK：串行时钟输入引脚。

$\overline{CS}$：芯片选择输入引脚，低电平有效。

DOUT：用于级联的串行数据输出引脚。

AGND：模拟地，电源地接入端。

REFIN：参考（基准）电压输入引脚。

OUT：DAC 模拟电压输出引脚。

V_{DD}：电源正极接入端（4.5～5.5V）。

图 9-14　TLC5615 引脚

TLC5615 输出模拟电压 V_O 与输入数字量 N、输入参考电压 V_R 的关系：

$$V_O = 2V_R \times N/1023 \qquad （公式 9-1）$$

3. TLC5615 的结构与原理

TLC5615 内部主要由上电复位电路、16 位移位寄存器、D/A 转换器、电压倍频器以及控制逻辑等部分构成，如图 9-15 所示。

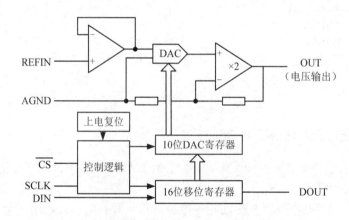

图 9-15　TLC5615 功能方框图

虽然 TLC5615 是 10 位转换器，但芯片内的 D/A 转换寄存器为 12 位宽，所以要在 10 位数字的低位后面再填以两位数字 XX，XX 可为任意值。串行传送的方向是先送出高位 MSB，后送出低位 LSB。

如果 TLC5615 是非级联使用，则 DIN 只需输入 12 位数据：前 10 位为 TLC5615 输入的 D/A 转换数据，后两位可以输入任意值，一般可以填入 0，数据格式如下所示：

MSB		LSB
10 位数据	X	X

如果 TLC5615 是级联使用，则来自 DOUT 的数据需输入 16 位时钟的下降沿，因此完成一次数据输入需要 16 个时钟周期，输入数据也应使用 16 位的传送格式：在最高位 MSB 的前面再加上 4 个虚位，被转换的 10 位数字在中间，最后再填入两个 0。

MSB			LSB
4 个虚位	10 位数据	X	X

4. TLC5615 与单片机的接口及编程

TLC5615 和 89C52 单片机的接口电路如图 9-16 所示。在电路中，89C52 单片机自 P3.0～P3.2 口分别控制 TLC5615 的片选 $\overline{\text{CS}}$、串行时钟输入 SCLK 和串行数据输入 DIN。

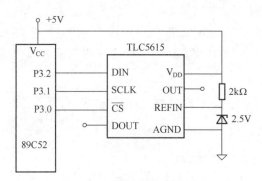

图 9-16　TLC5615 与 89C52 接口电路

当片选 $\overline{\text{CS}}$ 为低电平时，输入数据 DIN 和输出数据 DOUT 在时钟 SCLK 的控制下同步输入或输出，而且最高有效位在前，低有效位在后。输入时钟的 SCLK 的上升沿把串行数据经 DIN 移入内部的 16 位移位寄存器，SCLK 的下降沿输出串行数据到 DOUT。片选信号 $\overline{\text{CS}}$ 的上升沿把数据送至 DAC 寄存器。

D/A 转换程序如下：

```
sbit CS=P3^0;
sbit SCLK=P3^1;
sbit DIN=P3^2;
void DAC(unsigned int adata)
{
    char i;
    adata<<=2;                    //10 位数据升位为 12 位，低 2 位无效
    CS=0;                         //片选有效
    for(i=11;i>=0;i--)
    {
        SCLK=0;                   //时钟低电平
        DIN=adata&(1<<i);         //按位将数据送入 TLC5616
        SCLK=1;                   //时钟高电平
    }
    SCLK=0;                       //时钟低电平
    CS=1;                         //片选高电平，输入的 12 位数据有效
}
```

9.5　A/D 转换器及接口技术

模/数（A/D）转换电路的种类很多，例如，计数比较型、逐次逼近型、双积分型等。选择 A/D 转换器件主要是从转换位数、转换速度、转换精度、接口方式和价格上考虑。

逐次逼近型 A/D 转换器在位数、速度和价格上都适中，是最常用的 A/D 转换器件。双积分 A/D 转换器具有位数多、精度高、抗干扰性好、价格低廉等优点，但转换速度低。

近年来，串行输出的 A/D 芯片由于节省单片机的 I/O 口线，越来越多地被采用。如 4 线

SPI 接口的 TLC1549、TLC1543、TLC2543、MAX187 等，具有 2 线 I^2C 接口的 MAX127、PCF8591（4 路 8 位 A/D，还含 1 路 8 位 D/A）等。另外，很多新型的单片机在片内集成有 A/D 转换器，从价格到使用性能都有很大的优越性，转换位数有 8 位、10 位、12 位的等，如 Silicon 公司的 C8051 系列单片机、Philips 系列单片机、宏晶公司的 STC 系列单片机等。

这里，我们主要学习逐次逼近型 A/D 电路芯片，包括并行接口 A/D 转换器 ADC0809、串行接口 A/D 转换器 TLC2543、STC89LE516AD/X2 片内集成 A/D 转换器与 89C52 单片机的接口以及程序设计方法。

9.5.1　并行接口 A/D 转换器 ADC0809 及接口技术

1. ADC0809 的主要特性
- 8 输入通道、8 位 A/D 转换器
- 模拟信号电压范围 0～5V，不需零点和满刻度校准
- 当时钟为 640kHz 时，转换时间为 100μs
- 单＋5V 电源供电
- 低功耗（约 15mW）

2. ADC0809 的片内结构及引脚功能

ADC0809 是 CMOS 工艺，采用逐次逼近法的 8 位 A/D 转换芯片，28 引脚双列直插式封装，片内除 A/D 转换部分外还有多路模拟开关等部件。

图 9-17 所示为 ADC0809 的引脚及内部逻辑结构图。它由 8 路模拟开关、8 位 A/D 转换器、三态输出锁存器以及地址锁存译码器等组成。8 路模拟开关分时地选择 1 路送给 A/D 转换器进行模数转换，转换的数字量由输出锁存器锁存，在输出信号作用下打开三态缓冲门输出。

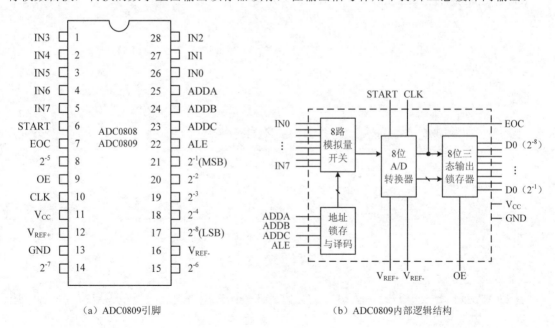

（a）ADC0809 引脚　　　　　　　　　（b）ADC0809 内部逻辑结构

图 9-17　ADC0809 引脚与结构

引脚功能说明如下：

IN0～IN7：8 个输入通道的模拟信号输入端。

D0（2^{-8}）～D7（2^{-1}）：8 位数字量输出端。

START：启动信号，加上正脉冲后，A/D 转换开始进行。

ALE：地址锁存信号。由低至高电平时，把三位地址信号送入通道号地址锁存器，并经译码器得到地址输出，以选择相应的模拟输入通道。

EOC：转换结束信号。转换开始后，EOC 信号变低；转换结束时，EOC 返回高电平。这个信号可以作为 A/D 转换器的状态信号来查询，也可以直接用作中断请求信号。

OE：输出允许输入端，高电平打开数字量输出三态门。

CLK：时钟信号输入端。最高允许值为 640kHz。

V_{REF+}和 V_{REF-}：A/D 转换器的参考电压。

V_{CC}：电源接入端。由于是 CMOS 芯片，允许的电压范围较宽，可以是+5～+15V。

8 通道模拟信号与选择地址的对应关系见表 9-4。模拟开关的作用和 8 选 1 的 CD4051 作用相同。

表 9-4　8 位模拟开关功能表

ADDC	ADDB	ADDA	输入通道号
0	0	0	IN0
0	0	1	IN1
0	1	0	IN2
…	…	…	…
1	1	1	IN7

ADC0809 芯片的转换时间在最高时钟频率下为 100μs 左右。

3. ADC0809 的工作时序

ADC0809 的工作时序如图 9-18 所示。当通道选择地址有效时，ALE 信号一出现，地址便马上被锁存，这时转换启动信号紧随 ALE 之后（或与 ALE 同时）出现。START 的上升沿将逐次逼近寄存器 SAR 复位，在该上升沿之后的 2μs 加 8 个时钟周期内（不定），EOC 信号将变低电平，以指示转换操作正在进行中，直到转换完成后 EOC 再变高电平。微处理器收到变为高电平的 EOC 信号后，便立即送出 OE 信号，打开三态门，读取转换结果。

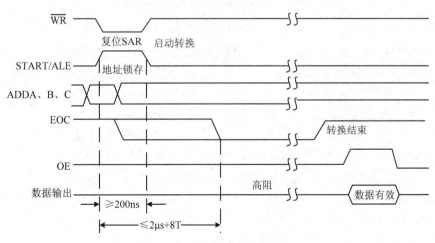

图 9-18　ADC0809 工作时序图

模拟输入通道的选择可以相对于转换开始操作独立地进行（当然，不能在转换过程中进行），然而通常是把通道选择和启动转换结合起来完成（因为 ADC0809 的时间特性允许这样做）。这样可以用一条写指令既选择模拟通道又启动转换。在与微机接口时，输入通道的选择可有两种方法，一种是通过地址总线选择，一种是通过数据总线选择。

如用 EOC 信号去产生中断请求，要特别注意 EOC 的变低相对于启动信号有 2μs+8 个时钟周期的延迟，要设法使它不致产生虚假的中断请求。为此，最好利用 EOC 上升沿产生中断请求，而不是靠高电平产生中断请求。

4. ADC0809 与 89C52 的接口及编程

（1）ADC0809 与 89C52 的接口

ADC0809 与 89C52 连接可采用查询方式，也可采用中断方式。图 9-19 为中断方式连接电路图。由于 ADC0809 片内有三态输出锁存器，因此可直接与 89C52 接口。

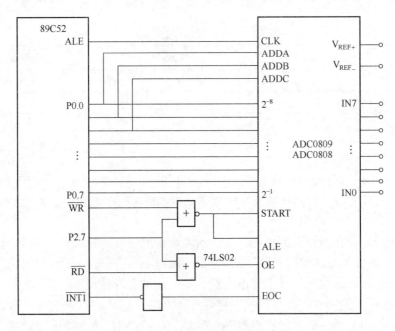

图 9-19　ADC0809 与 89C52 的连接

这里将 ADC0809 作为一个外部扩展并行 I/O 口，采用线选法管理。由 P2.7 和 $\overline{WR}$ 联合控制启动转换信号端（START）和 ALE 端，ADC0809 的 ADDA、ADDB 和 ADDC 端由 P0.0、P0.1、P0.2 以数据方式送出，即通道选择是由数据线控制的，ADC0809 的地址由 P2.7 一位控制，只要 P2.7 为低，其操作有效，因此，ADC0809 的读写端口地址均为 7FFFH。

启动 ADC0809 的工作过程是：单片机执行一条 "MOVX @DPTR,A" 指令，A 中数据即为 ADC0809 通道号，产生的 $\overline{WR}$ 信号，使 ALE 和 START 有效，锁存通道号并启动 A/D 转换。A/D 转换完毕，EOC 端发出一正脉冲，申请中断。单片机执行 "MOVX A,@DPTR" 指令产生 $\overline{RD}$ 信号，使 OE 端有效，打开输出锁存器三态门，8 位数据送给单片机。

ADC0809 的时钟取自 89C52 的 ALE 经二分频（如用 74LS74 双 D 触发器）后的信号（接 CLK 端）。当 A/D 转换完毕，89C52 读取转换后的数字量时，须使用 "MOVX A,@DPTR" 指令。在图 9-19 所示的接口电路中，ADC0809 与片外 RAM 统一编址。

（2）ADC0809 应用编程

例 9-4　某粮库或冷冻厂需对 8 点（8 个冷冻室或 8 个粮仓）进行温度巡回检测。要求设计一个单片机巡回检测系统，使其能对各冷冻室或各粮仓的温度巡回检测并保存。

温度传感器可选用热电偶、热敏电阻、PN 结或集成温度传感器 AD590 和 SL134 等芯片。温度传感器信号经过运算放大器之后，送入图 9-19 所示的 8 个通道 IN0～IN7。

C 语言程序如下：

```
#include<reg52.h>
unsigned char xdata DAC0809 _at_ 0x7fff;     //定义设备变量 DAC0809，端口地址为 0x7fff
unsigned char data buffer[8];                //数据存放定义
unsigned char i=0;
void main()
{
        IT1=1;                               //边沿触发
        EA=1;
        EX1=1;
        DAC0809=i;                           //选择 0 通道（i=0）并启动转换
        while(1);
}
void int1_srv() interrupt 2
{
        buffer[i]=DAC0809;                   //读数存放
        if(++i<8)                            //没转换到最后一个通道
            DAC0809=i;                       //选择下一个通道并启动转换
}
```

9.5.2　串行接口 A/D 转换器 TLC2543 及接口技术

1．TLC2543 主要特点

TLC2543 是 TI 公司生产的众多串行 A/D 转换器中的一种，它具有输入通道多、精度高、速度快、体积小、使用灵活等优点，为设计人员提供了一种高性价比的选择。

TLC2543 为 CMOS 型 12 位开关电容逐次逼近 A/D 转换器，高速、高精度、低噪声，接口简单（用 SPI 接口只有 4 根连线）。TLC2543 的特性如下：

- 12 位 A/D 转换器，但可作 8 位转换
- 11 通道模拟信号输入
- 多种电压自测
- 转换时间为 10μs
- 精度为 ±1LSB
- 片内有时钟电路、采样/保持电路
- 单、双极性输出
- 输出数据的顺序可编程（高位或低位在前）
- 输出数据的长度可编程（可 8 位、12 位、16 位）
- 支持软件关机

TLC1543 为 11 个输入端的 10 位 A/D 芯片，价格比 TLC2543 低。

2. TLC2543 的片内结构

TLC2543 片内由通道选择器、数据（地址和命令字）输入寄存器、采样/保持电路、12 位模/数转换器、输出寄存器、并行到串行转换器以及控制逻辑电路 7 个部分组成。TLC2543 的片内结构如图 9-20 所示。

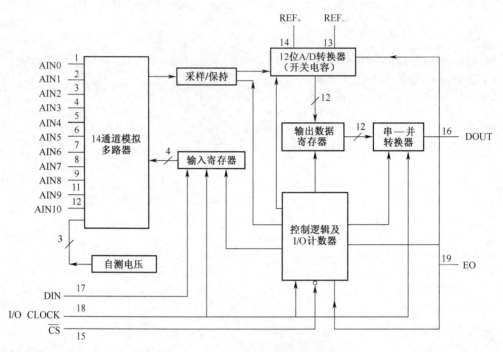

图 9-20　TLC2543 片内结构框图

通道选择器根据输入地址寄存器中存放的模拟输入通道地址，选择输入通道，并将输入通道中的信号送到采样/保持电路中，然后在 12 位模/数转换器中将采样的模拟量进行量化编码，转换成数字量，存放到输出寄存器中。这些数据经过并行到串行转换器转换成串行数据，经 TLC2543 的 DOUT 输出到微处理器中。

3. TLC2543 的引脚信号

TLC2543 封装为 20 引脚，有双列直插和方形贴片两种，引脚如图 9-21 所示。TLC2543 的引脚意义如下：

AIN0～AIN10：模拟输入通道。在使用 4.1MHz的 I/O 时钟时，外部输入设备的输出阻抗应小或等于 50Ω。

$\overline{\text{CS}}$：片选信号输入引脚。一个从高到低的变化可以使系统寄存器复位，同时使能系统的输入/输出和 I/O 时钟输入。一个从低到高的变化会禁止数据输入/输出和 I/O 时钟输入。

DIN：串行数据输入引脚。最先输入的 4 位用来选择输入通道，数据是最高位在前，每一个 I/O 时钟的上升沿送入一位数据，最先 4 位数据输入到地址寄存器后，接下来的 4 位用来设

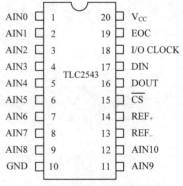

图 9-21　TLC2543 引脚信号

置 TLC2543 的工作方式。

DOUT：转换结束数据输出引脚。有 3 种长度：8、12 和 16 位。数据输出的顺序可以在 TLC2543 的工作方式中选择。数据输出引脚在 $\overline{CS}$ 为高时呈高阻状态，在 $\overline{CS}$ 为低时使能。

EOC：转换结束信号输出引脚。在命令字的最后一个 I/O 时钟的下降沿变低，在转换结束后由低变为高。

SCLK（I/O CLOCK）：同步时钟输入/输出引脚，它有 4 种功能：

- 在它的前 8 个上升沿将命令字输入到 TLC2543 的数据输入寄存器。其中前 4 个是输入通道地址选择。
- 在第 4 个 I/O 时钟的下降沿，选中的模拟通道的模拟信号对系统中的电容阵列进行充电。直到最后一个 I/O 时钟结束。
- I/O 时钟将上次转换结果输出。在最后一个数据输出完后，系统开始下一次转换。
- 在最后一个 I/O 时钟的下降沿，EOC 将变为低电平。

REF+：正的转换参考电压，一般就用 V_{CC}。

REF−：负的转换参考电压。

V_{CC}：电源正极接入引脚。

GND：电源地接入引脚。

4．TLC2543 的命令字

TLC2543 的每次转换都必须给其写入命令字，以便确定下一次转换用哪个通道、转换结果用多少位输出、输出是低位在前还是高位在前、数据极性。命令字的输入采用高位在前。TLC2543 仅 1 个命令字，其格式如图 9-22 所示。各位含义如下。

D7	D6	D5	D4	D3	D2	D1	D0
channel_select				L1	L0	LSBF	BIP

图 9-22　TLC2543 命令字格式

channel_select（D7～D4 位）：模拟通道或检测功能选择位，见表 9-5。

表 9-5　TLC2543 通道选择功能表

D7	D6	D5	D4	选择通道或功能
0	0	0	0	AIN0
0	0	0	1	AIN1
...	...	...	...	...
1	0	1	0	AIN10
1	0	1	1	检测（V_{ref+}−V_{ref-}）/2
1	1	0	0	检测：V_{ref-}
1	1	0	1	检测：V_{ref+}
1	1	1	0	软件断电
1	1	1	1	未用

L1、L0（D3、D2 位）：输出数据长度控制位。01：8 位，x0：12 位，11：16 位。

LSBF（D1 位）：输出数据顺序控制位。0：高位在前，1：低位在前。

BIP（D0 位）：数据极性选择位。0：单极性，1：双极性，二进制补码形式。

5. TLC2543 的操作时序

以 MSB 为前导，用 $\overline{CS}$ 进行 12 个时钟传送的操作时序如图 9-23 所示。

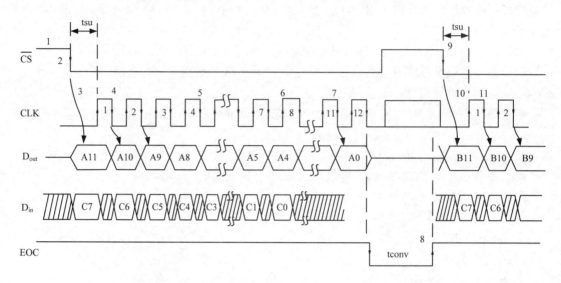

图 9-23 12 时钟传送时序图（使用 $\overline{CS}$，MSB 在前）

1）上电时，EOC= "1"，$\overline{CS}$ = "1"。

2）使 $\overline{CS}$ 由高变低，前次转换结果的 MSB 即 A11 位数据输出到 D_{out} 供读数。

3）将输入控制字的 MSB 位即 C7 送到 D_{in}，在 $\overline{CS}$ 之后 tsu≥1.425μs 后，当 CLK 上升沿出现时，将 D_{in} 上的数据移入输入寄存器。

4）CLK 的下降沿，转换结果的 A10 位输出到 D_{out} 供读数。

5）在第 4 个 CLK 下降沿，移入寄存器的前四位的通道地址被译码，相应模拟信号输入通道接通，其输入电压开始对内部开关电容充电。

6）第 8 个 CLK 上升沿，将 D_{in} 脚的输入控制字 C0 位移入输入寄存器后，D_{in} 脚即无效。

7）第 11 个 CLK 下降沿，上次转换结果的最低位 A0 输出到 D_{out} 供读数。至此，I/O 数据已全部完成，但为实现 12 位同步，仍用第 12 个 CLK 脉冲，且在第 12 个 CLK 下降沿时，模拟信号输入通道断开，EOC 下降，本周期设置的 AD 转换开始，此时应使 $\overline{CS}$ 由低变高。

8）经过时间 tconv≤10μs，转换完毕，EOC 由低变高。

9）使 $\overline{CS}$ 下降，开始下一个命令的写入和转换结果的输出。

上电时，第一周期读取的 D_{out} 数据无效，应舍去。

6. TLC2543 与 89C52 的接口及编程

TLC2543 串行 A/D 转换器与 89C52 的 SPI 接口电路如图 9-24 所示。

SPI（Serial Peripheral Interface）是一种串行外设接口标准，串行通信的双方用 4 根线进行通信。这 4 根连线分别是：片选信号、I/O 时钟、串行输入和串行输出。这种接口的特点是快速、高效，并且操作起来比 I²C 要简单一些，接线也比较简单。TLC2543 提供 SPI 接口。

对不带 SPI 或相同接口能力的 89C52，须用软件模拟 SPI 操作来和 TLC2543 接口。TLC2543 的 I/O CLOCK、DIN 和 $\overline{CS}$ 由单片机的 P1.0、P1.1 和 P1.3 提供。TLC2543 转换结果的输出（DOUT）数据由 P1.2 接收。89C52 将用户的命令字通过 P1.1 输入到 TLC2543 的输入寄存器

中，等待 20μs 开始读数据，同时写入下一次的命令字。

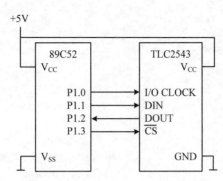

图 9-24　TLC2543 和 89C52 的接口电路

（1）TLC2543 与 89C52 的 8 位数据传送程序

TLC2543 与 89C52 的 SPI 串行接口电路如图 9-24 所示。TLC2543 与 89C52 进行 1 次 8 位数据传送，选用 AIN0 通道、高位在前、单极性。

C 语言程序清单：

```c
#include<reg52.h>
sbit CLK=P1^0;
sbit DIN=P1^1;
sbit DOUT=P1^2;
sbit CS=P1^3;
unsigned char TLC2543(unsigned char command)
{                                          //定义函数，输入参数为命令字，输出转换结果
    unsigned char i,result=0;
    CS=0;                                  //片选有效
    for(i=0;i<8;i++)
    {   CLK=0;                             //时钟变低，发送数据
        DIN=command&(0x80>>i);             //将命令字按位送出
        result<<=1;
        DOUT=1;                            //P1.2 为输入口
        CLK=1;                             //时钟变高，接收数据
        result|=DOUT;                      //按位接收转换结果
        CLK=1;                             //延时，使高电平有一定宽度
        CLK=1;
    }
    return   result;                       //返回转换结果
}
```

（2）TLC2543 与 89C52 的 12 位数据传送程序

用 TLC2543 的 AIN0 进行模数转换，数据格式为 12 位、高位在前、单极性。命令字为 00H。

C 语言程序清单：

```c
#include<reg52.h>
sbit CLK=P1^0;
sbit DIN=P1^1;
sbit DOUT=P1^2;
sbit CS=P1^3;
```

```
unsigned int TLC2543(unsigned char command)
{                                          //定义函数，输入参数为命令字，输出转换结果
    unsigned char i;
    unsigned int result=0;
    CS=0;                                  //片选有效
    for(i=0;i<12;i++)
    {   CLK=0;                             //时钟变低，发送数据
        DIN=command&(0x80>>i);             //将命令字按位送出
        result<<=1;
        DOUT=1;                            //P1.2 为输入口
        CLK=1;                             //时钟变高，接收数据
        result|=DOUT;                      //按位接收转换结果
        CLK=1;                             //延时，使高电平有一定宽度
        CLK=1;
    }
    return   result;                       //返回转换结果
}
```

9.5.3 单片机片内 A/D 转换器及应用

目前，市场上很多单片机在片内集成有 A/D 转换器，使用起来非常方便，如宏晶公司的单片机中有不少型号都集成有 A/D 转换器。下面以宏晶公司的 STC89LE516AD/X2 单片机为例，说明 A/D 转换的使用方法。虽然各种单片机片内 A/D 转换器的特殊功能寄存器的定义不太一样，但大同小异。

STC89LE516AD/X2 的模拟量输入在 P1 口，有 8 位精度的高速 A/D 转换器，P1.0～P1.7共 8 路，为电压输入型，可做按键扫描、电池电压检测、频谱检测等，17 个机器周期可完成一次转换，时钟在 40MHz 以下。

1. A/D 转换特殊功能寄存器

（1）P1 口 A/D 转换通道允许寄存器 P1_ADC_EN

P1.x 作为 A/D 转换输入通道允许特殊功能寄存器，地址为 97H，复位值为 00000000B。格式如图 9-25 所示。

D7	D6	D5	D4	D3	D2	D1	D0
ADC_P17	ADC_P16	ADC_P15	ADC_P14	ADC_P13	ADC_P12	ADC_P11	ADC_P10

图 9-25 P1_ADC_EN 特殊功能寄存器

相应位为"1"时，对应的 P1.x 口为 A/D 转换使用，内部上拉电阻自动断开。

（2）A/D 转换控制寄存器 ADC_CONTR

A/D 转换控制特殊功能寄存器，地址为 0C5H，复位值为 xxx00000B。格式如图 9-26 所示。

D7	D6	D5	D4	D3	D2	D1	D0
—	—	—	ADC_FLAG	ADC_START	CHS2	CHS1	CHS0

图 9-26 ADC_CONTR 特殊功能寄存器

ADC_FLAG：模拟/数字转换结束标志位，当 A/D 转换完成后，ADC_FLAG=1。

ADC_START：模拟/数字转换（ADC）启动控制位，设置为"1"时，开始转换。

CHS2、CHS1、CHS0：模拟输入通道选择，如表 9-6 所示。

表 9-6　模拟输入通道选择

CHS2	CHS1	CHS0	模拟输入通道选择
0	0	0	选择 P1.0 作为 A/D 输入来用
0	0	1	选择 P1.1 作为 A/D 输入来用
…	…	…	…
1	1	1	选择 P1.7 作为 A/D 输入来用

（3）A/D 转换结果寄存器 ADC_DATA

A/D 转换结果特殊功能寄存器，地址为 0C6H，复位值为 00000000B。模拟/数字转换结果计算公式如下：结果=255×V_{in}/V_{CC}，V_{in} 为模拟输入通道输入电压，V_{CC} 为单片机实际工作电压，用单片机工作电压作为模拟参考电压。

片内 A/D 转换器的操作过程为：首先使用 P1 口 A/D 转换通道允许寄存器选择使用 P1 口的哪几位作为 A/D 转换通道，其次使用 A/D 转换控制寄存器对指定通道启动 A/D 转换，最后通过读取 A/D 转换控制寄存器的相应位判断 A/D 转换是否结束，没结束等待，结束则通过读取 A/D 转换结果寄存器得到相应的数字量，本次 A/D 转换完成。

2．片内 A/D 转换器应用编程

用 P1.0 作模拟量输入端进行 A/D 转换，程序如下：

```
#include <reg52.h>
//定义与 ADC 有关的特殊功能寄存器
sfr   P1_ADC_EN=0x97;                    //A/D 转换功能允许寄存器
sfr   ADC_CONTR=0xC5;                    //A/D 转换控制寄存器
sfr   ADC_DATA=0xC6;                     //A/D 转换结果寄存器
void  delay(unsigned char delay_time)    //延时函数
{
      unsigned char i;
      unsigned int j;
      for(i=0;i<delay_time;i++)
            for(j=0;j<10000;j++);
}
unsigned char ADC()                      //AD 转换函数
{
      delay(1);                          //使输入电压达到稳定
      ADC_CONTR=0x08;                    //P1.0 为模拟量输入端，启动 A/D 转换
      while((ADC_CONTR&0x10)==0);        //等待转换结束
      return   ADC_DATA;                 //返回转换结果
}
```

9.6　开关量输出接口技术

在单片机控制系统中，单片机总要对被控对象实现控制操作。后向通道是计算机实现控制运算处理后，对被控对象的输出通道接口。

系统的后向通道是一个输出通道，其特点是弱电控制强电，即小信号输出实现大功率控制。常见的被控对象有电机、电磁开关等。

单片机实现控制是以数字信号或模拟信号的形式通过 I/O 口送给被控对象的。其中，数字信号形态的开关量、二进制数字量和频率量可直接用于开关量、数字量系统及频率调制系统的控制；但对于一些模拟量控制系统，则应通过 D/A 转换器转换成模拟量控制信号后，才能实现控制。

9.6.1　继电器接口技术

单片机用于输出控制时，用得最多的功率开关器件是固态继电器，它将取代电磁式的机械继电器。

（1）单片机与继电器的接口

一个典型的继电器与单片机的接口电路如图 9-27 所示。继电器的工作原理很简单，只要让它的吸合线圈通过一定的电流，线圈产生的磁力就会带动衔铁移动，从而带动开关点的接通和断开，由此控制电路的通或断。

由于继电器的强电触点与吸合线圈之间是隔离的，所以继电器控制输出电路不需要专门设计隔离电路。图中二极管的作用是把继电器吸合线圈的反电动势吸收掉，从而保护晶体管。

（2）单片机与固态继电器接口

固态继电器简称 SSR（Solid State Relay），是一种四端器件：两端输入、两端输出，它们之间用光耦合器隔离。SSR 是一种新型的无触点电子继电器，其输入端仅要求输入很小的控制电流，与 TTL、HTL、CMOS 等集成电路具有较好的兼容性，输入端可以控制输出端的通断。过零开关使得输出开关点在输出端电压过零的瞬间接通或者断开，以减少由于开关电流造成的干扰。为了防止外电路中的尖峰电压或浪涌电流对开关器件造成的破坏，在输出端回路并联有吸收网络。固态继电器结构如图 9-28 所示。

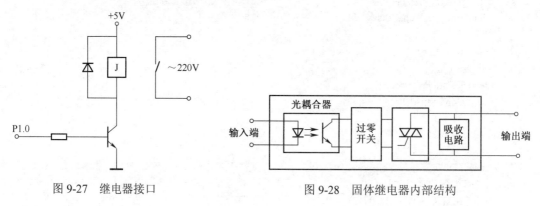

图 9-27　继电器接口　　　　　　　　图 9-28　固体继电器内部结构

固态继电器的主要特点有：

1）低噪声。过零型固态继电器在导通和断开时都是在过零点进行的，因此具有最小的无线电干扰和电网污染。

2）可靠性高。因为没有机械触点，全封闭封装，所以耐冲击、耐腐蚀、寿命长。

3）承受浪涌电流大。一般可达额定值的 6～10 倍。

4）驱动功率小。驱动电流只需 10mA，因此可以很方便地与单片机直接连接使用。

5）对电源的适应性强。电源电压在有 20%波动的情况下能正常工作。

6）抗干扰能力强。输入端与输出端之间的电隔离，可以很好地避免强电回路的电污染对控制回路的影响。

9.6.2　光电耦合器件接口技术

在实际应用中，控制对象会有大功率设备，电磁干扰较为严重。为防止干扰窜入和保证系统的安全，常常采用光电耦合器，用以实现信号的传输，同时又可将系统与现场隔离开，因此，也叫光电隔离器。

光电耦合（隔离）器是由一只发光二极管和一只光敏三极管（或二极管）组成的，当发光二极管加上正向电压时，发光二极管通过正向电流而发光，光敏三极管（或二极管）接收到光线而导通。由于发光端与接收端相互是隔离的，所以可以在隔离的情况下传递开关量的信号。光电耦合器的种类很多，表 9-7 列出了几种常用类型的光电耦合器。

表 9-7　几种常用类型的光电耦合器

	二极管型光电耦合器
	三极管型光电耦合器
	三极管型光电耦合器
	达林顿型光电耦合器

图 9-29 是使用 4N25 的光电耦合器接口电路图。若 P1.0 输出一个脉冲，则在 74LS04 输出端输出一个相位相同的脉冲。4N25 起耦合脉冲信号和隔离单片机系统与输出部分的作用，使两部分的电流相互独立。如输出部分的地线接机壳或接地，而单片机系统的电源地线浮空，不与交流电源的地线相接，这样可以避免输出部分电源变化时对单片机电源的影响，减少系统所受的干扰，提高系统的可靠性。4N25 输入/输出端的最大隔离电压大于 2500V。

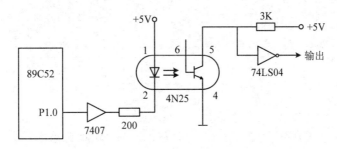

图 9-29　光电耦合器 4N25 的接口电路

图 9-29 所示的接口电路中，使用同相驱动器 OC 门 7407 作为光电耦合器 4N25 输入端的驱动。光电耦合器输入端的电流一般为 10~15mA，发光二极管的压降为 1.2~1.5V。限流电阻由下式计算：

$$R = \frac{V_{CC} - (V_F + V_{CS})}{I_F}$$

式中：V_{CC} 为电源电压；V_F 为输入端发光二极管的压降，取 1.5V；V_{CS} 为驱动器 7407 的压降，取 0.5V。

图 9-29 所示电路要求 I_F 为 15mA，则限流电阻值计算如下：

$$R = \frac{V_{CC} - (V_F + V_{CS})}{I_F} = \frac{5V - 1.5V - 0.5V}{0.015A} = 200\Omega$$

当 89C52 的 P1.0 端输出高电平时，4N25 输入端电流为 0A，三极管 ce 截止，74LS04 的输入端为高电平，7404 输出为低电平；当 89C52 的 P1.0 端输出低电平时，7407 输出端也为低电平，4N25 的输入电流为 15mA，输出端可以流过小于 3mA 的电流，三极管 ce 导通，则 ce 间相当于一个接通的开关，74LS04 输出高电平。4N25 的第 6 脚是光电晶体管的基极，在一般的使用中该脚悬空。

光电耦合器在传输脉冲信号时，输入信号和输出信号之间有一定的时间延迟，不同结构光电耦合器的输入/输出延迟时间相差很大。4N25 的导通延迟 t_{ON} 是 2.8μs，关断延迟 t_{OFF} 是 4.5μs；4N33 的导通延迟 t_{ON} 是 0.6μs，关断延迟 t_{OFF} 是 45μs。选择器件时要注意该参数。

9.6.3　直流电机控制接口技术

图 9-30 所示为一个典型的直流电机驱动控制电路，包括 4 个三极管和一个电机，左边两个光耦为隔离器件，使数字信号和模拟信号隔开。要使电机运转，必须导通对角线上的一对三极管。根据不同三极管对的导通情况，电流可能会从左至右或从右至左流过电机，从而控制电机的转向。

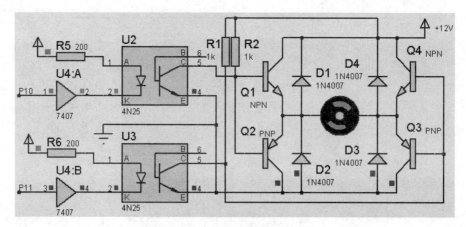

图 9-30　直流电机运行控制电路

电路分析：

当 P11 为 1，P10 为 0 时，U2 中光敏三极管导通，U2 的 5 脚接地，于是，Q1 和 Q2 基极为低电平，Q2 导通而 Q1 截止；同时 U3 中光敏三极管截止，U3 的 5 脚为高电平，Q3 和 Q4 基极为高电平，Q4 导通 Q3 截止。于是 Q2 和 Q4 导通，Q1 和 Q3 截止，电流从 Q4 流经 Q2 使电机正转。

当 P11 为 0，P10 为 1 时，U2 截止 U3 导通，Q1 和 Q2 基极为高电平，Q3 和 Q4 基极为低电平，于是 Q2 和 Q4 截止，Q1 和 Q3 导通，电流从 Q1 流经 Q3 使电机反转。

电机正转时，从 P11 引脚输出的 PWM 信号可控制电机转速，同样的，电机反转时，从 P10 引脚输出的 PWM 信号可控制电机转速。

下面给出利用定时器控制电机正反转及转速的程序段。

```
void t0s() interrupt 1                    //T0 中断，假定晶振 12MHz，定时时间 1ms
{   TL0=64536%256;
    TH0=64536/256;                        //1ms 定时初值
    if(++Count>9)
        Count=0;                          //控制脉宽调制信号周期为 10ms
    if(Direct)                            //正转，P11 为 PWM，P10 为 0
    {   P11=(Count<Speed);                //比较逻辑值给 P11，控制占空比，Speed 在 1～8 之间
        P10=0;
    }
    else                                  //反转，P10 为 PWM，P11 为 0
    {   P10=(Count<Speed);
        P11=0;
    }
}
```

9.6.4 步进电机控制接口技术

步进电机是一种把电脉冲信号变成直线位移或角位移的设备，其位移速度与脉冲频率成正比，位移量与脉冲数成正比。

步进电机在结构上也是由定子和转子组成，可以对旋转角度和转动速度进行高精度控制。当电流流过定子绕组时，定子绕组产生一矢量磁场，该矢量场会带动转子旋转一角度，因此，控制电机转子旋转实际上就是以一定的规律控制定子绕组的电流来产生旋转的磁场。每来一个脉冲电压，转子就旋转一个步距角，称为一步。根据电压脉冲的分配方式，步进电机各相绕组的电流轮流切换，在供给连续脉冲时，就能一步一步地连续转动，从而使电机旋转。

步进电机每转一周的步数相同，在不丢步的情况下运行，其步距误差不会长期积累。在非超载的情况下，电机的转速、停止的位置只取决于脉冲信号的频率和脉冲数，而不受负载变化的影响，同时步进电机只有周期性的误差而无累积误差，精度高。步进电动机可以在较宽的频率范围内，通过改变脉冲频率来实现调速、快速起停、正反转控制等。

如图 9-31 所示，当从 P10～P13 轮流送高电平时，步进电机的各相 A～D 轮流接通，电机正转；以相反的顺序，从 P13～P10 轮流送高电平时，步进电机的各相 D～A 轮流接通，电机反转。调节轮流送入的时间间隔，就可以控制电机的转速。

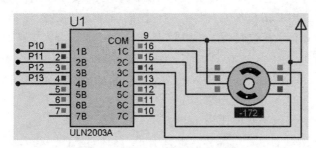

图 9-31 步进电机运行控制电路

下面给出利用定时器 T0 控制电机正反转及转速的中断函数，其控制方法为四相 4 拍方式。

```
void t0s() interrupt 1                        //T0 中断
{
    if(++Count>Speed)                         //通过修改 Speed 的值来改变转速，Count 计中断次数，
    {   Count=0;                              //够 Speed 次为某相通电时间到，转下一相
        Round++;                              //共四相，Round 计当前通电相
        Round%=4;                             //每周期 4 次，轮流给电机各相通电
        if(Direct)                            //Direct 为电机旋转方向标志
            P1=1<<Round;                      //正转，从 A 相到 D 相顺序通电
        else
            P1=1<<(3-Round);                  //反转，从 D 相到 A 相顺序通电
    }
}
```

思考题与习题

1．为什么要消除键盘的机械抖动？消除抖动有哪些方法？

2．简述行扫描法识别行列式键盘按键的方法。

3．简述多位 LED 数码管动态显示的方法。

4．字符型 LCD 有哪些特点？

5．DAC0832 有哪些特点？TLC5615 有哪些特点？

6．简述 A/D 转换器的种类和特点。

7．单片机内部集成的 A/D 转换器有何优点（以宏晶公司的 STC 单片机为例）？

8．简述 ADC0809 的转换过程。

9．ADC0809 与单片机的接口方式有哪些？各有什么特点？

10．TLC2543 模/数转换器有哪些特点？怎样与 89C52 单片机接口？

11．简述直流电机和步进电机调节转速的原理。

12．使用 89C52 单片机的 P1 口设计一个 3 行 5 列的矩阵式键盘，并编写行扫描法识别按键的程序。

13．使用 P0 和 P2 口给 89C52 单片机系统设计一个 6 位数码管显示器，其段和位分别由 P0 口和 P2 口控制，各段用上拉电阻做限流，各位用 74LS245 驱动，并编写能够显示 0～9、A～F 的十六进制数的函数。

14．使用 Proteus 设计一个 89C52 单片机应用系统，系统包含键盘和数码管显示电路，用 P1 口控制 16 个按键，用 P0 和 P2 口分别控制 6 位数码管的段和位，各段用上拉电阻做限流，各位用 74LS245 驱动。用 Keil C 编写程序，实现扫描识别键盘按键、扫描显示数码管的功能，并且把按下的键的键值显示在数码管上，每按下一次键，显示的数左移 1 位。

15．修改 14 题的应用，将显示改为字符型 LCD 显示，其他要求不变。

16．在一个 89C52 单片机系统中，D/A 转换部分电路如图 9-11 所示，D/A 转换器 DAC0832 的地址为 0x7fff，输出电压为 0～5V。试编写产生矩形波程序，其波形高低电平的时间比为 1:4，高电平时电压为 2.5V，低电平时电压为 1.25V。

17．对如图 9-19 所示的单片机编程，定时 10ms 循环对 ADC0809 采样，每次采样 4 个通道 IN0～IN3 的数据，采集到的数据存放在数组 Array 中，用查询方式读取转换结果。ADC0809 的地址为 0x7fff。

18．将 17 题中的 ADC0809 换成 TLC2543，使用 Proteus 自行设计电路，使用 Keil C 编程实现，其他要求不变。

19．使用 Proteus 设计一个 89C52 单片机应用系统，要求使用 TLC5615 输出三角波。

20．参考图 9-30，使用 Proteus 设计一个 89C52 单片机控制直流电机运行的应用系统，用 P1.4～P1.7 引脚接 4 个按钮，其功能分别为启动/停止、加速、减速、反转。用 Keil C 编写程序，实现上述功能。

21．将 20 题中的直流电机换成步进电机，其他要求不变。

附录 A ASCII 码表

ASCII（美国标准信息交换码）表

列→		0	1	2	3	4	5	6	7
行↓	位 654→ 位 3210↓	000	001	010	011	100	101	110	111
0	0000	NUL	DLE	SP	0	@	P	`	p
1	0001	SOH	DC1	!	1	A	Q	a	q
2	0010	STX	DC2	"	2	B	R	b	r
3	0011	ETX	DC3	#	3	C	S	c	s
4	0100	EOT	DC4	$	4	D	T	d	t
5	0101	ENQ	NAK	%	5	E	U	e	u
6	0110	ACK	SYN	&	6	F	V	f	v
7	0111	BEL	ETB	'	7	G	W	g	w
8	1000	BS	CAN	(	8	H	X	h	x
9	1001	HT	EM	)	9	I	Y	i	y
A	1010	LF	SUB	*	:	J	Z	j	z
B	1011	VT	ESC	+	;	K	[	k	{
C	1100	FF	FS	,	<	L	\	l	|
D	1101	CR	GS	–	=	M	]	m	}
E	1110	SO	RS	.	>	N	Ω	n	~
F	1111	SI	US	/	?	O	—	o	DEL

NUL	空	FF	走纸控制	CAN	作废
SOH	标题开始	CR	回车	EM	纸尽
STX	正文开始	SO	移位输出	SUB	减
ETX	正文结束	SI	移位输入	ESC	换码
EOT	传输结果	DLE	数据链换码	FS	文字分隔符
ENQ	询问	DC1	设备控制 1	GS	组分隔符
ACK	应答	DC2	设备控制 2	RS	记录分隔符
BEL	报警符（可听见）	DC3	设备控制 3	US	单元分隔符
BS	退一格	DC4	设备控制 4	SP	空格符
HT	横向列表	NAK	否定	DEL	作废
LF	换行	SYN	空转同步		
VT	垂直制表	ETB	信息组传送结束		

附录 B　MCS-51 指令表

助记符	功能	十六进制机器码	对标志影响 CY	AC	OV	P	字节数	周期数
数据传送指令								
MOV　A, Rn	(Rn)→A	E8~EF	×	×	×	√	1	1
MOV　A, direct	(direct)→A	E5 direct	×	×	×	√	2	1
MOV　A, @Ri	((Ri))→A	E6,E7	×	×	×	√	1	1
MOV　A, #data	data→A	74 data	×	×	×	√	2	1
MOV　Rn, A	(A)→Rn	F8~FF	×	×	×	×	1	1
MOV　Rn, direct	(direct)→Rn	A8~AF direct	×	×	×	×	2	2
MOV　Rn, #data	data→Rn	78~7F data	×	×	×	×	2	2
MOV　direct, A	(A)→direct	F5 direct	×	×	×	×	2	1
MOV　direct, Rn	(Rn)→direct	88~8F direct	×	×	×	×	2	2
MOV　direct1, direct2	(direct2)→direct1	85 direct direct	×	×	×	×	3	2
MOV　direct, @Ri	((Ri))→direct	86,87 direct	×	×	×	×	2	2
MOV　direct, #data	data→direct	75 direct data	×	×	×	×	3	2
MOV　@Ri, A	(A)→(Ri)	F6,F7	×	×	×	×	1	1
MOV　@Ri, direct	direct→(Ri)	A6,A7 direct	×	×	×	×	2	2
MOV　@Ri, #data	data→(Ri)	76,77 data	×	×	×	×	2	1
MOV DPTR, #data16	data16→DPTR	90 data16	×	×	×	×	3	2
MOVC A, @A+DPTR	((A)+(DPTR))→A	93	×	×	×	√	1	2
MOVC　A, @A+PC	((A)+(PC))→A	83	×	×	×	√	1	2
MOVX　A, @Ri	((P2,Ri))→A	E2,E3	×	×	×	√	1	2
MOVX　A, @DPTR	((DPTR))→A	E0	×	×	×	√	1	2
MOVX　@Ri, A	(A)→(P2,Ri)	F2,F3	×	×	×	×	1	2
MOVX　@DPTR, A	(A)→(DPTR)	F0	×	×	×	×	1	2
PUSH　direct	(SP)+1→SP, (direct)→(SP)	C0 direct	×	×	×	×	2	2
POP　direct	((SP))→direct, (SP)-1→SP	D0 direct	×	×	×	×	2	2
XCH　A, Rn	(A)←→(Rn)	C8~CF	×	×	×	√	1	1
XCH　A, direct	(A)←→ (direct)	C5 direct	×	×	×	√	2	1
XCH　A, @Ri	(A)←→((Ri))	C6,C7	×	×	×	√	1	1
XCHD　A, @Ri	$(A)_{0\sim3}$←→$((Ri))_{0\sim3}$	D6,D7	×	×	×	√	1	1
SWAP　A	A 高、低半字节交换	C4	×	×	×	×	1	1

续表

助记符	功能	十六进制机器码	对标志影响				字节数	周期数
			CY	AC	OV	P		
算数运算指令								
ADD　A, Rn	(A)+(Rn)→A	28～2F	√	√	√	√	1	1
ADD　A,direct	(A)+(direct)→A	25 direct	√	√	√	√	2	1
ADD　A, @Ri	(A)+((Ri))→A	26,27	√	√	√	√	1	1
ADD　A, #data	(A)+data→A	24 data	√	√	√	√	2	1
ADDC　A, Rn	(A)+(Rn)+CY→A	38～3F	√	√	√	√	1	1
ADDC　A, direct	(A)+(direct)+CY→A	35 direct	√	√	√	√	2	1
ADDC　A, @Ri	(A)+((Ri))+CY→A	36,37	√	√	√	√	1	1
ADDC　A, #data	(A)+data+CY→A	34 data	√	√	√	√	2	1
SUBB　A, Rn	(A)−(Rn)−CY→A	98～9F	√	√	√	√	1	1
SUBB　A, direct	(A)−(direct)−CY→A	95 direct	√	√	√	√	2	1
SUBB　A, @Ri	(A)−((Ri))−CY→A	96,97	√	√	√	√	1	1
SUBB　A, #data	(A)−data−CY→A	94 data	√	√	√	√	2	1
INC　A	(A)+1→A	04	×	×	×	√	1	1
INC　Rn	(Rn)+1→Rn	08～0F	×	×	×	×	1	1
INC　direct	(direct)+1→direct	05 direct	×	×	×	×	2	1
INC　@Ri	((Ri))+1→(Ri)	06,07	×	×	×	×	1	1
INC　DPTR	(DPTR)+1→DPTR	A3	×	×	×	×	1	2
DEC　A	(A)−1→A	14	×	×	×	√	1	1
DEC　Rn	(Rn)−1→Rn	18～1F	×	×	×	×	1	1
DEC　direct	(direct)−1→direct	15 direct	×	×	×	×	2	1
DEC　@Ri	((Ri))−1→(Ri)	16,17	×	×	×	×	1	1
MUL　AB	(A)×(B)→AB；A 低位 B 高位	A4	0	×	√	√	1	4
DIV　AB	(A)÷(B)→AB；A 为商 B 为余	84	0	×	√	√	1	4
DA　A	对 A 进行十进制调整	D4	√	√	×	√	1	1
逻辑运算指令								
ANL　A, Rn	(A)∧(Rn)→A	58～5F	×	×	×	√	1	1
ANL　A, direct	(A)∧(direct)→A	55 direct	×	×	×	√	2	1
ANL　A, @Ri	(A)∧((Ri))→A	56,57	×	×	×	√	1	1
ANL　A, #data	(A)∧data→A	54 data	×	×	×	√	2	1
ANL　direct, A	(direct)∧(A)→direct	52 direct	×	×	×	×	2	1
ANL　direct, #data	(direct)∧data→direct	53 direct data	×	×	×	×	3	2
ORL　A, Rn	(A)∨(Rn)→A	48～4F	×	×	×	√	1	1

续表

助记符	功能	十六进制机器码	对标志影响				字节数	周期数
			CY	AC	OV	P		
逻辑运算指令								
ORL A, direct	(A)∨(direct)→A	45 direct	×	×	×	√	2	1
ORL A, @Ri	(A)∨((Ri))→A	46,47	×	×	×	√	1	1
ORL A, #data	(A)∨data→A	44 data	×	×	×	√	2	1
ORL direct, A	(direct)∨(A)→direct	42 direct	×	×	×	×	2	1
ORL direct, #data	(direct)∨data→direct	43 direct data	×	×	×	×	3	2
XRL A, Rn	(A)⊕(Rn)→A	68~6F	×	×	×	√	1	1
XRL A, direct	(A)⊕(direct)→A	65 direct	×	×	×	√	2	1
XRL A, @Ri	(A)⊕((Ri))→A	66,67	×	×	×	√	1	1
XRL A, #data	(A)⊕data→A	64 data	×	×	×	√	2	1
XRL direct, A	(direct)⊕(A)→direct	62 direct	×	×	×	×	2	1
XRL direct, #data	(direct)⊕data→direct	63 direct data	×	×	×	×	3	2
CLR A	0→A	E4	×	×	×	√	1	1
CPL A	$\overline{(A)}$→A	F4	×	×	×	×	1	1
RL A	A 循环左移一位	23	×	×	×	×	1	1
RLC A	A 带进位循环左移一位	33	√	×	×	√	1	1
RR A	A 循环右移一位	03	×	×	×	×	1	1
RRC A	A 带进位循环右移一位	13	√	×	×	√	1	1
控制转移指令								
ACALL addr11	(SP)+1→SP,(PC)$_L$→(SP), (SP)+1→SP,(PC)$_H$→(SP),addr11→PC$_{10~0}$	CODE1	×	×	×	×	2	2
LCALL addr16	(SP)+1→SP,(PC)$_L$→(SP), (SP)+1→SP, (PC)$_H$→(SP),addr16→PC	12 addr16	×	×	×	×	3	2
RET	(SP)→PC$_H$, (SP)-1→SP, (SP)→PC$_L$, (SP)-1→SP, 从子程序返回	22	×	×	×	×	1	2
RETI	(SP)→PC$_H$, (SP)-1→SP, (SP)→PC$_L$, (SP)-1→SP, 从中断返回	32	×	×	×	×	1	2
AJMP addr11	addr11→PC$_{10~0}$	CODE2	×	×	×	×	2	2
LJMP addr16	addr16→PC	0 addr16	×	×	×	×	3	2
SJMP rel	(PC)+rel→PC	80 rel	×	×	×	×	2	2
JMP @A+DPTR	(A)+(DPTR)→PC	73	×	×	×	×	1	2
JZ rel	若(A)=0, 则(PC)+rel→PC	60 rel	×	×	×	×	2	2
JNZ rel	若(A)≠0, 则(PC)+rel→PC	70 rel	×	×	×	×	2	2

续表

助记符	功能	十六进制机器码	对标志影响				字节数	周期数
			CY	AC	OV	P		
控制转移指令								
CJNE A,direct,rel	若(A)≠(direct)，则(PC)+rel→PC，若(A)<(direct)，则 1→CY	B5 direct rel	√	×	×	×	3	2
CJNE A,#data,rel	若(A)≠data，则(PC)+rel→PC，若(A)< data，则 1→CY	B4 direct rel	√	×	×	×	3	2
CJNE Rn,#data,rel	若(Rn)≠data，则(PC)+rel→PC，若(Rn)<data，则 1→CY	B8～BF direct rel	√	×	×	×	3	2
CJNE @Ri,#data,rel	若((Ri))≠data，则(PC)+rel→PC，若((Ri))<data，则 1→CY	B6, B7 direct rel	√	×	×	×	3	2
DJNZ Rn, rel	(Rn)-1→Rn，若(Rn)≠0，则(PC)+rel→PC	D8～DF rel	×	×	×	×	2	2
DJNZ direct, rel	(direct)-1→direct，若(direct)≠0，则(PC)+rel→PC	D5 direct rel	×	×	×	×	3	2
NOP	空操作	00	×	×	×	×	1	1
位操作指令								
CLR C	0→C	C3	√	×	×	×	1	1
CLR bit	0→bit	C2 bit	×	×	×	×	2	1
SETB C	1→C	D3	√	×	×	×	1	1
SETC bit	1→bit	D2 bit	×	×	×	×	2	1
CPL C	$\overline{(C)}$→C	B3	√	×	×	×	1	1
CPL bit	$\overline{(bit)}$→bit	B2 bit	×	×	×	×	2	1
ANL C, bit	(C)∧(bit)→C	82 bit	√	×	×	×	2	2
ANL C, $\overline{bit}$	(C)∧$\overline{(bit)}$→C	B0 bit	√	×	×	×	2	2
ORL C, bit	(C)∨(bit)→C	72 bit	√	×	×	×	2	2
ORL C, $\overline{bit}$	(C)∨$\overline{(bit)}$→C	A0 bit	√	×	×	×	2	2
MOV C, bit	(bit)→C	A2 bit	√	×	×	×	2	1
MOV bit, C	(C)→bit	92 bit	×	×	×	×	2	1
JC rel	若 CY=1，则(PC)+rel→PC	40 rel	×	×	×	×	2	2
JNC rel	若 CY=0，则(PC)+rel→PC	50 rel	×	×	×	×	2	2
JB bit, rel	若 bit=1，则(PC)+rel→PC	20 bit rel	×	×	×	×	3	2
JNB bit, rel	若 bit=0，则(PC)+rel→PC	30 bit rel	×	×	×	×	3	2
JBC bit, rel	若 bit=1,则(PC)+rel→PC,且 0→bit	10 bit rel	×	×	×	×	3	2

CODE1：代表 $a_{10}a_9a_810001a_7a_6a_5a_4a_3a_2a_1a_0$，其中 $a_{10}\sim a_0$ 为 addr11 各位。

CODE2：代表 $a_{10}a_9a_800001a_7a_6a_5a_4a_3a_2a_1a_0$，其中 $a_{10}\sim a_0$ 为 addr11 各位。

附录 C   C51 库函数

C51 编译器的运行库中包含有丰富的库函数,使用库函数可以大大简化用户的程序设计工作,提高编程效率。下面介绍一些常用的库函数,如果用户使用这些库函数,必须在源程序的开始用预处理命令"#include"将相关的头文件包含进程序中。

C.1   寄存器头文件

寄存器头文件 regxxx.h(如 reg52.h)中定义了 MCS-51 所有特殊功能寄存器和相应位,定义时使用的是大写字母。在 C 语言源程序文件的开始,应该把对应的头文件 regxxx.h 包含进来,在程序中就可以直接使用 MCS-51 中的特殊功能寄存器和相应的位。

C.2   字符函数

字符函数在 ctype.h 头文件中声明,下面给出部分函数。

1. 检查英文字母函数 isalpha

函数原型:extern bit isalpha(char c)

再入属性:reentrant

功能:检查参数字符是否为英文字母,是则返回 1,否则返回 0。

2. 检查英文字母、数字字符函数 isalnum

函数原型:extern bit isalnum(char c)

再入属性:reentrant

功能:检查参数字符是否为英文字母或数字字符,是则返回 1,否则返回 0。

3. 检查数字字符函数 isdigit

函数原型:extern bit isdigit(char c)

再入属性:reentrant

功能:检查参数字符是否为数字字符,是则返回 1,否则返回 0。

4. 检查小写字母函数 islower

函数原型:extern bit islower(char c)

再入属性:reentrant

功能:检查参数字符是否为小写字母,是则返回 1,否则返回 0。

5. 检查大写字母函数 isupper

函数原型:extern bit isupper(char c)

再入属性:reentrant

功能:检查参数字符是否为大写字母,是则返回 1,否则返回 0。

6. 检查十六进制数字字符函数 isxdigit

函数原型:extern bit isxdigit(char c)

再入属性：reentrant

功能：检查参数字符是否为十六进制数字字符，是则返回 1，否则返回 0。

7. 数字字符转换十六进制数函数 toint

函数原型：extern char toint(char c)

再入属性：reentrant

功能：将 ASCII 字符的 0～9、A～F 转换成十六进制数，返回数字 0～F。

8. 转换小写字母函数 tolower

函数原型：extern char tolower(char c)

再入属性：reentrant

功能：将大写字母转换成小写字母，返回小写字母，如果输入的不是大写字母，则不作转换直接返回输入值。

9. 转换大写字母函数 toupper

函数原型：extern char toupper(char c)

再入属性：reentrant

功能：将小写字母转换成大写字母，返回大写字母，如果输入的不是小写字母，则不作转换直接返回输入值。

C.3　一般 I/O 函数

一般输入/输出函数在 stdio.h 头文件中声明，其中所有的函数都是通过单片机的串行口输入/输出的。在使用这些函数之前，应先对单片机的串行口进行初始化。例如串行通信的波特率 9600b/s，晶振频率为 11.0592MHz，初始化程序段为：

```
SCON=0x52;                  //设置串行口方式1、允许接收、启动发送
TMOD=0x20;                  //设置定时器T1以模式2工作
TL1=0xfa;                   //设置T1计数初值
TH1=0xfa;                   //设置T1重装初值
TR1=1;                      //启动T1运行
```

在 stdio.h 文件中声明的输入/输出函数，都是以_getkey 和 putchar 两个函数为基础，如果需要这些函数支持其他的端口，只需修改这两个函数即可。

所有输入/输出函数，使用前要求 ES=0。对所有输入函数，在执行前等待 RI=1，执行后 RI=0。对所有输出函数，在执行前等待 TI=1，执行后 TI=1。下面给出部分输入/输出函数。

1. 从串行口输入字符函数_getkey

函数原型：extern char _getkey (void)

再入属性：reentrant

功能：从 51 单片机的串行口读入一个字符，如果没有字符输入则等待，返回值为读入的字符，不显示。

2. 从串行口输入字符并输出函数 getchar

函数原型：extern char getchar(void)

再入属性：reentrant

功能：使用_getkey 函数从 51 单片机的串行口输入一个字符，返回值为读入的字符，并且通过 putchar 函数将字符输出。

3. 从串行口输出字符函数 putchar

函数原型：extern char putchar(char)

再入属性：reentrant

功能：从 51 单片机的串行口输出一个字符，返回值为输出的字符。

4. 从串行口输入字符串函数 gets

函数原型：extern char *gets(char *string, int len)

再入属性：non-reentrant

功能：从 51 单片机的串行口输入一个长度为 len 的字符串（遇到换行符结束输入），并将其存入 string 指定的位置。输入成功返回存入地址的指针，输入失败则返回 NULL。

5. 从串行口格式输出函数 printf

函数原型：extern int printf(格式控制字符串,输出参数表)

再入属性：non-reentrant

功能：该函数是以一定的格式从 51 单片机的串行口输出数值和字符串，返回值为实际输出的字符数。

6. 格式输出到内存函数 sprintf

函数原型：extern int sprintf(char *,格式控制字符串,输出参数表)

再入属性：non-reentrant

功能：该函数与 printf 函数功能相似，但数据不是输出到串行口，而是送入一个字符指针指向的内存中，并且以 ASCII 码的形式存储。

7. 从串行口输出字符串函数 puts

函数原型：extern int puts(const char *)

再入属性：reentrant

功能：该函数将字符串和换行符输出到串行口，正确返回一个非负数，错误返回 EOF。

8. 从串行口格式输入函数 scanf

函数原型：extern int scanf(格式控制字符串,输入参数表)

再入属性：non-reentrant

功能：该函数在格式控制字符串的控制下，利用 getchar 函数从串行口读入数据，每遇到一个符合格式控制串规定的值，就将它顺序地存入由参数表中指向的存储单元。每个参数都必须是指针型。正确输入其返回值为输入的项数，错误则返回 EOF。

C.4　标准函数

标准函数在 stdlib.h 头文件中声明，下面给出部分函数。

1. 字符串转换浮点数函数 atof

函数原型：float atof (void *string)

再入属性：non-reentrant

功能：该函数把字符串转换成浮点数并返回。

2. 字符串转换整型数函数 atoi

函数原型：int atoi (void *string)

再入属性：non-reentrant

功能：该函数把字符串转换成整型数并返回。

3. 字符串转换长整数函数 atol

函数原型：long atol (void *string)

再入属性：non-reentrant

功能：该函数把字符串转换成长整数并返回。

4. 申请内存函数 malloc

函数原型：void *malloc (unsigned int size)

再入属性：non-reentrant

功能：该函数申请一块大小为 size 的内存，并返回其指针，所分配的区域不初始化。如果无内存空间可用，则返回 NULL。

5. 释放内存函数 free

函数原型：void free (void xdata *p)

再入属性：non-reentrant

功能：该函数释放指针 p 所指向的区域，p 必须是以前用 malloc 等函数分配的存储区指针。

C.5　数学函数

数学函数在头文件 math.h 中声明，下面给出部分函数。

1. 求绝对值函数 cabs、abs、fabs 和 labs

函数原型：　extern char cabs (char i)

　　　　　　extern int abs (int i)

　　　　　　extern float fabs (float i)

　　　　　　extern long labs (long i)

再入属性：reentrant

功能：计算并返回 i 的绝对值。这 4 个函数除了变量和返回值类型不同之外，其功能完全相同。

2. 求平方根函数 sqrt

函数原型：extern float sqrt (float i)

再入属性：non-reentrant

功能：计算并返回 i 的平方根。

3. 产生随机数函数 rand 和 srand

函数原型：　extern int rand (void)

　　　　　　extern void srand (int seed)

再入属性：reentrant，non-reentrant

功能：rand 函数产生并返回一个 0～32767 之间的伪随机数；srand 用来将随机数发生器初始化成一个已知的值，对函数 rand 的相继调用将产生相同序列的随机数。

4. 求三角函数 cos、sin 和 tan

函数原型：　extern float cos (float i)

　　　　　　extern float sin (float i)

　　　　　　extern float tan (float i)

再入属性：non-reentrant

功能：3 个函数分别返回 i 的 cos、sin、tan 的函数值。3 个函数变量的范围都是-π/2～+π/2，变量的值必须在 ± 65535 之间，否则产生一个 NaN 错误。

5. 求反三角函数 acos、asin、atan 和 atan2

函数原型： extern float acos (float i)

extern float asin (float i)

extern float atan (float i)

extern float atan2 (float i, float j)

再入属性：non-reentrant

功能：前 3 个函数分别返回 i 的反余弦值、反正弦值、反正切值，3 个函数的值域都是-π/2～+π/2；atan2 返回 i/j 的反正切值，其值域是-π～+π。

C.6 内部函数

内部函数在头文件 intrins.h 中声明。

1. 循环左移 n 位函数_crol_、_irol_、_lrol_

函数原型分别为：

unsigned char _crol_ (unsigned char, unsigned char n)

unsigned int _irol_ (unsigned int, unsigned char n)

unsigned long _lrol_ (unsigned long, unsigned char n)

再入属性：reentrant，intrinsic

功能：这些函数都是将第一个参数（无符号字符、无符号整型数、无符号长整型数）循环左移 n 位，返回被移动后的数。

2. 循环右移 n 位函数_cror_、_iror_、_lror_

函数原型分别为：

unsigned char _cror_ (unsigned char, unsigned char n)

unsigned int _iror_ (unsigned int, unsigned char n)

unsigned long _lror_ (unsigned long, unsigned char n)

再入属性：reentrant，intrinsic

功能：这些函数都是将第一个参数（无符号字符数、无符号整型数、无符号长整型数）循环右移 n 位，返回被移动后的数。

3. 空操作函数_nop_

函数原型： void _nop_ (void)

再入属性：reentrant，intrinsic

功能：该函数产生一个 MCS-51 单片机的空操作函数。

4. 位测试函数_testbit_

函数原型： bit _testbit_ (bit)

再入属性：reentrant，intrinsic

功能：该函数产生一个 MCS-51 单片机的位操作指令 JBC，对字节中的一个位进行测试，如果该位为 1，则返回 1，并且将该位清 0；如果该位为 0，则直接返回 0。

C.7　字符串函数

字符串函数在头文件 string.h 中声明，下面给出部分函数。

1. 存储器数据复制函数 memcopy

函数原型：void *memcopy (void *dest, void *src, int len)

再入属性：reentrant

功能：该函数将存储区 src 中的 len 个字符复制到存储区 dest 中，返回指向 dest 的指针。如果存储区 src 和 dest 有重叠，不能保证其正确性。

2. 存储器数据复制函数 memccpy

函数原型：void *memccpy (void *dest, void *src, char cc, int len)

再入属性：non-reentrant

功能：该函数将存储区 src 中的 len 个字符复制到存储区 dest 中，如果遇到字符 cc，则把 cc 复制后就结束。对于返回值，如果复制了 len 个字符，则返回 NULL，否则返回指向 dest 中下一个字符的指针。如果存储区 src 和 dest 有重叠，不能保证其正确性。

3. 存储器数据移动函数 memmove

函数原型：void *memmove (void *dest, void *src, int len)

再入属性：reentrant

功能：该函数将存储区 src 中的 len 个字符移动到存储区 dest 中，返回指向 dest 的指针。如果存储区 src 和 dest 有重叠，也能够正确移动。

4. 存储器字符查找函数 memchr

函数原型：void *memchr (void *buf, char cc, int len)

再入属性：reentrant

功能：该函数顺序搜索存储区 buf 中前 len 个字符，查找字符 cc，如果找到，则返回指向 cc 的指针，否则返回 NULL。

5. 存储器字符比较函数 memcmp

函数原型：char memcmp (void *buf1, void *buf2, int len)

再入属性：reentrant

功能：该函数逐个字符比较存储区 buf1 和 buf2 的前 len 个字符，如果相等则返回 0，如果不等，则返回第一个不等的字符的差值（buf1 的字符减 buf2 的字符）。

6. 存储器写字符函数 memset

函数原型：void *memset (void *buf, char cc, int len)

再入属性：reentrant

功能：该函数向存储区 buf 写 len 个字符 cc，返回 buf 指针。

7. 字符串挂接函数 strcat

函数原型：char *strcat (char *dest, char *src)

再入属性：non-reentrant

功能：该函数将字符串 src 复制到 dest 的尾部，返回指向 dest 的指针。

8. n 个字符挂接函数 strncat

函数原型：char *strncat (char *dest, char *src, int len)

再入属性：non-reentrant

功能：该函数将字符串 src 中的前 len 个字符复制到 dest 的尾部，返回指向 dest 的指针。

9. 字符串复制函数 strcpy

函数原型：char *strcpy(char *dest, char *src)

再入属性：reentrant

功能：该函数将字符串 src 复制到 dest 中，包括结束符，返回指向 dest 的指针。

10. n 个字符复制函数 strncpy

函数原型：char *strncpy (char *dest, char *src, int len)

再入属性：non-reentrant

功能：该函数将字符串 src 中的前 len 个字符复制到 dest 中，返回指向 dest 的指针。如果 src 的长度小于 len，则在 dest 中以 0 补齐到长度 len。

11. 字符串比较函数 strcmp

函数原型：char strcmp (char *string1, char *string2)

再入属性：reentrant

功能：该函数逐个字符比较字符串 string1 和 string2，如果相等则返回 0，如果不等，则返回第一个不等的字符的差值（string1 的字符减 string2 的字符）。

12. 字符串 n 个字符比较函数 strncmp

函数原型：char strncmp (char *string1, char *string2, int len)

再入属性：non-reentrant

功能：该函数逐个字符比较字符串 string1 和 string2 中的前 len 字符，如果相等则返回 0，如果不等，则返回第一个不等的字符的差值（string1 的字符减 string2 的字符）。

13. 字符串长度测量函数 strlen

函数原型：int strlen (char *src)

再入属性：non-reentrant

功能：该函数测试字符串 src 的长度，包括结束符，并将长度返回。

14. 字符串字符查找函数 strchr

函数原型：　void *strchr (const char *string, char cc)

　　　　　　　int strpos (const char *string, char cc)

再入属性：reentrant

功能：strchr 函数顺序搜索字符串 src 中第一次出现的字符 cc（包括结束符），如果找到，则返回指向 cc 的指针，否则返回 NULL。strpos 的功能与 strchr 相似，但返回的是 cc 在字符串中出现的位置值，未找到则返回-1，第一个字符是 cc 则返回 0。

C.8　绝对地址访问函数

绝对地址访问函数在头文件 absacc.h 中声明。

1. 绝对地址字节访问函数 CBYTE、DBYTE、PBYTE、XBYTE

函数原型分别为：#define CBYTE ((unsigned char volatile code*) 0)

　　　　　　　　#define DBYTE ((unsigned char volatile data *) 0)

　　　　　　　　#define PBYTE ((unsigned char volatile pdata *) 0)

#define XBYTE ((unsigned char volatile xdata *) 0)

功能：上述宏定义用来对 MCS-51 单片机的存储空间进行绝对地址访问，可以作为字节寻址。CBYTE 寻址 CODE 区，DBYTE 寻址 DATA 区，PBYTE 寻址分页的 XDATA 区，XBYTE 寻址 XDATA 区。

2. 绝对地址字访问函数 CWORD、DWORD、PWORD、XWORD

函数原型分别为：#define　CWORD ((unsigned int volatile code*) 0)

#define DWORD ((unsigned int volatile data *) 0)

#define PWORD ((unsigned int volatile pdata *) 0)

#define XWORD ((unsigned int volatile xdata *) 0)

这些宏的功能与前面的宏类似，区别在于这些宏的数据类型是无符号整型 unsigned int。

附录 D　LCD1602 字符表

LCD1602 字库字符编码表

b7-b4 / b3-b0	0000	0010	0011	0100	0101	0110	0111	1010	1011	1100	1101	1110	1111
0000	CG RAM (1)		0	@	P	`	p		ー	タ	ミ	α	p
0001	(2)	!	1	A	Q	a	q	。	ア	チ	ム	ä	q
0010	(3)	"	2	B	R	b	r	「	イ	ツ	メ	β	θ
0011	(4)	#	3	C	S	c	s	」	ウ	テ	モ	ε	∞
0100	(5)	$	4	D	T	d	t	、	エ	ト	ヤ	μ	Ω
0101	(6)	%	5	E	U	e	u	・	オ	ナ	ユ	σ	ü
0110	(7)	&	6	F	V	f	v	ヲ	カ	ニ	ヨ	ρ	Σ
0111	CG RAM (8)	'	7	G	W	g	w	ア	キ	ヌ	ラ	g	π
1000	CG RAM (1)	(	8	H	X	h	x	イ	ク	ネ	リ	√	x̄
1001	(2)	)	9	I	Y	i	y	ウ	ケ	ノ	ル	˙	y
1010	(3)	*	:	J	Z	j	z	エ	コ	ハ	レ	j	千
1011	(4)	+	;	K	[	k	{	オ	サ	ヒ	ロ	×	万
1100	(5)	,	<	L	¥	l			ャ	シ	フ	ワ	¢	円
1101	(6)	-	=	M	]	m	}	ュ	ス	ヘ	ン	₺	÷
1110	(7)	.	>	N	^	n	→	ョ	セ	ホ	゛	ñ	
1111	CG RAM (8)	/	?	O	_	o	←	ッ	ソ	マ	゜	ö	█

说明：此表来自于深圳微雪电子公司的 LCD1602 产品手册。

注意：（1）编码 00H ~ 0FH 为提供给用户自定义字符用；（2）编码 10H ~ 1FH、80H ~ 9FH 没有对应的字符；（3）编码 20H ~ 7FH 的字符，基本上与 ASCII 一样。

参考文献

[1] 李朝青编著. 单片机原理及接口技术（第 3 版）. 北京：北京航空航天大学出版社，2006.

[2] 胡伟，季晓衡编著. 单片机 C 程序设计及应用实例. 北京：人民邮电出版社，2003.

[3] 周立功等编著. 增强型 80C51 单片机速成与实战. 北京：北京航空航天大学出版社，2004.

[4] 谢维成，杨加国主编. 单片机原理与应用及 C51 程序设计. 北京：清华大学出版社，2006.

[5] 周明德编著. 单片机原理与技术. 北京：人民邮电出版社，2008.

[6] 周国运主编. 单片机原理及应用. 北京：中国水利水电出版社，2009.

[7] 戴梅萼，史嘉权编著. 微型计算机技术及应用. 北京：清华大学出版社，1996.

[8] 赵雪岩. 微机原理与接口技术. 北京：清华大学出版社，2005.

[9] 周国运主编. 微机原理与接口技术. 北京：机械工业出版社，2011.

[10] 谭浩强编著. C 程序设计. 北京：清华大学出版社，1999.

[11] 朱清慧，张凤蕊，翟天嵩，王志奎编著. Proteus 教程——电子线路设计、制版与仿真（第 2 版）. 北京：清华大学出版社，2011.

[12] 宏晶科技. STC89C5xRC/RD+系列单片机器件手册. 2006.

[13] http://wenku.baidu.com. AT89C52 数据资料. 2013.

[14] http://wenku.baidu.com. 液晶 LCD1602. 2013.

[15] 德州仪器公司，TLC5615 Data Sheet. 2010.

[16] 德州仪器公司，TLC2543 Data Sheet. 2010.

[17] 微雪电子公司，WaveShare LCD1602 系列. 2007.